二战陆军单兵装备：德国

赫英斌 编著

图书在版编目（CIP）数据

二战陆军单兵装备. 德国 / 赫英斌编著. -- 北京：台海出版社, 2018.7

ISBN 978-7-5168-1980-7

Ⅰ. ①二… Ⅱ. ①赫… Ⅲ. ①第二次世界大战－陆军－单兵－武器装备－德国 Ⅳ. ①E922

中国版本图书馆CIP数据核字(2018)第148924号

二战陆军单兵装备 . 德国

著　　者：赫英斌

责任编辑：高惠娟　　策划制作：指文文化

视觉设计：李　懋　龚瑶涵　　责任印制：蔡　旭

出版发行：台海出版社

地　　址：北京市东城区景山东街20号　　邮政编码：100009

电　　话：010－64041652（发行，邮购）

传　　真：010－84045799（总编室）

网　　址：www.taimeng.org.cn/thcbs/default.htm

E－mail：thcbs@126.com

经　　销：全国各地新华书店

印　　刷：重庆长虹印务有限公司

本书如有破损、缺页、装订错误，请与本社联系调换

开　　本：787mm × 1092mm　　1/16

字　　数：210千字　　印　　张：16.25

版　　次：2018年7月第1版　　印　　次：2018年7月第1次印刷

书　　号：ISBN 978-7-5168-1980-7

定　　价：149.80元

前言

谈起二战中的参战各国，相信不少二战迷对德国情有独钟。二战德军那精密而复杂的武器、华美而实用的制服、精巧而细致的勋章、纷繁而严密的攻防系统，无一不让二战迷们为之津津乐道。在这里，我们不去追忆曾经的硝烟与战火，不去探究过往的荣耀与耻辱，也不去细评那些功过成败。我们仅对普通德国士兵的徽章制服、单兵装备、个人生活用品等进行介绍，为大家展现曾经横行欧陆的德国士兵在战斗与生活方面的点点滴滴。

在第一次世界大战中败北的德国，签订了屈辱的《凡尔赛和约》，这个和约对德国军事力量进行了严格限制，是后来“10万国防军”诞生的由来。魏玛国防军按照这个条约的规定，组建了7个步兵师和3个骑兵师，它们就是后来二战中强大的德国军队的原始根基。《凡尔赛和约》的严厉制裁与惩罚措施激起了德国人的民族自负心理，使得德意志人的民族主义恶性膨胀。1933年1月30日，给德国带来毁灭性灾难的阿道夫·希特勒怀着强烈的复仇心理上台掌权，他重新打造德国的武装力量，使德国军队迅速膨胀。国防军的总兵力，1934年10月扩充到30万人；1935年秋增加到40万人；到1939年9月德国入侵波兰时，已经组建了22个军，下辖53个师，共计300万人；而到1943年时则达到了惊人的1100万人（数据来自《军事百科词典》）！这之中就包括日后以震惊世界的“闪电战”而名扬天下的德国装甲师和摩托化师。尽管早在魏玛共和国时期，德军就已经开始为日后的扩充做准备，但由于希特勒的野心和政局的日益紧迫，导致德军以远远超出军方和工业界预料的速度急速膨胀。如此之快的扩充速度给德军的兵员补充、训练、装备等各个方面都带来了一系列问题。

在单兵装备方面，造成的影响包括采用造价低廉的材料替代原先造价昂贵的原料，在制造工艺上进行简化等。但总体来说，德军单兵装备的质量一直代表了当时世界最先进的水平。德军的单兵装备设计优良、结构坚固、功能齐全而且普遍比较轻便，品种与品质比起当时许多国家那少得可怜的装备而言好了太多，毕竟这可是真正的“德国品质”！随着战事的推移，战时萎靡的经济不仅对武器装备的质量与制造产生了重大影响，对普通士兵的单兵装备也造成了很大冲击。出于节省制造原料与制造工艺的考虑，各种降低造价与减缩制造工时的设计日益变得普遍。因此，德制武器装备在品质上有所下降，尤其在战争临近结束、德国各种资源已近枯竭之时。但是相对来说，此时德军的单兵装备仍然要比其对手先进得多。

本书讲述了德国士兵的枪支弹药、钢盔军帽、刺刀弹盒、军靴衣袜、水壶饭盒、背囊挎包、扑克信件等，并对单兵装备的一些细节进行了忠实而详尽的描写。阅读本书，你能体会到战争对单兵装备产生的巨大影响，另一方面也让人不得不感慨德国人的精细。这种精细不仅仅体现在德国那些铁甲怪兽、武器制服上，还体现在单兵装备的各个方面。即使是士兵的个人生活用品，也能充分体现出德国人严谨、务实的特点。许多单兵用品的微小细节都是深思熟虑的结果，散发着智慧的光芒，正如今天德国制造的汽车一样，处处体现着德意志民族的独特烙印。

读完本书，读者朋友或许会有一个体会，那就是德国的强大。这种强大不只体现在德国的昨天，在今天，如果我们仔细去探寻依然会发现，原来德国的制造业拥有着如此之多的世界知名品牌，甚至是顶级品牌。二战德国之所以能够叱咤风云，不仅仅是德国军事力量强大的结果，也是德国历史、社会、经济、文化等综合作用的结果。

赫英斌

如果我们为命运女神所抛弃，如果我们从此不能回到故乡，如果子弹结束了我们的生命，如果我们在劫难逃，那至少我们忠实的坦克，会给我们一个金属的坟墓。

——摘自《Panzerlied》

CONTENTS

目录

第一章

钢盔

现代头盔诞生于第一次世界大战，其目的是为了保护在堑壕中作战士兵的头部这一最容易暴露在外的身体部位，而专门研制和生产的。最初的故事发生在1914年的一天，法军的一名炊事兵在遭遇德军炮击时把铁锅顶在了头上，只受了轻伤，而其他很多人则都死于敌军猛烈的炮火。法军的阿德里安将军得知此事后，深受启发，要求部队研制金属制成的头盔发放给前线部队使用。后来人们便将法军的制式头盔称作“阿德里安钢盔”。一战过后，许多国家的军队纷纷效仿法军，先后生产并列装了一系列制式钢盔。

纵观人类武装斗争史，为了保护战士的头部，产生了我们今天称之为“钢盔”的众多不同的原始头盔。有的时候，头盔的作用也不仅仅用于防御，通常也具有装饰作用，用来区别不同的群体或军事单位，甚至包括用于恐吓敌人。在古代，头盔通常用于保护头部免受石块和棍棒的击打，刀剑的砍伤以及弓箭和标枪的撞击。当火器出现后，火药武器的威力逐步提高，原来的头盔通常经受不住子弹和炮弹破片的杀伤。例如上面提到的法国阿德里安钢盔，这种钢盔从1915年开始生产，并在20年内输出并装备了世界上许多国家的军队。这种钢盔实际上也并不能比任何一个普通步枪手佩戴的钢盔还能提供更多、更有效的防护。

从某种程度上来说，第一种“现代钢盔”诞生于1916年，这种钢盔后来也就成了一战德国士兵的装备。当时德国皇帝威廉二世的传统军队，必须接受这种经过子弹穿透测试、沉重而讨厌的“累赘”，用以代替他们原来那些漂亮而华丽的头盔——一些皮质带有金属装饰的尖顶头盔。这种新型钢盔就是M1916型钢盔，就当时的水平来说它的确是一种非常成熟的设计，钢盔的下沿与耳朵处在同一水平位置，这样不仅可以保护头部还能保护眼睛和耳朵。后来演变发展了M1917型和M1918型钢盔，这些变型都是在原型钢盔的基础上加以变化或简化，以便于大规模生产。这些新型钢盔也像前期M1916型钢盔一样，是同一种风格，不过式样却有些怪异。尽管这些钢盔设计得不错，对于第一次世界大战中不断提高的武器威力来说，这两种型号的钢盔仍不足以真正承受住致命的打击。

一战德国战败后，后来的魏玛国防军装备的钢盔主要是一战期间德国遗留的钢盔，包括M1916型、M1917型、M1918型和由M1918型钢盔改造的“剪耳”式钢盔。当新兴的纳粹政权上台掌权后，德国开始重新武装，新生的德国国防军渴望招募到强壮、精干、威武的士兵。这要求士兵的重要装备之一的钢盔的外形当然也要更精练一些，以映衬德国士兵的威武形象。纳粹政权这样做的结果，就是直到今天，在世界军事史上留下了一些独具特色的德国钢盔，并且这些钢盔成了德国士兵的一种新型、传统与强大的标志性装备。

1934年，当时的魏玛国防军开始测试一种由埃森霍腾公司基于M1918型钢盔研制的新型钢盔。1935年6月25日政府最终批准了这种设计，这就是M1935型钢盔。正巧此时，魏玛国防军也以“德国国防军”这一全新的名称出现。

M1935型钢盔的设计更加精良，但由于这种钢盔的生产工艺过于复杂且成本过高，最初并没有进行大范围的配备，直至1936年才开始配发给德军。当时，首先生产的M1935型钢盔优先用于出口，并装备了其他国家的军队。一些国家下达了众多订单来采购和使用M1935型钢盔，如M1935型钢盔首先使用于血腥的西班牙内战；其次是中国，以此装备当时的中国军队，用于反抗日本侵略者。现在推测当时德国政府之所以这样做，也可能是想在实战中来检验钢盔的性能，以便在装备己方部队之前去改进和完善这种钢盔的设计。在M1935型钢盔以后生产的型号在外形上没有发生什么重大的变化，直到二战爆发后的1940年。因为战争发展的需要，必须对钢盔的生产和制造进一步简化，以满足大规模装备的需要，这种简化的结果就是M1940型钢盔。此后因为战争愈发持久，又推出了深度简化型，这就是M1942型钢盔，M1942型钢盔成了二战德国钢盔中最为普及的一款。

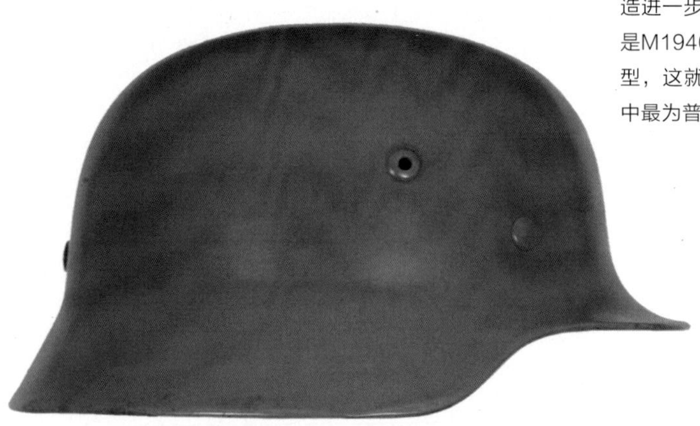

◀ 一顶二战时期配发给德国士兵的M1935型钢盔，后期制造的钢盔质量明显下降了。

▶ 在1935–1945年间，德国共生产了超过2500万顶钢盔。随着战争进程的需要，在钢盔的制造上逐渐进行了简化。从左至右分别为M1935型、M1940型和M1942型钢盔。其中，M1942型钢盔最为普遍，这些钢盔后来也导致了不同型号钢盔的重叠和冲突。

▶ 钢盔内部并没有太大的变化，但质量却严重下降了。从左至右分别为M1935型、M1940型和M1942型钢盔。

◀ 钢盔衬垫是非常复杂、昂贵的部分。该衬垫设计于1931年，是在不太舒适的M1918型衬垫系统基础上改进而来。衬垫采用两条铝质衬圈将皮革的衬垫夹紧，然后再用开脚铆钉固定在钢盔的金属外壳上。两个金属衬圈夹紧后还带有"弹簧"的作用，既可以调整松紧以适应佩戴者，又可以吸收外来的撞击力量。皮革的衬垫使用的是羊毛等材质，戴起来格外的舒适。钢盔衬垫有六种尺寸，与钢盔外壳一样。在金属衬圈上标有头部的尺寸，如"64 N.A.57"，指钢盔外壳尺寸为64厘米，适合头围57厘米的人佩戴，字母"N.A."是Neue Art（新型）的缩写。

▲ 外部的金属衬圈，固定在钢盔外壳上。

▼ 缩写的“64”和“ET”：64表示钢盔外壳的尺寸，单位是厘米；“ET”代表第一个也是最大的一个钢盔生产商——位于塔勒（Thale）的埃森霍腾公司。M1935型钢盔上可以看到手工的金属卷边，这也是鉴别M1935型钢盔的一条重要特征。

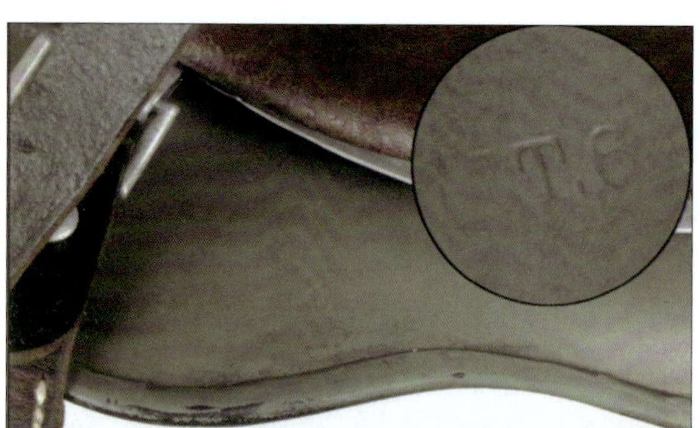

▲ 这张照片清楚地展示了将皮革衬垫固定在M1935型钢盔内部的铝制金属衬圈。

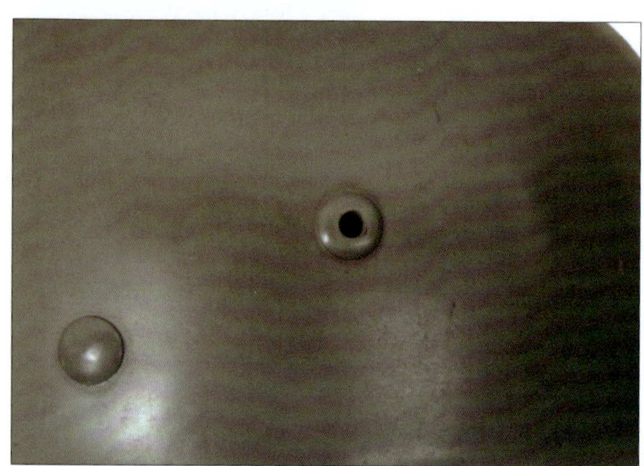

▲ M1935型钢盔上的通风孔，由孔状铆钉制成。固定内部衬垫的铆钉也能被清楚地看到。铆钉采用镀锌黄铜制造，在装备前漆有油漆。

◀ 1936年由柏林迈克斯·登索工厂（Brl.Kofferfabrik INH.Max Densow）生产的典型钢盔衬垫。下巴带扣采用无光泽的镁金属材料制成，与金属衬圈上固定的环状金属件是同样的材质。

▼ 在M1935型钢盔上，下巴带一端穿过方形金属固定环后，两面再用铆钉铆合。

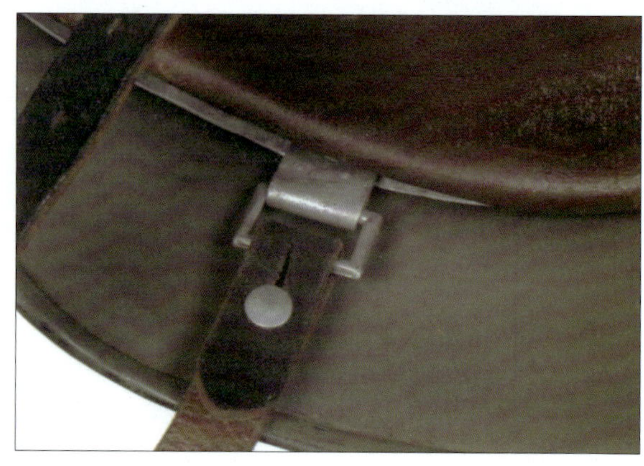

◀ 钢盔的系列编号印在钢盔的颈背部，这个数字编号表明这顶钢盔制造于1936–1937年间。

▼ M1935型钢盔的内部，第一种类型的衬垫带有方形的铝质下巴带固定环，这种固定环经过一段时间的使用后会变得易折损。

◀ 1940年M1940型钢盔开始投入生产，并采用品质较差又廉价的猪皮代替了较贵的牛皮。照片中展示的是由不伦瑞克的舒伯特工厂（Schuberthwerk）于1943年制造的钢盔。

◀ M1940型钢盔上用油漆书写的数字“58”，是钢盔的尺寸标记。这顶钢盔是典型早期生产的产品，“Q66”的印记表明这顶钢盔由高品质的生产商，位于埃斯林根（Esslingen）的奎斯特（Quist）工厂生产。这顶大规格的钢盔全重1300克。

▲ M1940型钢盔的衬垫，是典型的1943年前生产的产品。

◀ 表明这顶钢盔所属士兵单位的手涂标记。

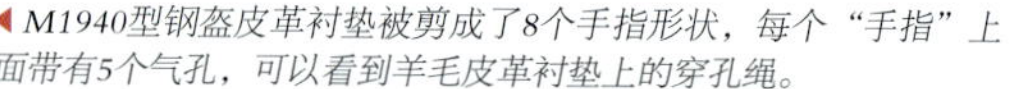

◀ M1940型钢盔皮革衬垫被剪成了8个手指形状，每个“手指”上面带有5个气孔，可以看到羊毛皮革衬垫上的穿孔绳。

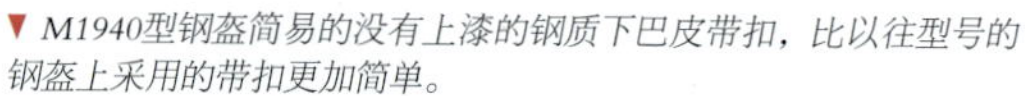

▼ M1940型钢盔简易的没有上漆的钢质下巴皮带扣，比以往型号的钢盔上采用的带扣更加简单。

◀ M1940型钢盔皮革衬垫上用油墨书写的标记尺寸，数字是“58”。

▼ M1940钢盔比M1935型使用的皮革衬垫质量要差一些，皮革衬垫就是用余料制造的。大规模生产也中止了生产商原有的标记，改为采用帝国军需统制代码，或称全国代码 (Reichsbetriebsnummer，简写为RBNr)来代表不同的生产厂商，皮革衬垫也带有这种生产厂代码。

◀ 从M1942型钢盔的细节，可以看到皮革衬垫被12个铆钉固定在钢盔内部的金属衬圈上。

◀ 涂成灰色的皮带扣。

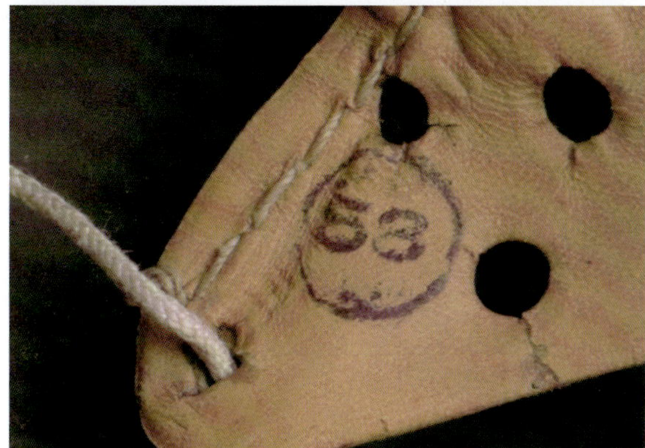

▲ 皮革衬垫上的“58”尺寸标记，连接细绳为米白色。

▼ 德国战争部（Reichskriegsministerium）控制钢盔的生产数量、品质、价格等等。检验员从工厂的一批产品中抽出一定数量的产品（近100顶钢盔）来进行检验，并用一个橡胶印章在上面盖上印记，以此来进行验收和产品质量控制。在这张照片上，我们能看到一些陆军和海军的钢盔上带有的生产年份和一些其他的数据资料。

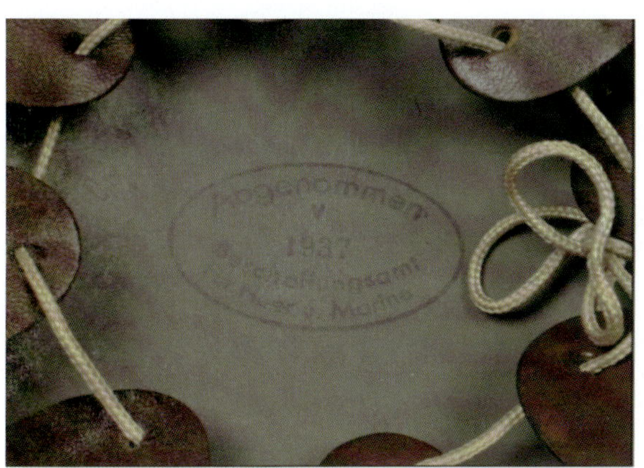

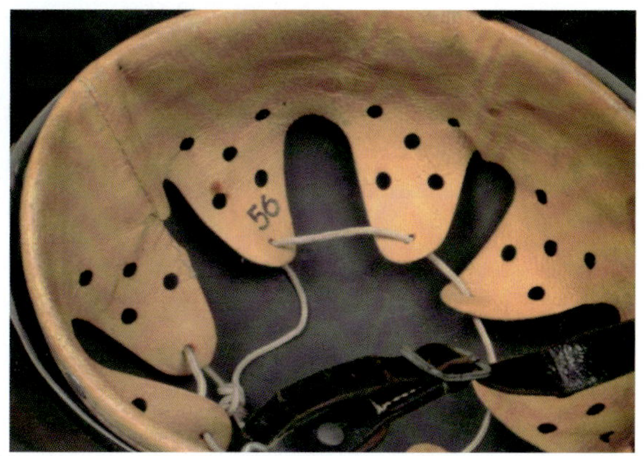

▲ M1942型钢盔内部皮革衬垫上的尺寸标记细节。

▼ 1944年生产的典型战争晚期钢盔，“ET”代表埃森霍腾公司，“4077”为制造商编码。

▼ 1944年生产的M1942型钢盔上的检验印记。

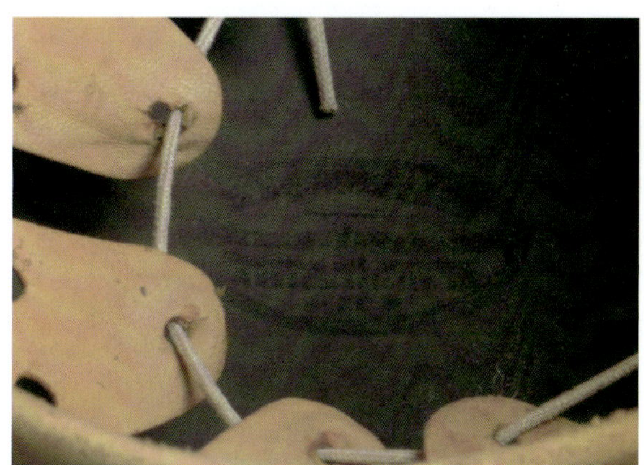

▲ 下巴带用厚实耐用的皮革制造，一侧粗糙一侧光滑，通常被印染成黑色，大概10厘米长，1.5厘米厚。

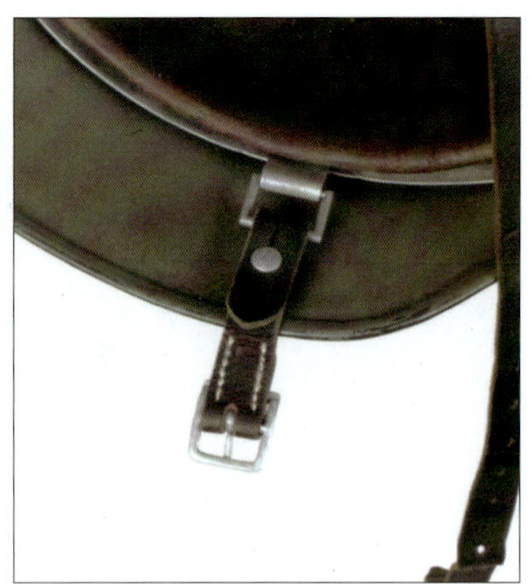

▶ 下巴带的细节。

▶ 魏玛国防军时期的钢盔上，用不同图案的盾形盔徽代表不同的省和州，大约从1923年就开始采用这种盔徽，位置在钢盔的左侧。纳粹掌权后，开始建立全新的德国军事力量，并采用新的国家色“黑白红”三色盾徽来取代此前的不同省和州的盾徽。一年后，后来的陆军元帅冯·布隆贝格（Blomberg）下令在制服和装备上采用纳粹鹰徽。从这时候开始，在陆军钢盔的右侧就出现了黑色背景的盾形折翼鹰徽。1935年新型的M1935钢盔出现后，也带有这种鹰徽，两边盾徽的标准尺寸是40毫米×33毫米。
盔徽有两种类型，一种是“水贴”式，用水将贴纸浸湿后贴在钢盔对应位置上，然后将底纸抽离，再在盔徽上喷上或刷上透明漆加以保护；另一种是“转印”式，先将盔徽印在纸上，然后再转印在钢盔上，为了增加其牢固性与耐用性有时会加以烘烤。
1940年出于伪装的考虑，国家三色盾徽被取消了，鹰徽也于1943年被取消了。以后生产的钢盔就都不再带有盔徽了。这里展示的是陆军鹰徽(Hoheitsabzeichen)和国家三色盾徽（Wappenschild）。

▶ “转印”式盾徽的正面和背面，可以看到印有定位线，这种盾徽由一个著名的位于纽伦堡（Nuremberg）的工厂生产。

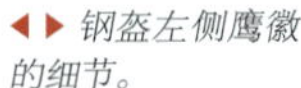

◀▶ 钢盔左侧鹰徽的细节。

▼ M1935型钢盔

M1935型钢盔于1935年6月被正式引入德军。两年后，就已经有1400万顶钢盔被制造了出来。M1935型钢盔的制造复杂而费力，钢盔的钢板采用的是一种钼钢，厚度为11~12毫米。在经过几次机械冲压成形之后，再进行卷边，然后再经过回火热处理，这样一件钢盔的基本外观才算初步完成。钢盔上的5个孔眼需采用钻头钻出，其中2个通风孔，3个固定皮革衬垫的铆钉孔。然后就是上漆，上完漆后再送到烤箱中烘烤，以增强漆层的附着力，这样完成的不带有皮革衬垫系统的钢盔外壳重量在810克到1170克之间。钢盔的皮革衬垫系统重量在150克左右，比以前德国钢盔的衬垫要轻一些。钢盔的皮革衬垫经常采用转包方式生产，然后进行手工装配，一顶钢盔完成品的价格为7.26帝国马克。

▶ M1940型钢盔

由于M1935钢盔的制造过程太过繁琐，1940德国年在钢盔的制造工艺上进行了简化，包括简化了通气孔、铆钉孔，采用了热压自动化的冲压技术，大部分衬垫也改用镀锌衬圈。此后钢盔的基本涂装也就变得越来越暗，灰色的涂装也变得更深了。

▼ M1942型钢盔

M1942型钢盔于1942年4月20日出现，并于8月1日开始投入生产，这种钢盔也是德国在战争状态中最为真实的反映。为了应对战争的需要，由军备部长阿尔贝特·斯佩尔（Albert Speer）主导，改造了整个德国的制造业，以更高的效率服务于战争。钢盔采用四步热冲压成形，废除了卷边工艺，因此M1942钢盔缘更“锋利”，并且也取消了回火工艺，一切的改变都是为了简化工艺以易于大批量生产。钢盔的涂装也变得更加粗糙，从原野灰到暗原野灰色都有。此后，M1942型钢盔一直生产直到战争结束，成为使用最为广泛的德国钢盔。

尽管钢盔涂有粗糙的亚光漆，但有时钢盔会因为使用的磨损和涂料的脱落而呈现出一定的光泽。在这种情况下，戴着这种反光的钢盔对佩戴者来说就格外的危险了，因为这样更容易被敌人发现。在战场上，步兵选用任何可以得到的材料对自己的钢盔进行伪装，包括给钢盔涂上泥浆，使用当时流行的伪装网，在上面插上植物的枝叶等等。士兵采用各种可以在当地得到的伪装物品与材料，有时在雪地里甚至用牙膏对钢盔进行伪装。另一方面，严谨的德军也很快发布了一套完整的钢盔伪装规定，出于这种目的，工厂开始生产相应的伪装设备。可以采用一种巧妙的方式将面包袋材质的布带绑在钢盔上，并且可以插上枝叶以增强伪装效果。

一顶在战场进行涂装的钢盔实例。钢盔采用车辆油漆并混合沙子来进行涂装，注意其颗粒状的外表，这也是常见的非洲军钢盔涂装。

德国用于钢盔伪装的盔布种类有许多，包括国防军和武装党卫军都有自己的盔布，且德国有着众多的盔布生产商。德国陆军向其官兵供应的盔布，在其两面分别为伪装色和白色，并且两面都可以使用。国防军的盔布上面带有缝合的小布条或者干脆什么都没有，盔布的作用就是避免钢盔的任何反光暴露佩戴者的位置而招致生命危险。然而因为盔布产量有限，并没有成为普遍配发的标准装备，只供应前线和精锐部队，这里展示的是国防军的“沼泽”型迷彩盔布。

一件单面的伪装盔布内部。

第二章

制服

二战初期，大多数国家的军队都穿着不同式样、不同方式制成的军服以示区别。在某种程度上，每个国家的军服都能反映出各自在历史、自然资源、政治以及气候上的不同特点。从本质上来说，二战德国军服源于17世纪腓特烈·威廉时期的普鲁士军服，德国军服的简朴性和实用性就是以当时普鲁士军服为基础发展而来的。尽管有这些渊源十分悠久，但却没有妨碍德国军服于20世纪前半叶成为世界军服中的里程碑。德军制服结合了传统与现代、舒适与时髦，并对二战其他交战国家的军服产生了重大而深远的影响。

1871年，德意志帝国建立，德国实现了第一次真正意义上的统一。普法战争结束后，普鲁士击败法国，成为一个幅员辽阔、森林面积广大、自然资源的国家，但这些资源仍不足以供应20世纪30年代大量人口对纺织品的巨大需求。由于英国皇家海军对棉花生产国，包括美国、埃及、印度的棉花供应实施封锁，棉花变得非常短缺。对德国人来说幸运的是，德国的化学家们已经知道如何大规模生产人造合成纤维。

称为“粘胶纤维”的第一种专利丝线，是最早投入工业化生产的古老化学纤维之一。由于这种产品太过易燃，德国甚至于1912年禁止生产这种产品。而在大西洋彼岸，在1910年就已经开始使用这种丝线，1924年更名为“人造丝”得以扬名，而在欧洲仍然使用“粘胶纤维”这个词。粘胶纤维开始仅用于丝线的生产，直到20世纪30年代才发现这种原料可以用于工业纺织品的生产。通常来说，这种人造纤维的舒适性可以与天然纤维相媲美，因为这种产品近乎完美地模仿了丝绸、棉花或亚麻的触感。粘胶纤维可以被印染成不同的颜色，色泽鲜艳、手感光滑、易于吸收，尽管存在保温性差以及浸泡时有些变形的缺点。

1899年德国位于上布鲁克（Oberbruck）的克劳斯多夫工业制造公司（Glauzstoffabriken AG）开始以纤维素为基础进行纺织品生产。与此同时，得益于德国丰富的木材原料，纤维素的生产也得到大规模发展。纳粹政府也非常清楚地知道，当时已经存在用这种新型材料来代替几乎所有的天然纤维的可能性，因此纤维素这项新技术具有重大的战略意义。当时的制造方法是挤压木材以得到纤维素浆，然后利于化学反应的方法分解纤维素浆，最后提取出所需的原料。

在战争刚开始时，德国生产了占世界总产量88%的粘胶纤维，这意味着德国人以令人惊讶的方法解决了天然纤维的短缺问题。他们还将人造纤维增加到天然纤维当中，得出可以改善其性能的结论。随着战争向着德国人不愿看到的方向发展并不断恶化，人造纤维可以尽量延缓战争对天然纤维这种日益短缺资源的需求。

与远远满足不了德军扩充需求的其他装备一样，德军制服的供应也是远远不够的，因此德国就将奥地利、捷克斯洛伐克、波兰，包括后期缴获到的苏联、意大利等制服和面料进行最充分的利用。同时，德国制服中人造纤维的含量也越来越高，大量加入这种人造纤维的结果，就是德国士兵们看着他们原来那些品质优良的制服质量不断下降，而且失去了保温性能。与此同时，随着皮革供应的日益减少，他们原来的“长筒靴”也不得不跟着一再缩短，变成了高帮靴和矮帮靴，最后这些靴子的外表也变得不再那么整齐了，甚至已经偏离了德国官方在战前宣传的那些德国优秀士兵整齐威武的形象。由于纳粹的严酷极权统治，军人对制服的抱怨就如同那些消失的木材、对帝国自身的成见一样似乎也消失了……

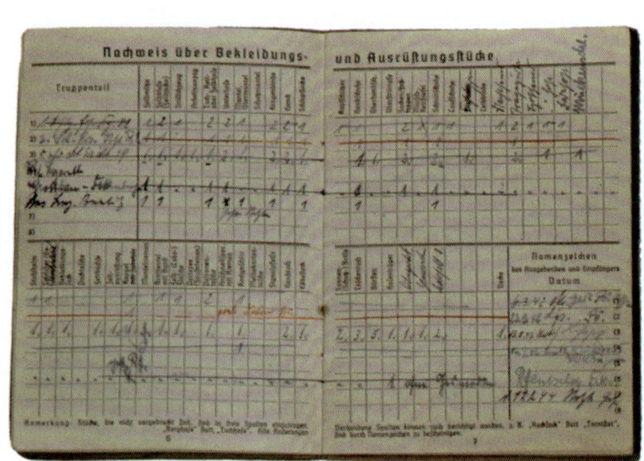

▲ 制服销售账本的第6页和第7页，上面记录着装备交付的日期以及士兵对制服的相关反映。

▶ 一本关于第三帝国各种制服式样的小册子。

野战帽 1935–1942

1934年出现的野战帽对部队来说还是一个新奇的设计，但到了1935年，野战帽就已经成为制式军帽了。野战帽采用了与制服同样的布料来制造，这是一种羊毛与纤维的混合布料。在帽子前部还佩有一个帝国鹰徽。早期鹰徽为灰色衬布背景的白色机织绣品，后期为橄榄绿衬布背景的灰色机织绣品，并完全采用人造丝来制作，然后再单独缝在军帽上。

在军帽的正面，有一个倒“V”字形的兵种色饰条。1942年军方下达命令废除了这种兵种色饰条，但是士兵很少遵守这个命令，在大多数野战帽上仍然存在这种兵种色饰条。

这种军帽两边可以翻折，就是将两边帽襟放下，用于在寒冷天气里为耳朵御寒；在帽子的两边还有两个田野灰色的金属通气孔。这种军帽的另一个用途是可以在士兵佩戴钢盔时用做内衬帽，以增强舒适性。

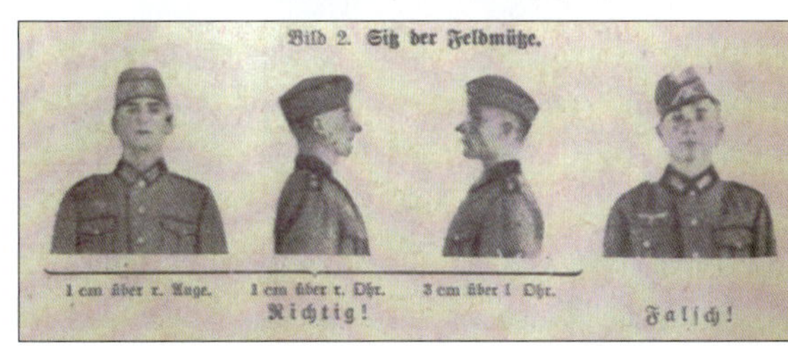

▲ 这张卡片解说了如何正确佩戴这种野战帽。

◀ 带兵种色饰条的一顶早期（1939–1940）样式的野战帽。

▼ 一张野战帽前部细节特写，带有陆军鹰徽、三色帽徽和兵种色饰条。白色代表步兵兵种。

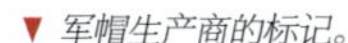

▼ 军帽生产商的标记。

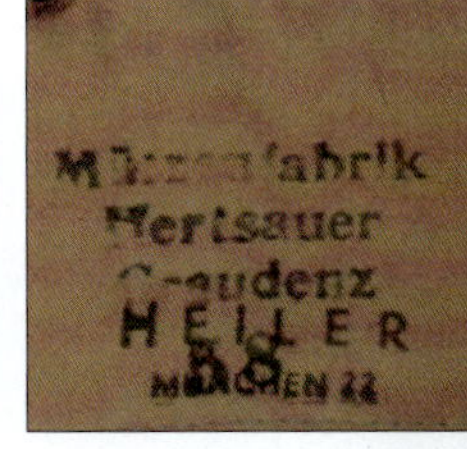

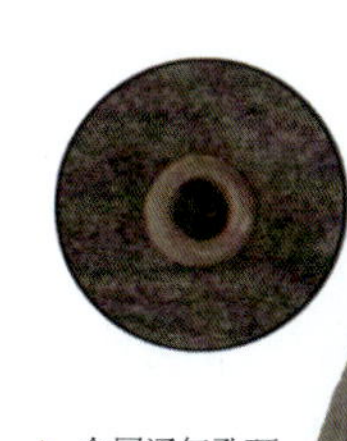

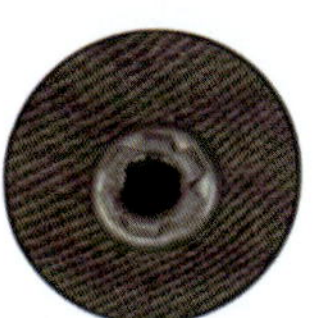

▶ 金属通气孔环的细节特写。

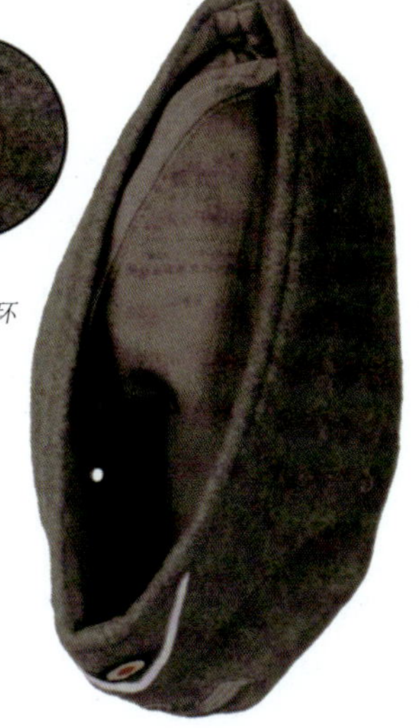

▶ 战争后期（1943）的野战帽样式，包括人造丝内衬。更多含量的人造纤维使军帽看起来更加的粗糙，军帽每两年发放一次。

M1942型野战帽

由于战争早期型号的野战帽在严寒天气里保暖性不好、性能不佳，促使军方开始设计一种新型号的野战帽，这就是M1942型野战帽。这种军帽前面具有两个纯粹起装饰作用的纽扣——只有山地部队使用的军帽可以将两边的帽襟放下以增加保暖性。在其他方面，包括制造原料都与以前的军帽相同，这种军帽一直持续进行生产直到1943年底。

▼ 人造丝的内衬与生产商标记，“F.42”表示由法兰克福（Fankfurt）工厂于1942年生产，上面的数字“56”表示尺寸为56厘米。

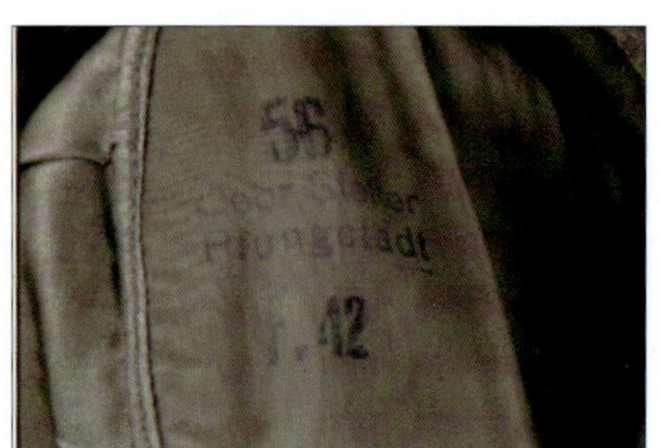

▼ 这张照片清楚地表明人造纤维含量的不断增加使得布料变得更加粗糙。

▲▶ 生产于1942年的野战帽，这种样式的军帽仅在1942年进行过生产。

标准野战帽 1943–1945

这种野战帽一经推出，立即成为最受欢迎的一款野战帽，并迅速成为部队的制式军帽直到1945年战争结束。这款野战帽的式样基本上与山地帽一致，由一战前奥地利的军帽式样发展而来，并在原型的基础上进行了修改，还增加了一个长帽舌。虽然一些生产商制作的野战帽带有通气孔，但大多数厂商出于节省的原因而没有通气孔。制造野战帽的原料是混合有70%~90%的人造纤维的布料。陆军鹰徽和三色帽徽采用刺绣工艺缝在一块呈梯形的灰绿色衬布上。

M1942型野战帽两边的翻折帽襟平时可以上翻，然后用纽扣在野战帽正面扣合，纽扣为呈颗粒状的铝制纽扣或涂成灰绿色的玻璃、胶木、纸制、木制纽扣。通常，帽舌采用厚纸板或其他合成材料制作，因此非常容易破裂和因潮湿或佩戴钢盔时将野战帽折叠放在口袋内而变形。

▶ 一顶按标准生产的野战帽完成品，显露出这种野战帽的许多共同特征，可能于1943年或1944年制造。

▶ M1943野战帽的侧视图与顶视图。

▼ 前视图能看到那两个扣合纽扣。

▼ 内部加强的细节，以及用于固定耳罩的小布带。

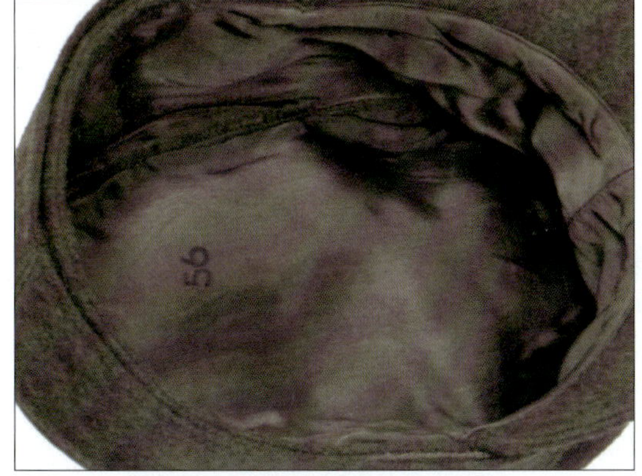

▲ 带有尺寸印记的人造丝衬里。

▲ 1944年由一个著名军帽生产商制造的一顶野战帽。

▼ 山地帽上配备的T形高品质鹰徽和帽徽，漆成无光泽银漆的铝制纽扣。

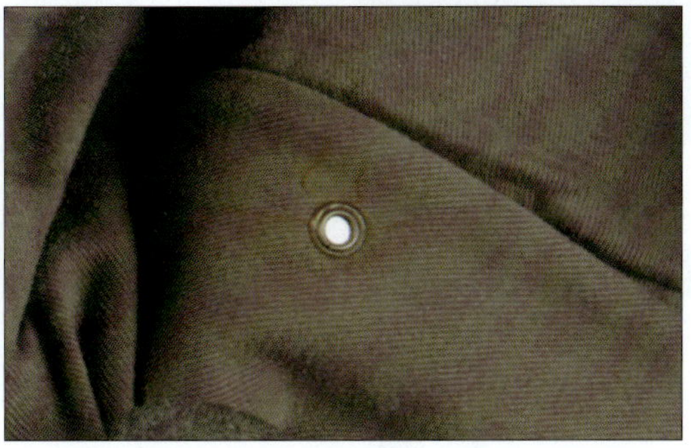

◀ 带有通气孔的人造棉内衬细节，这种款式的野战帽比较稀少。

▶ 后期生产的野战帽实例。

▼ 裤子扣型的金属纽扣。

▲ 衬里上的制造商RBNr代码和尺寸（58）标记。

1~4. 展开的M1943型野战帽，巴拉克拉瓦型（注：紧紧罩住头部和颈部，只露出脸部的帽子）帽子的风格，同时也展示了防寒耳罩及其固定方式。

◀ 后来这种野战帽被德国陆军引入，精锐的“猎兵”团失去了对这种制式野战帽的垄断。这张照片展示了佩有山地兵雪绒花金属徽章的M1943型野战帽。

▶ 野战帽侧边的雪绒花徽章特写。

夏季野战帽 1943-1945

这款野战帽基本上就是M1943型制式野战帽的夏季版，用于在热带及温暖季节使用，采用轻型的斜纹布制造。尽管最初是用亚麻布来制造，但是由于战争的关系，这款野战帽改用了由人造纤维和棉花的混合织物来制作。起初这款野战帽上的鹰徽和帽徽是在两块独立的衬布上制作，后期也采用了在一块不规则布料上一同制作。

▼▶ M1943型野战帽第一种式样。

◀ 从这张特写能够看到鹰徽和帽徽在两块衬布上制作的。

◀ 野战帽的衬里，使用的是合成或纯棉织布。

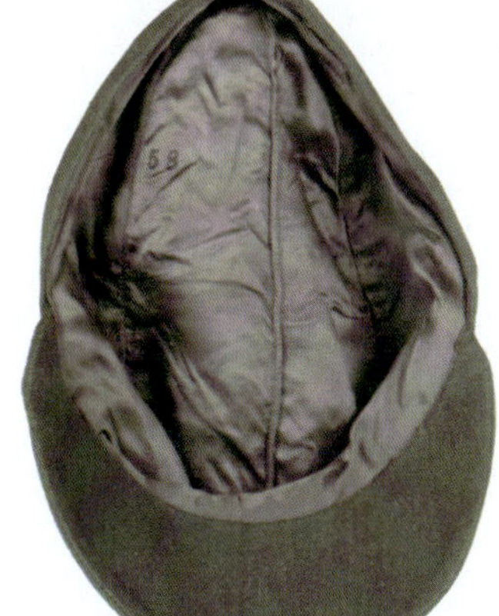

▶ 采用合成织物制作的M1943型野战帽第二种式样，带有加强边。

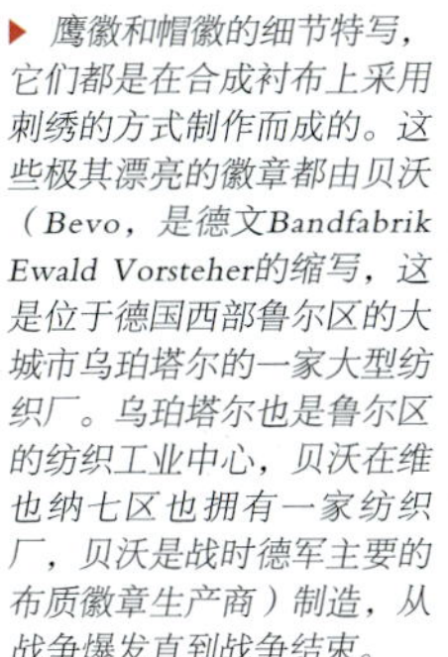

▶ 鹰徽和帽徽的细节特写，它们都是在合成衬布上采用刺绣的方式制作而成的。这些极其漂亮的徽章都由贝沃（Bevo，是德文Bandfabrik Ewald Vorsteher的缩写，这是位于德国西部鲁尔区的大城市乌珀塔尔的一家大型纺织厂。乌珀塔尔也是鲁尔区的纺织工业中心，贝沃在维也纳七区也拥有一家纺织厂，贝沃是战时德军主要的布质徽章生产商）制造，从战争爆发直到战争结束。

野战服 1933-1944

野战服即作战服，是纳粹德国军队中军人最为重要的一种标记符号，其野战服和二战的其他欧洲国家的制服一样，也经历了一些发展和演变的过程。英国的军服经历过类似的发展。1937年英国的“作战服”开始出现了，部分是因为20世纪二三十年代的经济危机。英国的这款军服背离了军事风格，既不实用也不好看，但其生产工艺简单，而且所需布料相对较少。与此同时，美国也更新了其军队的基本制服。精明的德国人当然清楚地了解自身原材料及资源的不足，也研制了一些型号的制服，到了1944年几乎完全停止了新式制服的研制。

在1933年，掌权的纳粹政府下令为新生的德国军队制造一种新式制服。野战服也就从这一年开始研制，并最终于1936年形成了最终式样——这就是M1936制服。这种制服质地优良，制作精美，并且有独具特色的加强内衬，布料含有5%的人造纤维，颜色为原野灰（灰绿色，就是鼠灰色）。这种制服缝制非常的合体，配有独具特色的衣领和翠绿色的肩带，胸部配有鹰徽。随着战争的推移，战争后期生产的制服品质逐步下降。M1940型野战服原料中羊毛的比例也有所下降，人造纤维含量增加至20%，绿色的衣领和肩带也消失了，制服内腰部两侧用于支持武装带的金属钩环也被取消了。

从1942年开始，由于原料及劳动力的短缺，在制服上又产生了新的限制和影响。1943年制造的制服最能体现出这些影响。穿着这些制服的部队和战前明显得不同，这种深灰色制服更符合“总体战”的配备着装需要。

此外，制服中的人造亚麻或棉花衬里逐渐被人造纤维或人造丝所代替，回收的羊毛也被重新加以利用，并加入了最多65%的可以利用的其他的动物纤维。由于制服原料品质的下降，在多次洗涤之后，这种制服就会容易褶皱走形，影响观瞻，为了更好地保持制服的外形增加了第六个纽扣。后来，衣服口袋上的褶皱也被取消了，衣袋盖的边角也不再圆滑而是变成了直角，这些做法都是为了节省制造原料与减少工序。

1943年4月，制服内部的加固带最终被取消了，代之以简单的人造丝或棉制的布带，尺寸为8厘米×3厘米，上面带有5个金属扣环。制服外表的纽扣被涂成暗灰色，纽扣主要使用树脂和纤维合成材料。这种制服一直生产直到战争结束，一些战时德国步兵的照片显示，M1933型制服被M1936型（绿色衣领）制服取代，军帽上的到“V”形兵种色镶边也被移除了。

M1936型野战服

▼▶ *1936型野战服带有衣服口袋上带有褶皱，衣领、肩带和胸鹰采用绿色布料制作。*

◀ 袖口的铅制玻璃纽扣。

▶ 野战服背面视图。

◀ 早期制服的典型标记，左上的“43”表示后衣长度；右上的“43”表示衣领尺寸；中间的“96”表示胸围；“71”表示衣长；“64”表示袖长；“M41”表示接收制服的军事物资仓库（“B”代表柏林，“E”代表埃尔福特，“K”代表柯尼斯堡，“M”代表慕尼黑等）。

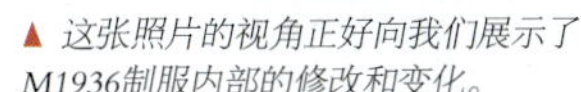

▲ 这张照片的视角正好向我们展示了M1936制服内部的修改和变化。

▲ 这里展示了缝合二级铁十字勋章绶带的正确方法。

M1940型野战服

▶ 一款1941生产的M1940型野战服。在此款野战服前面多了一个纽扣，以保持军服的笔挺，此时制作布料的品质已经有所下降，潮湿后容易走形。照片中，这件军士制服已被改造过了，原来搭配的衣领被更换成了更窄更瘦的款式，与M36野战服的衣领类似。这种改造是一种普遍的做法，事实上也很难找到未经修改的早期野战服样品。

▲ 袖口和纽扣的细节。

▲ 制服验收及尺寸标记。

▶ M1936和M1940野战服口袋处的对比，注意M1940型口袋线条被简化了。

◀ 通过这张照片可以清楚地看到内部的大型纽扣孔，用于固定腰带，典型的M1936样式。在下面这张泛黄的老照片中这对兄弟穿着的就是M1940型制服。

M1943型野战服

▼▶ M1943型野战服的正背面。

▶ M1943型野战服的内部衬里完全采用人造丝来制作，注意简化版的M1943型加强带。

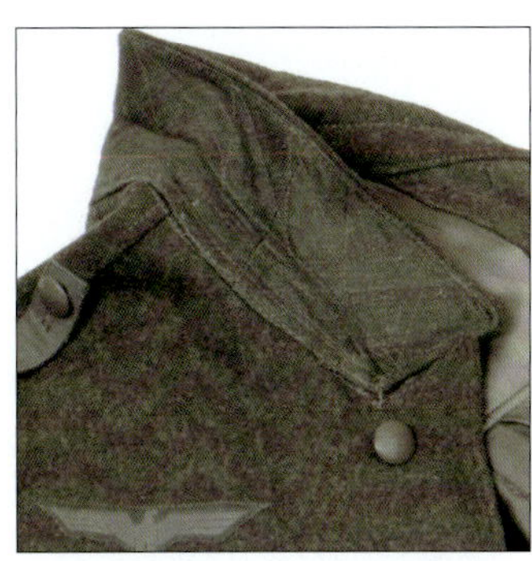

▲ 衣领用亚麻布进行了加强，以防止变形。

▼ 加强带内部图，这种简化的M1943型加强带取代了早期的M1936型和M1940型加强带。

▶ 绿色衣领和肩章的细节，注意领章和胸部鹰徽。

▼ 用外凸的挂钩穿过其中一个调节孔的方式来进行扣紧。

▶ 挂钩与加强带相扣合。

◀ 安放完毕的挂钩位置。

▼ 三种类型的铝质挂钩（初期）和钢质挂钩，外表涂有不同的灰色调油漆，也存在用磷酸盐抛光的合金挂钩。

▼一些德国军服在扣紧衣领时，也采用了早期的挂钩方式。

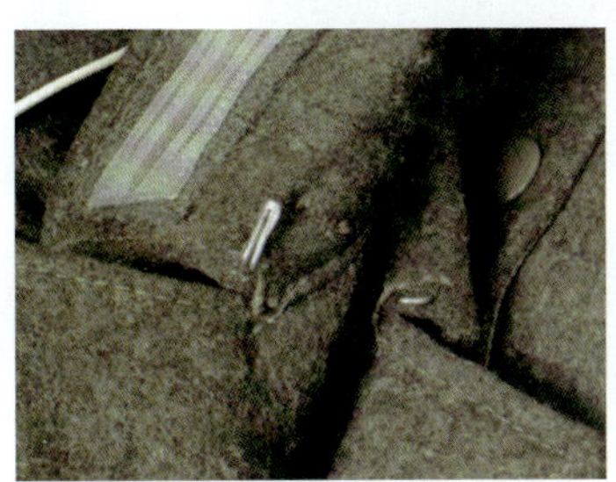

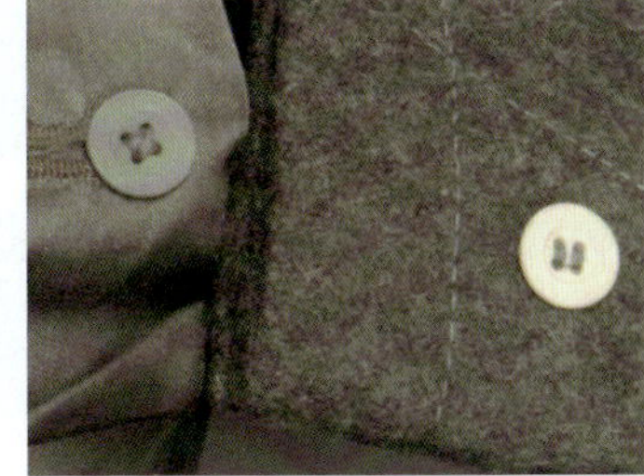

◀ 纽扣采用胶木或合成树脂来制造，看起来不是那么齐整，而且潮湿后容易变形。这张照片展示了其中一个纽扣涂色而另一个则没有。

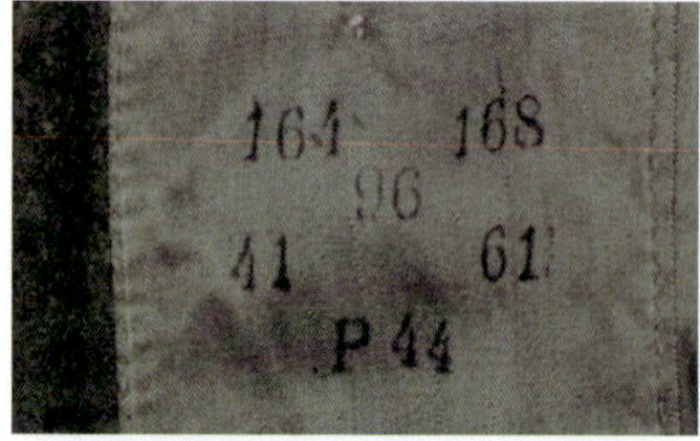

◀ 1943年后，便很难在制服上发现生产商的标记了，因为已经被省略或更改为帝国军需统制数字代码“RBNr0/0000/0000”，以此代表与政府合作的制造商。

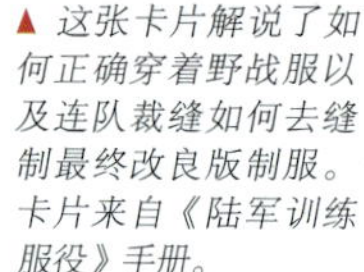
▲ 这张卡片解说了如何正确穿着野战服以及连队裁缝如何去缝制最终改良版制服。卡片来自《陆军训练服役》手册。

▼ 野战服内部的小口袋，用于携带枪伤急救绷带。这种小绷带首先用于包扎枪伤等入口伤，其他医疗绷带负责包扎创面可能很大的出口伤，每名战士都奉命首先使用负伤士兵的绷带，而后再使用自携绷带。

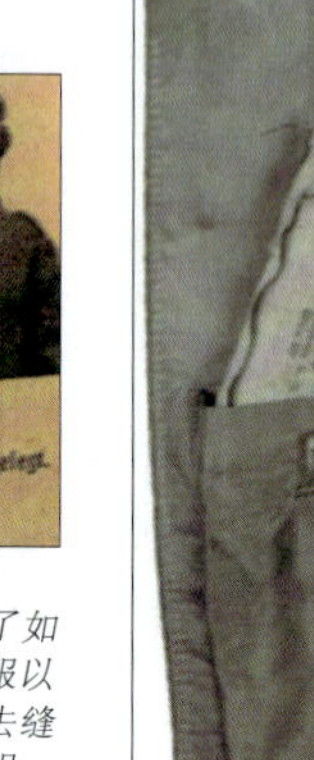

胸部鹰徽

1-7. 野战服鹰徽的发展

第一种鹰徽出现于1934年，当时是随着希特勒上台并重新组建德国武装而出现的。第二种鹰徽是战前版本，源于6月19日的采购命令。采用白色人造纤维丝线制造（由贝沃公司生产），成为M1936制服的典型特征。第三种鹰徽是根据1939年5月5日的命令，采用银灰色丝线制作，从1939年开始也成为M1936野战服最为常见的一种鹰徽。第四种鹰徽主要由贝沃公司生产，1940年完全采有人造纤维进行制作。第五种鹰徽与先前的版本一样，仍是灰色，由贝沃公司于1943年制造。第六种鹰徽 是1944年为M1944型野战服特别设计的，明显是一种简化鹰徽的缝纫方式，这种鹰徽我们也能够在其他型号的制服上发现。最后一种鹰徽是在战争后期生产的，在人造棉上整体采用人造纤维丝刺绣制成。

▼▶ 在制服衬里能够看到典型的因缝纫鹰徽而造成的弯曲线痕，同时能够看到一些正反面的鹰徽标志，由制服的所有者自行缝合在其制服上。

领章

◀ 德国在二战时期的领章最初带有兵种色，在绿色或其他颜色的衬布上制作再缝在衣领上。

▶ 早期的绿色衬布领章。

▶ 步兵领章（白色兵种色）。

▶ 三种不带有兵种色的领章，由贝沃公司采用人造纤维制成。

▶ 由维也纳工厂生产的领章（浅蓝色代表运输部队），可以从军队小卖店中购得。

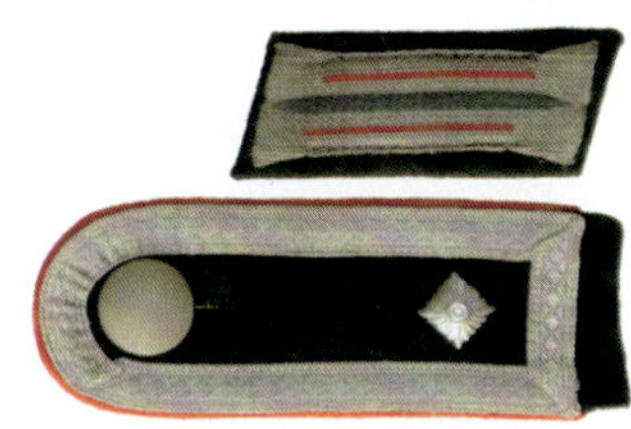

◀ 炮兵士官的领章和肩章（炮兵的兵种色为红色，从肩章判断佩戴者为中士）。

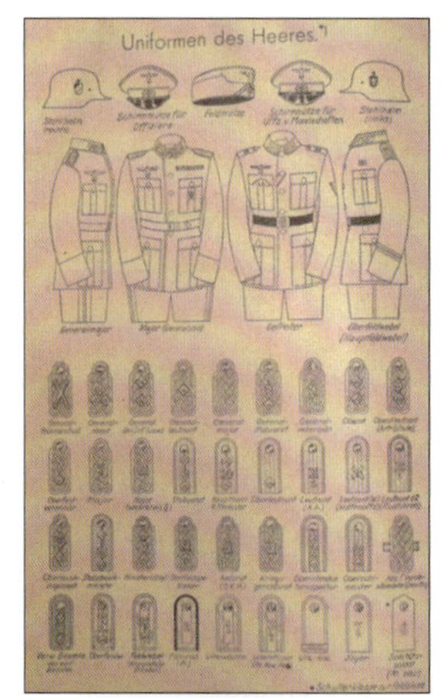

肩章

肩章与野战服同时变化发展，并与每种制服一起做到了制式化。肩章不仅表明佩戴者的军衔，也同时表明了其所属的兵种，例如白色代表步兵等等。肩章的版本数量及其变化非常多，因此我们仅介绍不同时期最为常见的肩章。

在制服肩部，通常也带有纽扣或搭袢辅助肩章佩戴，也有采用缝制式的肩章佩戴方法。肩章通常采用与制服同样的原料来制造，刚开始采用深绿色布料制作，后来随着制服面料的改变也发生了变化。在肩章的边缘带有兵种镶边，镶边也采用与制服同样的原料或人造纤维制作。

◀ 士兵手册上的图解，注明了陆军士兵与军官不同军衔的肩章。

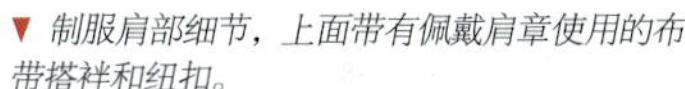

▼ 制服肩部细节，上面带有佩戴肩章使用的布带搭袢和纽扣。

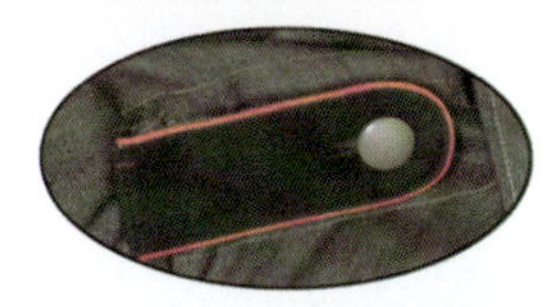

◀ ▼ 一名坦克乘员的肩章（装甲兵的兵种色为粉红色）以及一些肩章的内部视图。

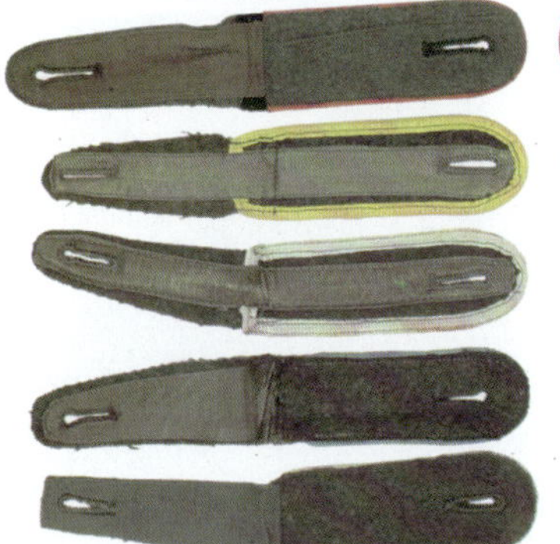

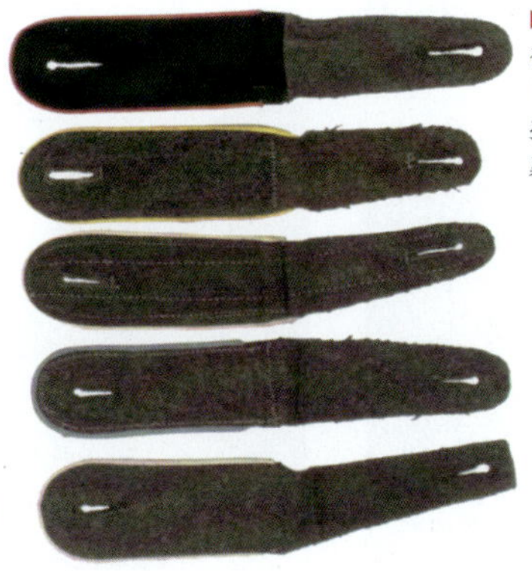

▶ 这张照片很好地展示了如何用穿挂的方式佩戴肩章。

▲ 士兵手册上的士兵军衔臂章图解，臂章佩戴在左臂。

衬领

它的功能主要是避免或减少衣领的磨损，并可以隔绝脖子与粗糙衣物的直接接触，来增加穿着制服时的舒适性。

这种衬领于1933年6月采用，作为无领衬衫的一种补充。后来带有衣领的衬衫出现了，但仍然保留这种衬领，其供应一直持续到1944年。

这种替代品由两条布料构成，内部是白色或浅灰色的棉制或人造纤维，外部是绿色或灰色的布料制造，上面带有5个扣孔，扣合的纽扣由纸、胶木或玻璃制造，M1944型制服的衬领不带有纽扣。

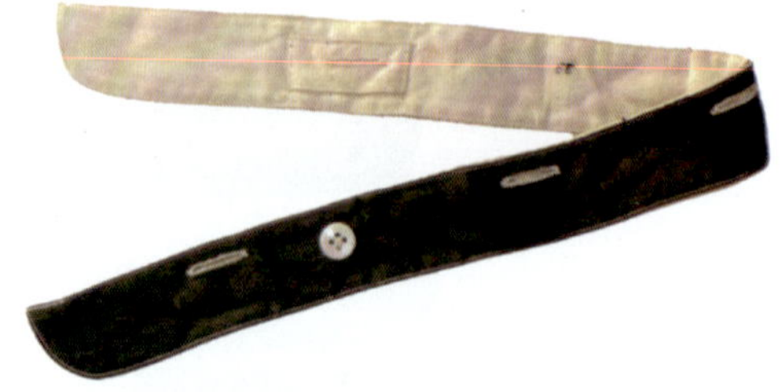

▲ 早期生产的深绿色M1936型制服衬领。

▼ 如何扣合这种衬领。

▲ 三条不同衬领的正反面，第一种是早期样式，第三种是在战争后期制造的。

◀ 衣领打开和扣合时的位置，要想扣合两端的纽扣，操作格外的复杂。

▼ 安装在一款夏季制服上的衬领。

作战裤

相对于不同的制服，长裤可以说虽然经过了改进，但自始至终在功能（而不是质量）上都存在矛盾和冲突。德国陆军士兵在战时行军穿着的长裤大都是直筒式的，裤腰非常的高，吊裤带也是19世纪的风格，使得穿着这种长裤的德国士兵外表看起来更像一位“老百姓”。

1940年，原来长裤的田野灰色被与野战服同样的颜色所取代，尽管在1943年前没有完成整个换装，而当时非洲军已经通过实战证明，山地式样的长裤效能更好，于是就出现了M1943型长裤。这种裤子是一种更现代化的式样，在一些版本的长裤裤腰处缝有一条由亚麻或棉制的内嵌式束腰带，通常也装有正方形的两爪皮带扣。在长裤的简化版本上，装有穿通皮带的布质宽挂钩，用于在例如夏季没有穿着野战服时束紧裤子，所有这些长裤及变化版本都一直使用到战争结束。

长裤 1934-1943

▶ 从前面近距观察第一类型的长裤，这种长裤的裤腰非常的高，腰围调节带在裤子的后面，大腿外侧的2个倾斜的内插袋及臀部的后插袋都没有袋舌，在口袋的内表面钉了一颗固定纽扣，这种长裤专为配长筒靴时穿着。

▼ 早期的尺码没有生产年代、制造商和军用物资仓库标记。“82”表示裤腰接合缝尺寸，“92”表示腰围尺寸，两个“110”分别表示裤长和臀围尺寸。

▼ 这种款式的长裤在裤腰外部缝有纽扣以固定吊裤带。在图中，能够看到一个表链固定小环，它是用来固定怀表链条的；同时还可以看到容纳怀表的小口袋。

▼ 白色棉质内衬。

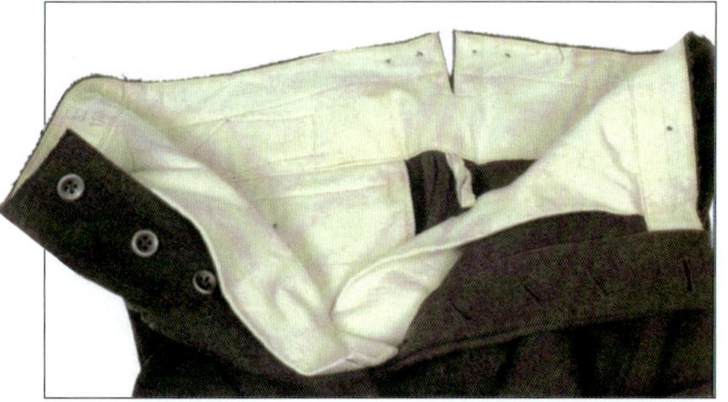

马裤 1943

▶ 产于1943年马裤的前后视图，注意内部的加固带。

▼ 这种裤子采用了低腰设计，上面带有4个大皮带挂钩，适于在没穿着野战服时使用。这种设计更符合现代设计理念，怀表小口袋增加了袋舌，并仍可以使用吊裤带，但吊裤带纽扣隐藏在裤腰的内面。

▼ 将原来在后腰部位的腰围调节带改在了两边，这样穿着时更容易进行调整。

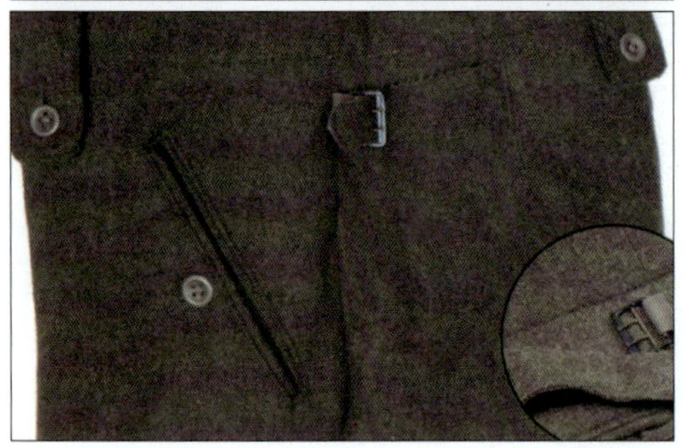

▲ 两边的腰围调节带和口袋的细节照。

▼ 这张图片展示了裤筒脚踝的束紧方式，采用了与山地裤同样的束紧方式在裤筒处缝制了布质的束紧带。

▶ 衬里的人造棉本色，可以看到用于固定吊裤带的纽扣及布带。

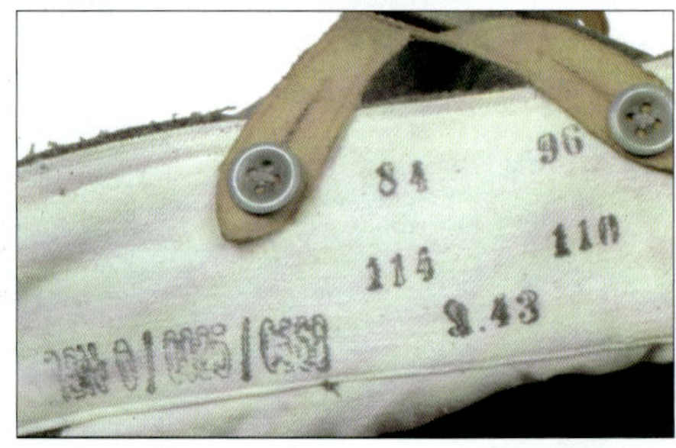

▶ 这条长裤于1943年制造，并在同一年于法兰克福交付军方。这4个数据与上页讲到的尺码标注意义相同。最下端的是官方交付地点编码和交付年代。

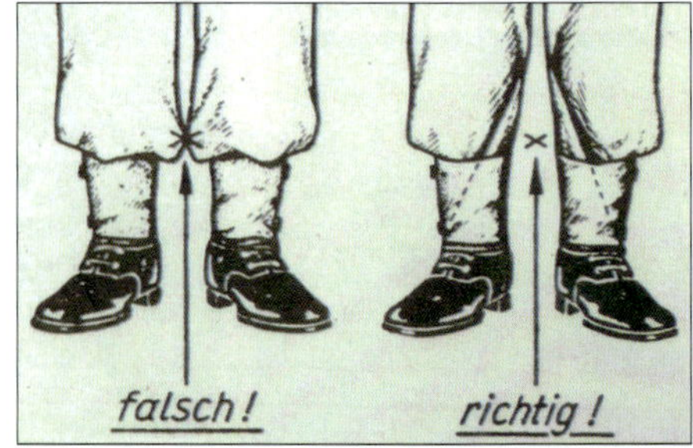

▶ 为了避免穿着时裤筒被磨损，士兵手册上也专门以图解告诉士兵如何将裤腿掖在长筒靴内从而避免摩擦。

吊裤带

通常，吊裤带（常称之为“背带”）采用带有弹性的棉布制作而成，带有金属滑动带扣，可以调节长短。吊裤带外面是灰绿色，背面是白色。吊裤带上面的加强部分，使用的是天然色泽的皮革或像民用版吊裤带上一样的染色皮革，在这个基本设计之外还有许多变化版本。根据已经确立的制服规定，各种长裤上都带有用于固定吊裤带的纽扣。

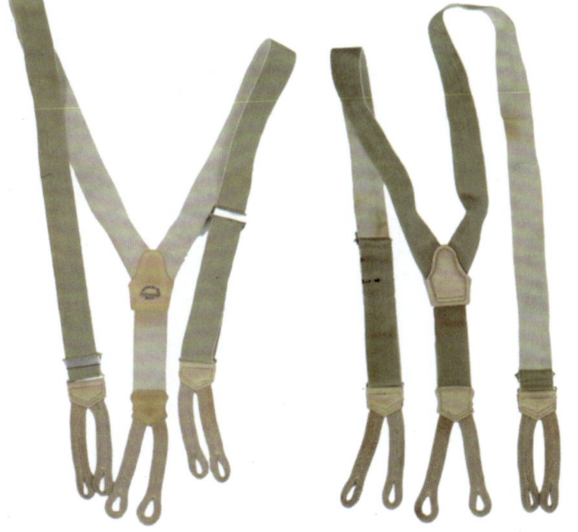

◀ 第一种款式吊裤带的前后视图，带有棉线扣眼。

▼ 1940年战争早期的典型生产标记。

▼ 合金制造的金属滑动带扣的细节图片，内部皮垫上还印有“DRP”标记。

▼ 皮革吊裤带上的典型扣眼。

▲ 在战争中期生产的吊裤带。

M1944型野战服

1943年夏在经过如大德意志师等步兵单位试用和测试之后，希特勒最终于1944年7月8日批准了这种制服，使其成为二战期间德军的终极版制服。出现这种改良版本制服的根本原因就是为了在战时节约制造资源。早在不列颠战役后德国人就出现了这种想法，这种现代化的军服也意味着德国脱离了普鲁士军服的传统。这种以尽可能节省的资源来制造军服的思想在当代仍然得以延续。

虽然这种制服在性能上并没有超越以前版本制服多少，但这种新制服在缝制工序上更简洁而更易于大规模生产，这种新型的橄榄绿制服于1944年9月25日开始配发部队。至少在实践和理论上，橄榄绿这种颜色更容易在更多的织物上印染，包括苏联和意大利制服面料。在某些情况下，德国甚至还配发了鼠灰色版本的M1943制服。

▶ M1944野战服的前视图，配有六枚纽扣。

▶ M1944野战服的后视图，可以看到很宽的束腰带。

▲ 在这张图片上能够看到两个内口袋，并且这种制服没有整体内衬，出于制造经济性的考虑，制服后背为整块式面料。

▼ 用于肩章佩戴的搭袢与纽扣的细节。

▼ 衣领可以用纽扣扣紧。

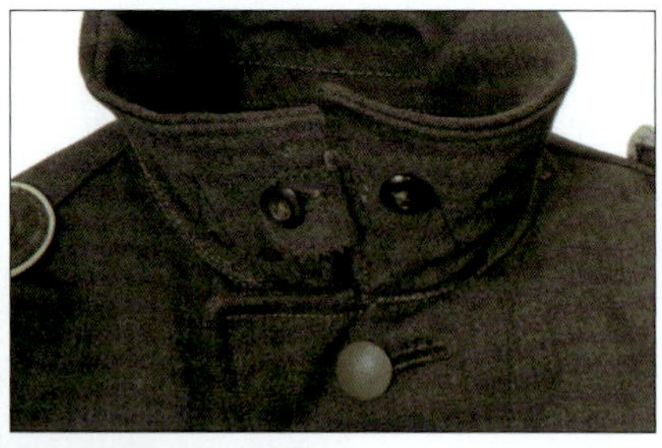

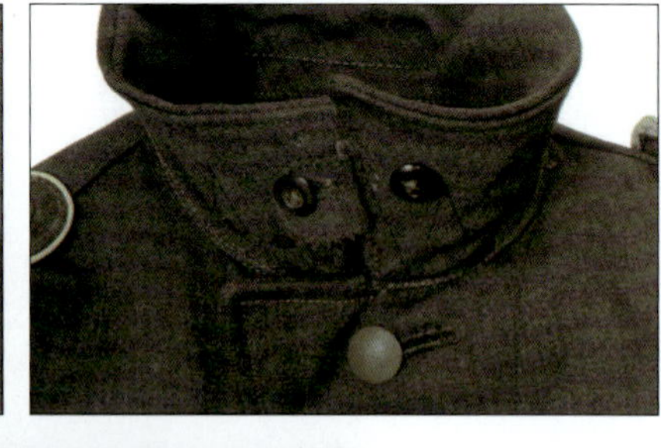

▼ 没有内衬的整体简化式袖口，纽扣为赛璐珞材质。

▶ M1944型野战服只有两个腰带挂钩，从腰部的孔眼中伸出。由于面料的短缺，口袋上的褶皱也被取消了。

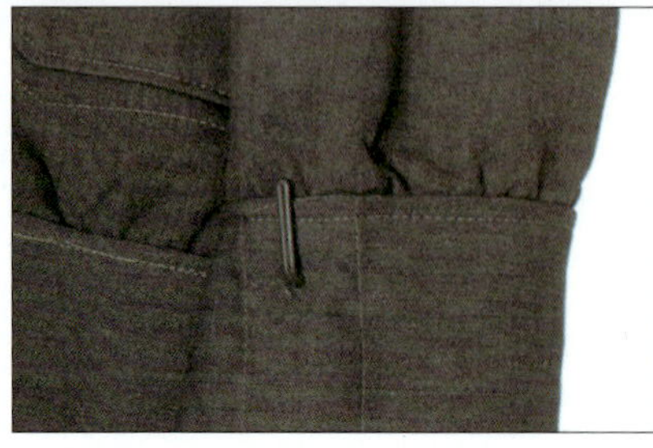

▶ 制造商标记细节，令人惊奇地用制造商印章代替了RBNr编码，这也预示着战争将要结束时，整个制造业行将解体的混乱状态。在德国占领区，这种情况在许多领域都存在。

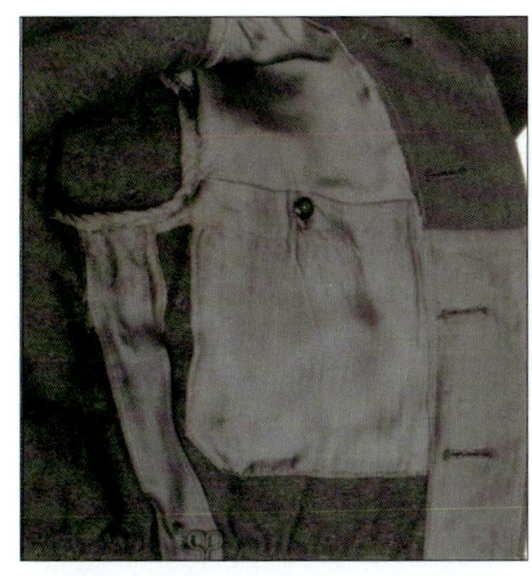

▲ 制服的内口袋经常被当作外衣服口袋的替代口袋来使用，在M1936型、M1940型、M1943型野战服上都存在这种现象。其有限的衬里采用人造丝斜纹布来制造，这种面料在战争后期也相当的普遍，注意一旁的武装带固定挂钩的加强带。

▲ 武装带固定挂钩的内部。

▲ 领章特写。

▶ 军士V形臂章的正反面，佩戴这种臂章的士兵服役时间最低不得低于6年，这是一种晚期式样没有绿色衬布背景的臂章。

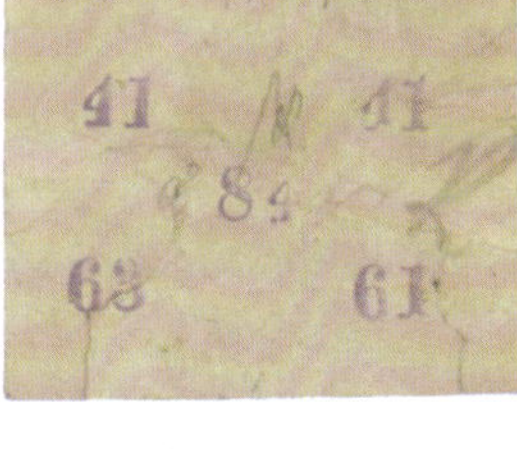

▲ 制服的生产标签通常位于袖口，上面标明了交付军用仓库的RBNr编码和制服尺寸。在后期改为直接在衣服上面盖上这些标记信息的印记。

◀ 这条长裤属于M1944型野战服的最后一种配套裤装。裤筒为直筒状，裤脚处带有裤脚褶线，口袋带有袋舌，裤腰带有扎腰带时使用的布质挂钩。相对于早期裤装，此款长裤完全采用低腰设计。

▶ 二战时期配发的最后一种裤腰带，和民用的腰带类似，采用人造棉制作。一些早期版本的长裤配有和热带版一样的亚麻制造的内束腰带。门禁上的两颗纽扣分别由人造纤维和镀锌金属两种材质制成。

▼ 与其他型号一样，这种长裤也可以使用吊裤带穿着，内衬为亚麻布。

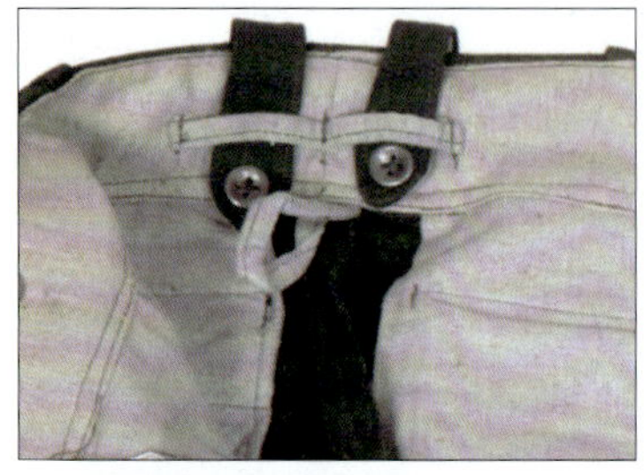

▲ 这条长裤的怀表袋里装着另外一份绷带。

▲ 在裤脚褶内带有人造棉制成的束紧带，还配有玻璃制的纽扣。

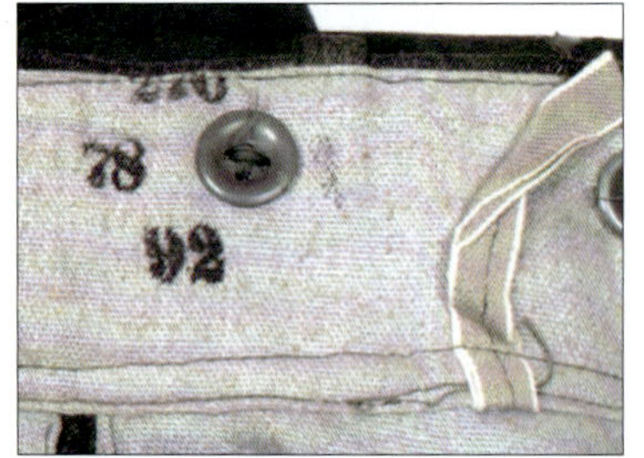

◀ 清晰的后期生产标记，没有了裤长尺寸数字，在上面缝合线处的数字已经难以认清，中间的“78”代表腰围尺寸，“92”表示臀围尺寸。

操练服

1933年4月，德国军队开始进行扩充重组，一种灰色斜纹粗棉布制服也在这个时期里随之出现了。制服的名称由德军“Moleskinanzu”这个词直接演变而来，称之为“Drillichanzug”，而并不再采用原来的称谓。这种制服为浅灰色，由配套的制服和长裤组成，并且制服上面佩有军衔标志。通常情况下，这种制服被德军用来作为新兵制服，有时也用来作为工作服和运动服。

这种制服配有5枚纽扣，闭合领样式，下摆带有两个衣服口袋，没有袋舌，衣袋也没有纽扣，制服采用内腰带束紧。配套的长裤裁剪得类似早期的直筒裤，并被常常用来配合野战服穿着。由于当时还没有意识到战争那么快就会爆发，所以这种制服也没有真正过多地考虑当时时兴的伪装概念，因此仅在1940年2月后才开始下令生产此种型号的橄榄绿色制服。

在夏季，这种斜纹粗棉布制服开始配备军衔和徽章，作为野战夹克出现在战斗中，而这样做是明显违反着装条例的。基于这种制服实用性非常好，使得陆军部在野战服后于1942年早期要求研制一种用于夏季作战和日常使用的新型制服。配套的长裤也进行了修改，采用了新型1943制服马裤同样的款式。很显然，最终发展的新型的1944型夏季版制服并没有明确的资料保留下来。

▲ 1933-1942年版操练服的前视图，这件制服的拥有者把它作为冬季伪装服穿在作战夹克的外面。

▲ 制服的近距照片，能够清楚地看到制服腰部的束紧带。作为一种作战使用的制服，衣领可以用纽扣闭紧。

◀▲ 根据1940年2月12日的命令，制服采用了印染成绿色的新面料来进行制造，这种新型版本制服在前线非常受欢迎，在夏季穿着这种制服非常的凉爽，既可以作为作战服，也可作为日常工作服。

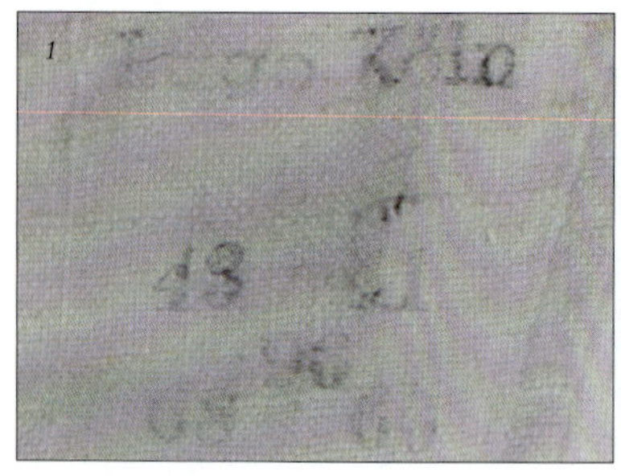

1~3. 这是根据1940年2月的命令生产的操练服的标记，后面这款绿色夹克的生产标记已经有些模糊了。

4~5. 为了便于洗涤，制服上的纽扣可以移除，纽扣用一种呈“S”形的特别金属丝在制服内面进行固定，上面的标记为面料生产商标记。

◀▼ 一等兵臂章的前后近距视图。

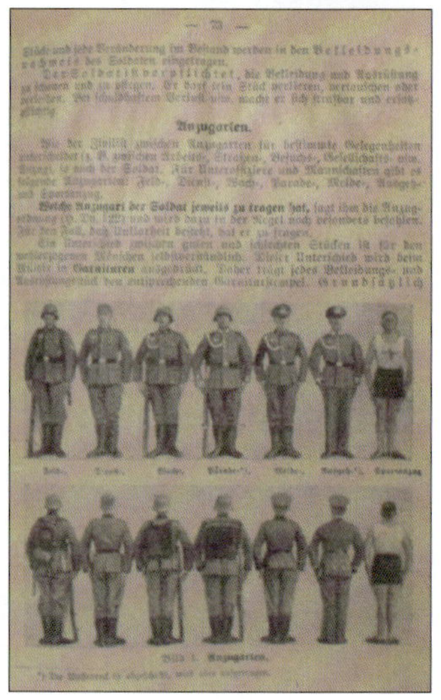

Anzugarten.

▼ 手册上有各种不同制服图示，以及穿着的细节描述。

第一款式夏季制服

1942-1943年的第一种款式夏季制服，可以在战斗和日常中使用。这种款式的制服与野战服一样，带有两个挂钩，和热带版夹克完全相同。

◀▲ 第一款式夏季制服采用天然亚麻制造，亚麻是一种在德国可以快速生长的植物，但在1943年，由于劳动力短缺，亚麻也变成了稀缺资源。战争后期常采用人造纤维原料代替亚麻。

▲ 品质精良的第一款式夏季制服，注意两个大型的武装带挂钩，它不像冬季版制服有四个挂钩。

▲ 两个挂钩中其中一个的细节图。

▶ 装甲兵夏季制服肩章的衬布是深绿色（兵种色为粉红色），这件制服在1943年早期非常普通，特别之处是，制造这些制服的斜纹软呢亚麻肩章在战争后期才开始生产。

▶ 制服内部的制造商标记，用蓝色或黑色油墨印制，这些标记用于交付军用物资仓库时使用。

◀ 这件制服上的军衔臂章（1936–1940年），衬布为绿色绒布。

▲ 布制产品的生产商标记。

▲ 和先前版本的制服一样的纽扣和面料生产商标记。此外还可以看到绷带口袋的细节，上面带有一个胶木材质的纽扣。

◀ 开放式袖口，这样容易卷起衣袖。

▼ 由于使用人造亚麻面料，制服外表显得比较简陋，灰色也更深一些。

第二款式夏季制服

▼ 由贝沃公司采用人造丝刺绣制作的肩章和胸鹰，肩章衬布为绒布。

▲ 人造丝制成的武装带挂钩加固带。

▲ 制服上的军士V形臂章，服役6年以上的士兵才能佩戴。

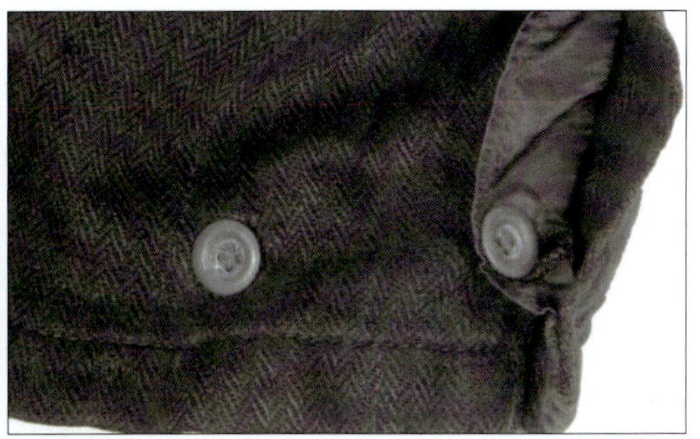

▲ 夏季制服的第二种式样袖口（最终款式），配有人造丝内衬和金属纽扣。

▶ 制服内部的增强衬里采用人造纤维或人造丝制作。不同于野战服的是，这种夏季制服易于清洗而且在夏季穿着非常凉爽。

第一款式夏季长裤

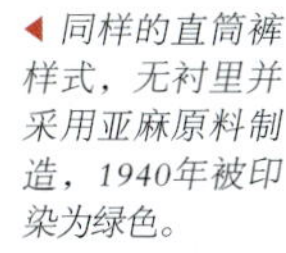

◀ 同样的直筒裤样式，无衬里并采用亚麻原料制造，1940年被印染为绿色。

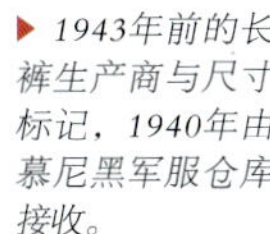

▶ 1943年前的长裤生产商与尺寸标记，1940年由慕尼黑军服仓库接收。

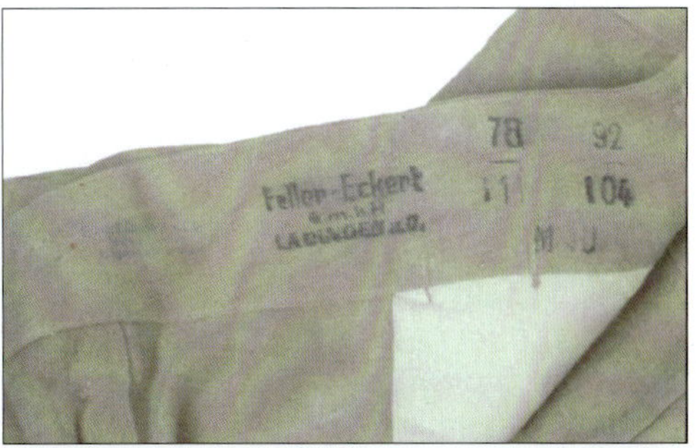

◀▶ 纽扣与束腰带的细节，带有可调节的扣环。

第二款式夏季长裤

▶ 1942年夏季制服的长裤最终发展成为1943年型长裤。这类长裤的区别仅在裤腿束紧方式上，在部分长裤脚踝处采用带有纽扣的束紧带来束紧裤脚。这种长裤完全采用人造亚麻或棉线制作，内部接缝与裤裆处的内衬得到了加强。

▼ 制造商标签。

▼ 第二款式夏季长裤的裤脚细节。

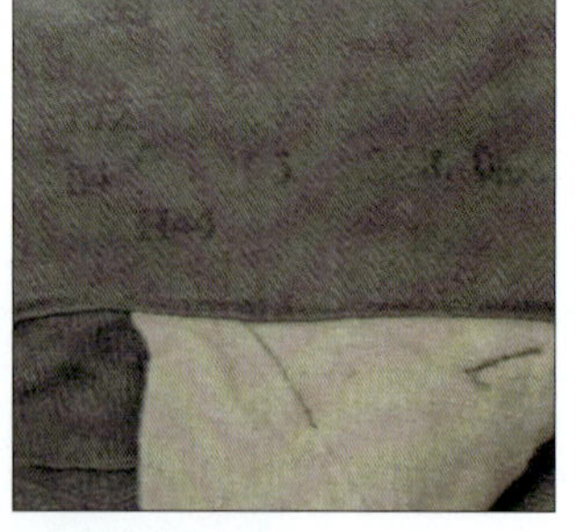

▼ M1943年型长裤的腰部束紧带细节。

▲ 战争后期裤腰内部的生产标记。

▲ 长裤的内部并没有内衬，令人奇怪的是，这条长裤固定背带的纽扣只在后面有，这可能是制造商的错误或是出于节约的原因取消了。

◀ 纽扣由合金、胶木或天然树脂制造，颜色为灰色或褐色。

衬衣

直到推出M1943型衬衣，二战德国士兵才配有两种型号的衬衣。一种是战前型号，1933年5月研发，采用棉花和人造纤维原料制成，是一种无领的灰白色衬衣，衣领开口带有加强布料，配有四枚纽扣，衬衣整体为运动衫的风格。这种衬衣穿在野战制服的里面，但其颜色并不适合伪装，直到后期印染成绿色，而且在热带气候穿着也不是太舒适。后来更加实用的灰绿色版本衬衣于1941年出现。尽管这款新衬衣带有衣领，但总体风格与前期版本类似，并且采用了新型原料，人造纤维的含量相对更高一些，这种材质被称为“Aertex”——埃尔特克斯网眼织物。这种衬衣经过若干次洗涤之后，就会缩形失去笔挺感，变得软绵绵的，部队士兵穿着这种衬衣变得不那么整齐而滑稽，显得相当怪异可笑。

新型衬衣可以在夏季穿着，样式比起以前的型号则更像内衣，实际上也被命名为“Heereshemd”。最终的发展型就是M1943型衬衣，这种衬衣依旧保持了原先的式样，但是增加了两个带褶的胸口袋，肩章可以挂上这种型号的衬衣上。衬衣为灰色，面料中人造纤维的含量更高了。

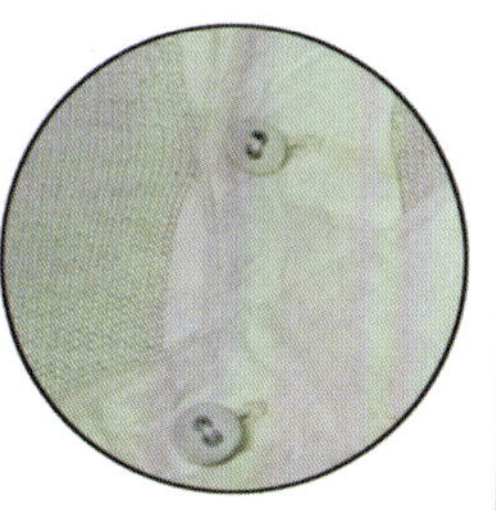

◀▲ 1933年型衬衣实例，可以看到加强的领部开口，以及袖口处的厚纸板纽扣。

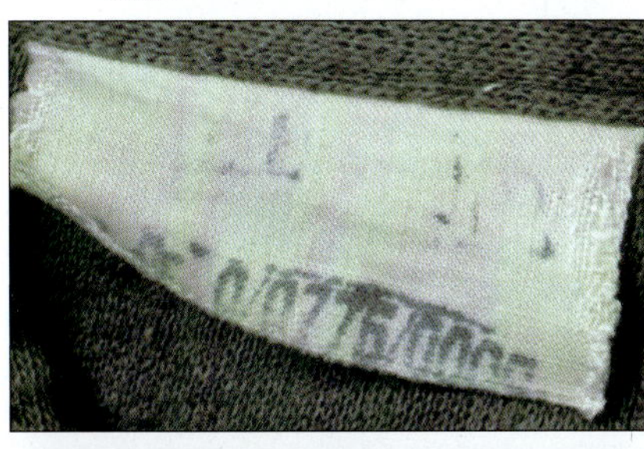

▶ 1941年型衬衣的前后视图。

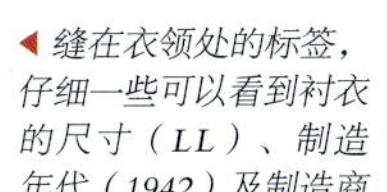

◀ 缝在衣领处的标签，仔细一些可以看到衬衣的尺寸（LL）、制造年代（1942）及制造商的RBNr编码。

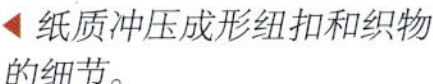

◀ 纸质冲压成形纽扣和织物的细节。

▼▶ M1943型衬衣采用人造羊毛制造，带有肩带，口袋的纽扣采用的是制服样式的纽扣，胸鹰和军衔臂章也能在这种衬衣上被发现。

◀▲ 标准的M1943型衬衣采用深灰色的埃尔特克斯网眼织物制造，并采用铝制纽扣。衬衣的尺寸采用罗马数字Ⅰ~Ⅲ来表示，位置在胸部最后一颗纽扣的同一水平位置，而RBNr编码戳记通常位于衬衣领部。

▲ M1943型衬衣纽扣的细节。

▼ 铝制纽扣的细节。

▼ 所有版本的衬衣都带有的边开口细节。

内衣裤

1~4.夏季的背心和短裤也可用于在温暖或炎热的地区穿着，用棉花和人造纤维混合的网状面料制造。

2

1

3

4

◀ 按规定，冬季长内裤采用棉和人造纤维各一半的混合织物制作，在腰部进行了加强。内裤前面的开口可以用布衬上的三个胶木或纸质纽扣闭合。内裤可以用配有的普通小绳束紧，尺寸标记（Ⅰ~Ⅲ）用红色刺绣在一个小标签上。

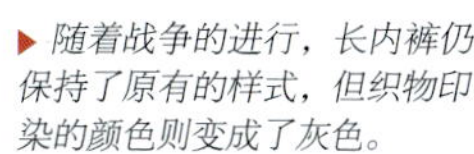

▶ 随着战争的进行，长内裤仍保持了原有的样式，但织物印染的颜色则变成了灰色。

毛衣

经过试验和测试之后，军用毛衣（甚至纽扣样式都模仿美国）于1936年被正式批准采用，官方定型为“Schulupfjacke 36”。开始时毛衣采用的是V形领，后来生产的采用了圆翻领。随着时间的推移，面料也有所变化，毛衣采用90%的灰色和白色羊毛与10%的纤维混合面料制造。

毛衣的颜色也有过一些变化，早期的版本装饰有暗灰色或者绿色的条纹，位置在领部和袖口；后期的版本逐步对这些条纹进行了简化，首先简化的是袖口，然后领部。为了防蛀，毛衣用化学方法进行了处理。这种毛衣也有运动版本，带有更加暖和的圆翻领，但却没有普遍配发。

一些当时的历史照片表明，这种毛衣常被穿在野战服内，而且非常受士兵的欢迎——这种毛衣轻便而且保暖。毛衣有三种尺寸规格，采用阿拉伯或罗马数字在衣领内的小标签上标示，这种毛衣每两年发放一次。

▶ 领部的两种制造样式。领部的小标签上标注有毛衣的尺寸（1、2或3）。

▲ 尽管色泽与品质有所不同，但总体上这些毛衣结实耐用而且制作风格相同，这是一款二战晚期生产的毛衣。

▶ 这种取代了V形领的圆领毛衣更加适合寒冷的天气。早期版本有绿色或暗灰色的条纹存在于领部或袖口，这款毛衣只在领部存在这种条纹。

▼ 这是一款简化的浅色版毛衣实例，晚期制造的毛衣在颜色上要更暗一些。

▲ 所有尺寸的毛衣袖口都非常的长，可以很容易地卷起以适应穿着者。

▶ 毛衣肩部内部补强的对比，其中采用布质补强的是在战争后期生产的，另一件则是典型的采用羊毛织物的制造实例。

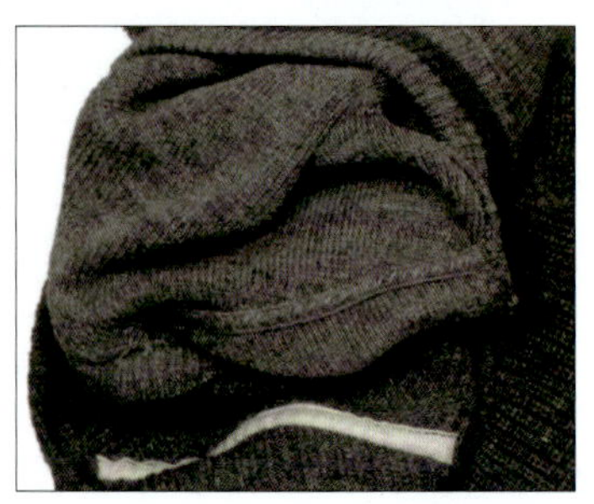

◀ 战争后期（1944年）生产的标准样式毛衣。

▼ 仔细分辨，可以在标签上看到规格标记“1”和制造年代“1944”。在部分情况下，毛衣也存在第二个小标签，上面标有穿着者的名字。

围巾、头套、耳罩、手帕

▼ 巴拉克拉瓦帽是德国军队古老的传统头套，实际就是简单的带有弹性的羊毛头套，戴在头上作为巴拉克拉瓦帽。随着战争的进行，这种头套开始完全采用人造纤维来制造，颜色为灰色或绿色。

▲ 德军配发的手绢。虽然带有不同的交织花纹图案，但所有手绢都采用棉布制造，颜色为蓝色。

▶ 一款采用回收再利用的人造和天然羊毛混合而成的面料制造的灰色围巾，还有黑色或翠绿色的条纹。

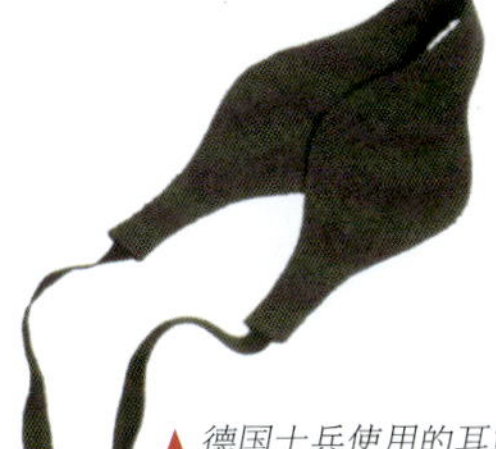

▲ 德国士兵使用的耳罩有多种式样，这里展示的耳罩是非常普通的一种，由回收的制服原料制成。

▼ “Wehrmachseinngeitum”的意思是军方财产，一件军队配发的手绢上带有这种标记。

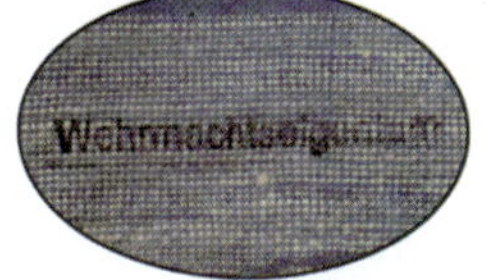

手套

只有处于寒冷地区的部队才会配发手套。手套采用双层羊毛织物制作，在手套口内部带有本白色或绿色的条纹，这些条纹代表手套的规格（一条代表小号，四条代表大号），当手套边沿卷起时能看到这些条纹。在整个战争中，手套样式也并没有出现太大的变化，只是在颜色上从灰色变成了绿色。

另外还有多种多样的手套，制造布料同样是穿过的旧制服与外套面料的重新再利用。手套内衬的法兰绒由人造和再生的羊毛制作，这种手套还带有两条布环，作用是防止手套的丢失。

1~6. 不同生产商制造的手套，这些手套都采用白色或灰色条纹来表示手套的规格。

◀ 手套内部的规格条纹，同时带有使用者的姓名标签。

▶ 绒制的可两面使用的手套，可以在穿着冬季制服时为手部提供额外的保暖作用。

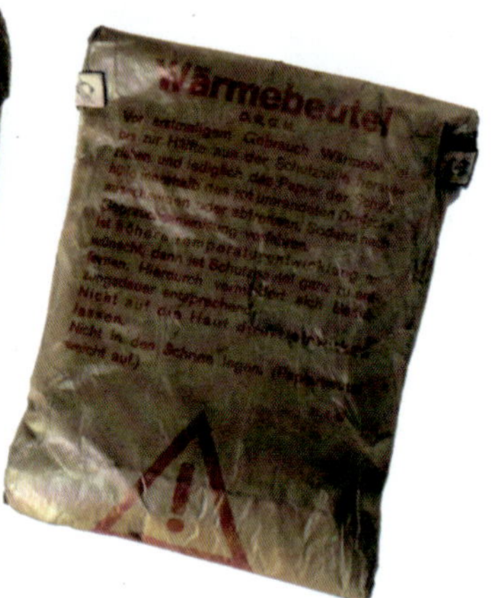

◀ 士兵可以用图示的这种化学加热器为双手取暖，通常用于哨兵站岗以及战壕内。当把水加入这种加热器后就会产生化学反应，可以得到2到3个小时的热量。这种加热器的尺寸较小，可以放在手套内或口袋里，其制造时期也能够通过包装袋上的标签分辨出来（例如：21/08/43，表示1943年8月21日生产）。

短袜

一双好鞋对步兵能否安心作战相当重要，而短袜在这其中扮演了重要角色。二战德军最为普通的网状短袜由羊毛和人造纤维的混合原料制作。短袜为灰色，与手套一样也采用四个水平的白色或翠绿色条纹来表示尺寸规格，位置在袜筒的上面，这种短袜具有四种尺寸规格。

1944年，开始配发一种简化的“一种尺寸适合所有规格”的短袜，这种短袜的袜筒缝在脚掌部分，所有生产的短袜都经过预处理以防止寄生虫。此刻，苏联风格的绑腿也非常受德国士兵的欢迎，这种绑腿的尺寸为40厘米x40厘米，不便之处是使用这种绑腿要经过一些训练。

▶ 一些不同尺寸规格的短袜实物。其中一些是后期生产型，在右边的一只短袜上可以看到尺寸用油墨书写的罗马数字标注。

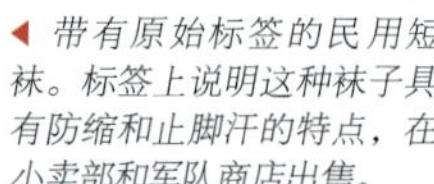

◀ 带有原始标签的民用短袜。标签上说明这种袜子具有防缩和止脚汗的特点，在小卖部和军队商店出售。

运动短裤

▶ 这件棉质的M1933型运动短裤属于运动服的一部分，运动服还包括一款白色的背心，上面带有国防军的人造纤维刺绣胸鹰，同时还包括棕色的皮革训练鞋。这些服装是步兵在兵营进行第一个12周基本训练的重要组成部分。运动服通常有一个小口袋用来装衣物柜钥匙。1940年，为了节约资源这些运动服就不再配发了，这样做也更符合战时经济。

▼ 德军配发的游泳裤，于1934年被批准采用。这种游泳裤由棉与纤维合成原料制作，有三种尺寸规格，拥有者的名字被写在一个白色标签上。

▼ 缝在白色运动背心的上胸鹰使这种服装的整体看起来更加美观。

大衣

德军并没有做好应对寒冬的准备，实际上，德国国防军的大衣对于东线来说，也并不是充分而有效的装备。在那里，气温普遍会降至零下30多摄氏度，于是德国平民立即被动员起来，捐献各种冬季服装给瘫痪在莫斯科城下和列宁格勒战壕里的年轻德国士兵。在这其中，既有德国人民慷慨的捐赠，也有残酷的强行征用。根据1941年12月的一道命令，所有波兰犹太人，包括男人和妇女都要为德军提供冬衣，而在波兰的这些人将迎来更加痛苦的命运，甚至死亡！犹太人不得不做的“贡献”实际上也并没有就此结束，后来反而有了更深一步的扩展。根据帝国政府的规定，服装店和制造厂都要提高产量并专注于军用装备的生产，犹太人区也要给德国国防军提供制服。根据一些资料统计，通过这些方式，每年可以为军方提供600万件大衣。

实际上，这种军大衣已被证明并不完全适合现代战争，尤其是在特别寒冷的天气条件下。穿着这种大衣十分妨碍行动，而且浸水后非常沉重，浸湿冻结后又非常僵硬。这种M1939型军大衣实际上是19世纪时大衣观念的一种实例，同样属于旧普鲁士的遗产。在整个第二次世界大战中，不少德军士兵都穿着这种大衣。

◀ 军大衣的后部视图。

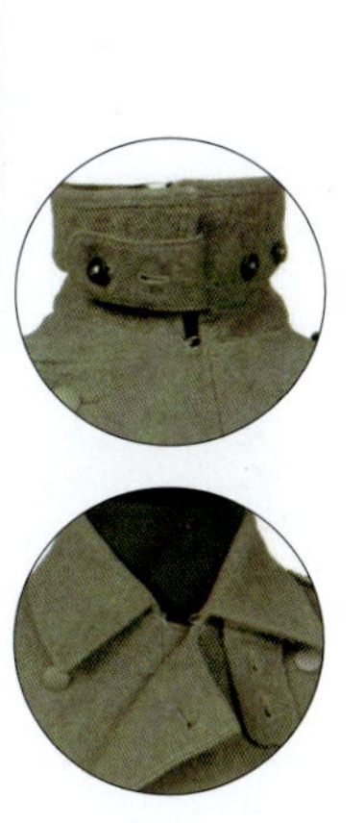

▼ 大衣领可以采用开放或扣合方式穿着。

◀ 在1940—1942年间制造的一件大衣实物，从中可以看到M1939型大衣的一些细节。包括小型的深绿色衣领，同样颜色与面料的肩章。原来两边衣襟都带有扣眼，可以更好地调整衣襟，后来这种扣眼被取消了，只有左襟带有全部扣眼。

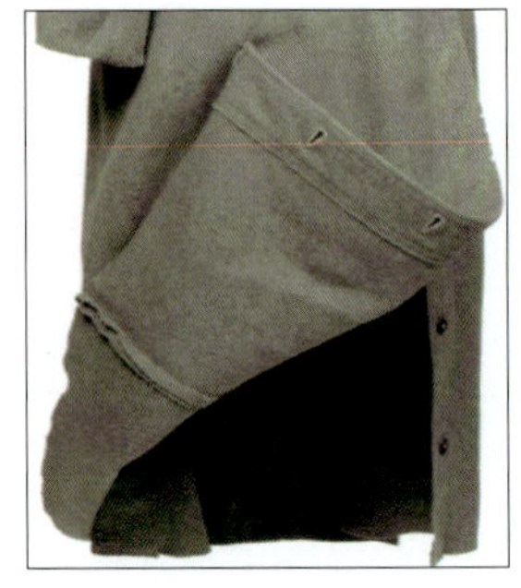

▲ 大衣的后摆根部有两个小吊钩，可以将大衣后摆扣起来，以防止飞溅的泥土。

▶ 带有厚的人造棉质衬里的军大衣内部视图，在衬里上可以看到两个用于支撑武装带的扣环加强布带。这种衬里是一种大型内衬，带有两个外部口袋，并仅有一个调整纽扣。1944年，一些制造商加强了颈部后褶对其加以扩大，大衣的制造原料与野战服一样，随着时间的推移经历过类似的变化。

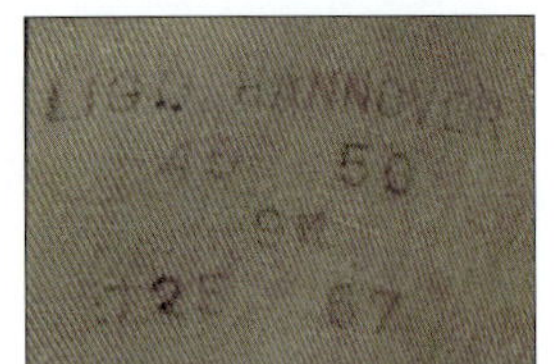

◀ 和制服一样的尺寸标记。

▶ 随着战局的不断恶化，仍然在使用的军大衣并没有得到显著的改善。在1943年前后，大衣的衣领进行了加宽，同时大衣的原料品质也有所下降。为了更好地御寒，官方对大衣进行了已经有所延误的改良工作，包括增加两个可用于暖手的垂直口袋，增加用粗糙的再生毛织物制作的厚风帽，许多大衣的衬里也采用羊毛或其他动物毛皮来制作。

1. 风帽可以隐藏在大衣的内部，用一个纽扣扣住。
2. 竖立起来的大衣领细节，这样可以更好地为士兵的鼻子御寒。纽扣为玻璃，胸部是涂有深灰色漆的金属纽扣，这种纽扣在战争结束时非常的普遍。
3. 内口袋上面的大衣尺寸和RBNr代码标注。
4.内口袋和调节带细节。

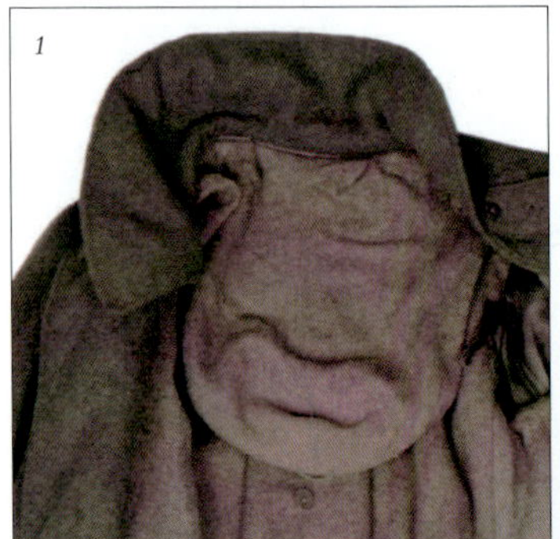

1

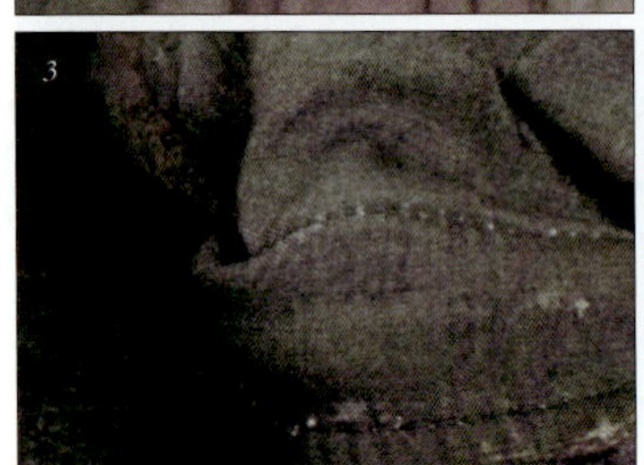

3

2

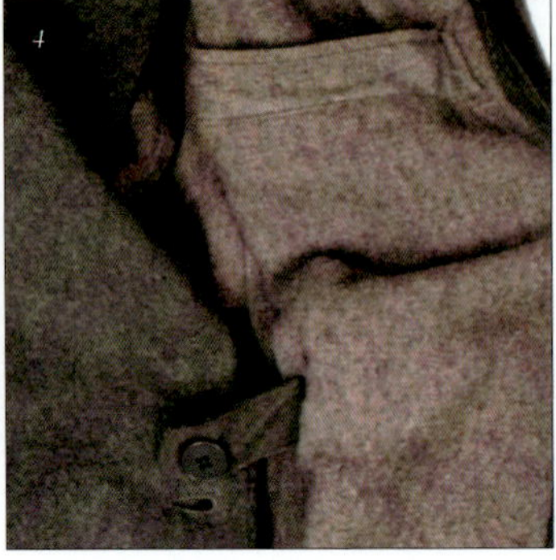

4

▶ 一件带有完整毛织物衬里的大衣内部视图。

兔皮夹克

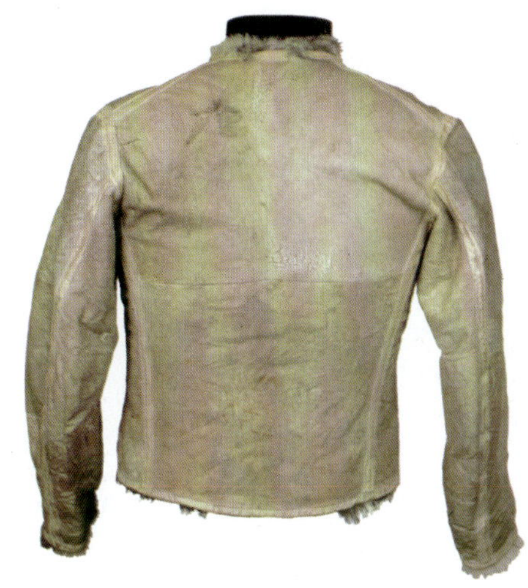

▶ 在德军为部队提供的御寒服装中，其中一款就是兔皮夹克。可以将这种皮夹克穿在野战服或军大衣的里面，其式样非常的多，而且由所有可以收集到的各种动物毛皮来制作。

▼ 这个RBNr编码表明这件皮夹克生产于1943年。数字“2”表示其为中等尺寸（共有3种尺寸），“Wehrmachtenigentum”表示属于军方财产。纽扣通常用胶木作为原料制造，但也有其他材质的纽扣。

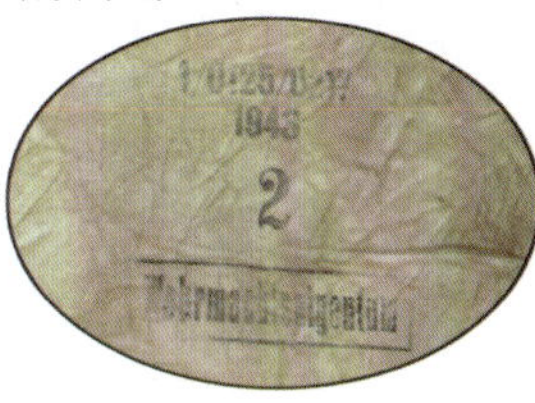

▶ 衬里的细节。

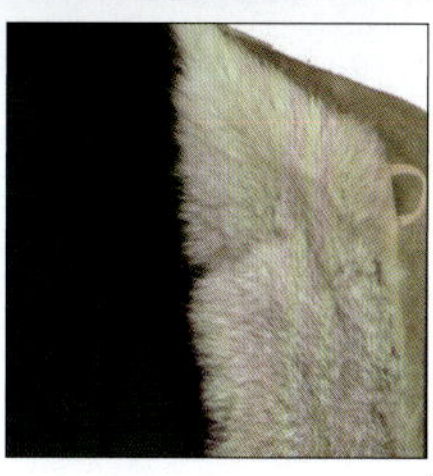

伪装服

一些德国士兵在第一次看到伪装服这种令人惊诧的服装时，不能不感到意外，他们穿上这种伪装服甚至还感到有些不太自在。他们认为穿着这种涂有模糊不清的现代颜料的迷彩服使一名士兵看上去就像是一名小丑。然而这种观点是错误的，这种战争与艺术相结合的伪装服设计在军用服装上可是前所未有的。

在19世纪，军人普遍穿着带有镀金纽扣的颜色鲜艳的制服，这些制服使士兵在战场上非常容易被识别出来，而且当时军事科技比较落后，军事通信依靠鼓声和军号，最快速的也只是通信骑兵。

一方面，以前的战争伤亡与现代战争相比可是小巫见大巫，快速发展的军事科技使枪炮的威力造成更大的伤亡。1857年，在印度的英国军队最先隐蔽了其显赫的制服，采用一种新型带有泥土色泽的土黄色，也就是卡其色制服来作为热带制服的颜色。最后在1902年第二次布尔战争期间，英军采用了卡其色作为其所有武装力量制服的标准色。布尔战争也使欧洲各国认识到在现代战场上人员伪装的重要性，于是纷纷将鲜艳的军服颜色改为绿色或黄色，以达到隐蔽的目的。八年后，德国军队制服经过了类似的发展，采用了一种原野灰色作为其制服颜色，于是原野灰色的制服开始出现在欧洲战场上。

另一方面，美国自然主义者和画家艾博特·塞耶(Abbott Thayer)在19世纪末进行了重大的研究，发现许多动物成功地用伪装色隐蔽了自己，以免成为食肉动物的口中餐，而通常这些动物的皮毛颜色都与周围的环境融为一体。他的这一研究，后来成为现代迷彩概念的基础。迷彩这个词来自于法文，巴黎的方言“camoufler”，意思是欺骗。对应的意大利语为“camuffare”，理解为行动没有获得承认。需要指出的是，在美英等国的常用军语中，并没有“迷彩”的概念，而是用“camouflage”（伪装）一词表示。法国和意大利这两个国家在20世纪的迷彩设计方面发挥领导作用。

在世界军事史上，法国于1915年首次提出伪装军团的概念，这一思想由一些著名的艺术家和设计师提出。早期的做法是在配发给前线的制服都统一加印上图案，这在很大程度上，就形成了第一支迷彩军队。

后来，在两次世界大战期间的1929年，意大利研制出世界上最早的迷彩服，并开始进行工业化生产并配发部队，命名为“telo-mimetico”，有棕、黄、绿和黄褐4种颜色。

德国迅速消化吸收并发展了自己的新型伪装装备，早在1916年，他们就开始配发迷彩钢盔——就是在钢盔上用绿色、土黄色和铁棕色的几何色块来进行伪装。随后，为空军提供的迷彩布料也被制造了出来；在战争将要结束的时候，迷彩盔布也生产了出来。随着1931年意大利事态的发展，德国继续研究迷彩服直至战争开始，其中就有非常杰出、具用重要历史意义的迷彩设计——由党卫队聘用的约翰·格奥尔格·奥托·希克(Johann Georg Otto Schick)教授设计。

要想完整列举出所有的国防军，特别是陆军的迷彩目录不是一份轻而易举的工作，因为战争期间制造的不同版本的迷彩服数量实在是太多了。而且更为复杂的是，第三帝国军队大量装备了与其交战所有国家的装备。根据武装部队最高统帅部（OWK）的一次调查，当时的迷彩服储存了超过现有人员的15%还多。再加上年代久远，资料匮乏，这一切都使情况更加的复杂化。

风雪大衣

◀ 同一款式夹克的后面。

▼ 同一件制服的白色翻面。 这种颜色并不是很成功，在作战条件下，泥土很快就会将制服弄脏，将其雪地伪装效果抵消掉。而且在极度寒冷条件的条件下，真正想保持这种制服的清洁和干燥几乎是不可能的。

▲ 在1941年德国入侵苏联的军事行动中，德国人充分体会到了俄罗斯的寒冷与刺骨低温，迫使德军的后勤系统需要尽快给部队提供适宜的服装。在整个春季经过彻底的试验和测试之后，1942年秋季，解决这个问题的风雪大衣开始配发部队，以应对即将到来的又一个俄罗斯寒冬。这种风雪大衣是一种创新性的设计，可以两面穿着，由两件服装组成，包括大衣和长裤。这种制服依据不同的热量防护等级，生产了三种不同的厚度。第一种款式上衣（两面为白色和鼠灰色）是高品质产品。在1942年底，灰色开始由更实用的“碎片”迷彩以及更为现代的“沼泽”迷彩版本所取代。

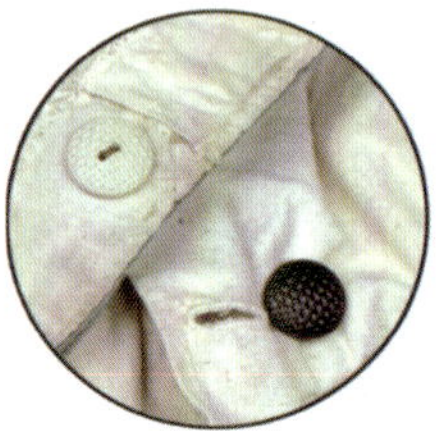

▼ 制服完全采用人造纤维和羊毛合成原料或是混有回收面料的棉布制造。不同于由天然面料制造的服装，这些面料的服装保持身体热量的能力较差，而且防水性也不好。这张照片展示了这件大衣带有开放式前领。

▲ 整齐的褐色和白色胶木纽扣。

▶ 护领的细节。

▲ 双位可调节袖口和可以携带弹药的口袋。

▲ 调节绳的孔眼，采用镀锌金属扣眼加强，与雨披上使用的扣眼一样，但相对要小一些。

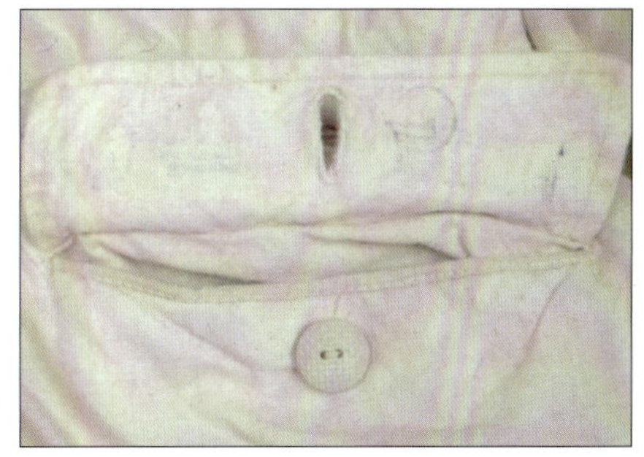

▲ 袋舌内部细节，上面有大衣的制造商和尺寸的标记。

▼ 取代可两面穿着的灰色版大衣的是更为实用的迷彩版大衣。在用于雪地伪装时，可以将一件分离式白色罩衫穿在迷彩大衣的外面，这样更加实用也更加经济。这种大衣的基本设计与先前的型号相同，但随着战争的进行，同时发放灰色版和迷彩版大衣容易产生识别上的混淆，而且在感官上将迷彩服的伪装作用掩盖了。迷彩版大衣带有同样的风帽，同时也增加了手套。两只手套之间有一条长带连接，在不戴手套的情况下可以将手套挂在脖子上，以防手套丢失。后期也配发了一些普通版大衣，照片展示的就是可以两面穿着、1943年后制造的碎片迷彩版大衣，采用合成原料制造，带有一个钢盔风帽。

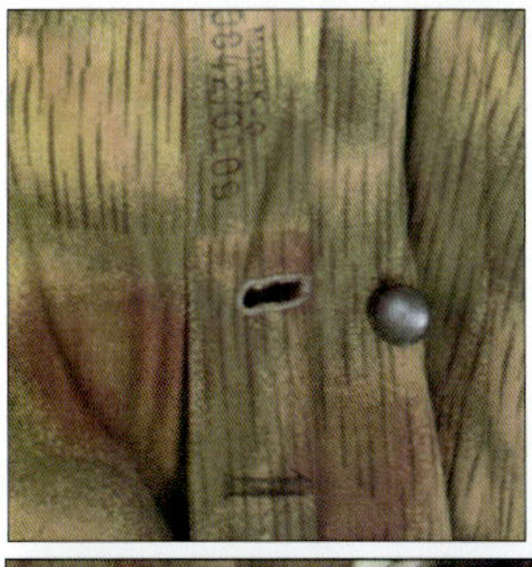

◀ 印有制造商RBNr编码和大衣尺寸标注。

▼ 可两面使用的人造纤维腰带。

▼ 可调整袖口，镀锌铁制纽扣，涂成了深灰色或白色。

▶ 在战斗期间，可以在这种树脂纸制纽扣上扣上涂有颜色的布带，以作为识别敌我的标记。每一天颜色代码都有所变化，但因为普遍的混乱及通信的不畅，这个识别方法最终被放弃了。

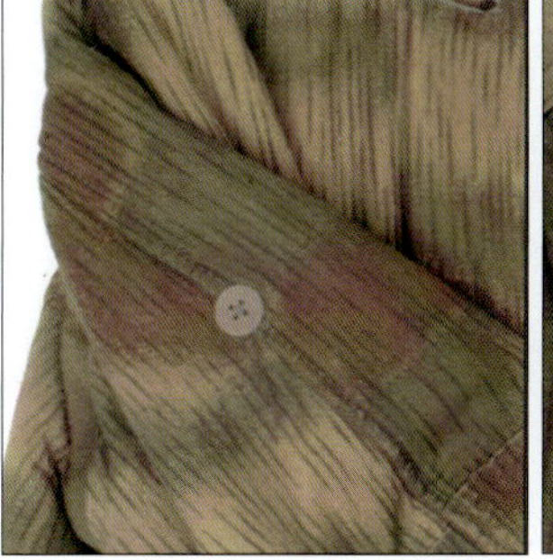

冬季手套

▼ 1943年后的制造商RBNr编码。

▶ 手套的“扳机”指特写。

▲ 战争后期的可两面使用的碎片迷彩手套。

单面冬季风雪大衣

▼▶ 冬季不可翻转沼泽迷彩大衣。

▼ 大衣内侧的衬里和内腰带，由灰色人造纤维丝制造而成。

▼ 双重扣合纽扣的细节。

▼ 口袋和可调节袖口。

▶ 长裤和不可翻转的吊裤带，裤子采用和衣服一样的方式制造，是可以两面穿用的样式。

▼ 吊裤带后面有可以进行调整的附件。

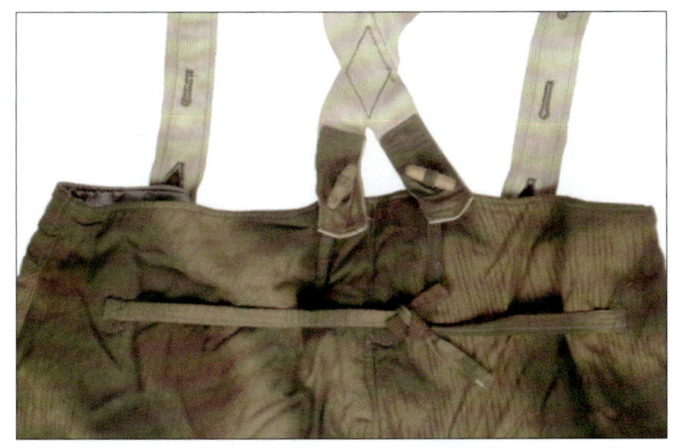

▼ 在长裤门襟处的RBNr编码和罗马数字“II”的尺寸标记。

▼ 长裤的人造丝衬里。

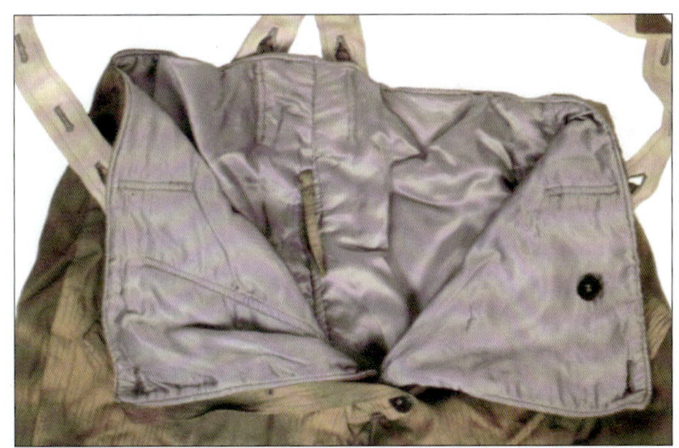

▶ 裤脚的束紧带，可以调整后扎紧裤腿完全包裹住皮靴。

针线包

▼ 德国军队的制服条例规定是非常严格的，士兵有责任保持自己制服的齐整，不能有破损或纽扣丢失的现象。

当时很多商业公司，包括德拉霍米（Drahoma）和道斯科（Dosco）以及其他公司，在“Kameradenhilfe”（朋友互助）这一口号下，出售为军方特别设计制造的针线包。这些小针线包内含有不同种类的纽扣、针、线、别针等等，以解决日常情况下的制服缝补问题。

▼ 在种类众多的针线包中，这种小针线包是专为缝衬袜子使用的。

▼ 一个用于野外缝补的针线包实例，里面带有标签和一些基本的缝补物品。

▼ 士兵日常在小卖部购买的两种针包实例，其中之一是著名的普里姆（Prim）公司的产品，上面的大字意思是“德国士兵缝衣针”，这种商品通常采用金属或胶木来包装以防丢失。

▼ 别针盒，在野外需要紧急修理的情况下，这种别针非常实用。

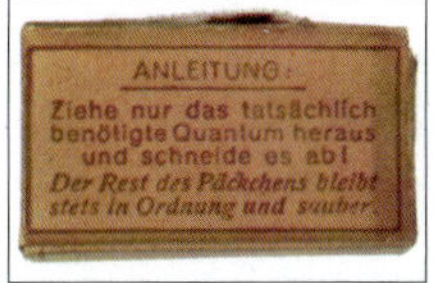

▲ 衣物，特别是内衣，上面都佩有所有者的姓名字母标签，以避免在洗衣店混淆或丢失。当没有官方标签的时候，一些小的刺绣字母标签就缝在这些衣物上面。除了在前线，士兵更愿意在兵营的洗衣店洗衣物，这样衣物丢失情况能相对少一些。如果有可能的话，德国士兵们都普遍自行洗涤自己的衣物。

▲ 供应给部队和工厂的不同类型的线卷和线轴，这些针线有亚麻、棉花、羊毛等等不同材料。

▲ 当时，为了防止在洗衣店丢失衣物，一个非常普遍的惯例就是采用标签来表明所有者。士兵们可以在军品店或小卖部购得这种标签，上面可以印上士兵的个人资料，例如姓名、所在连队与步兵团。这种棉质的标签可以缝制或粘贴在衣物的特定部位上，例如腰部或肩部。随着战争的发展，这种严整的方式被粗糙的标记方式所取代，包括用有色笔涂写甚至用小刀刮刻。

▲ 供应部队的两卷原野灰针线卷，在其外部标签上注明了这种针线可以用手工缝纫或机织的方式使用。

▶ 这个空的线卷轴上书写有制造商的名字或其他信息。

▶ 内部带有制造商使用说明的纽扣包，这种纽扣包采用小包的方式出售，12个纽扣为一包，以便装入部队使用的针线包。

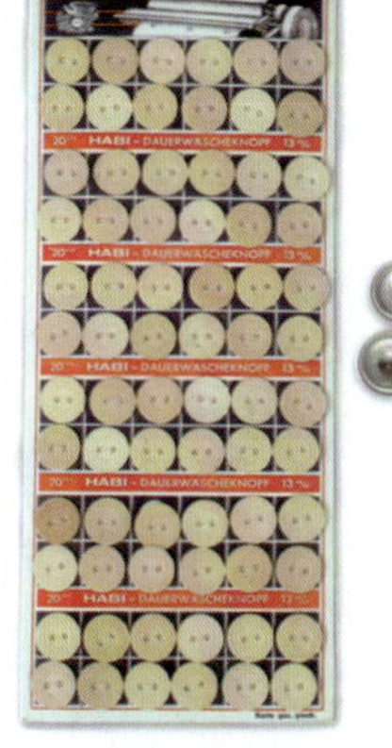

▶ 一种通用纽扣，采用胶木成型等方法制造。在制服的衣领和袖口，以及衬衫和内衣上，我们经常会发现这种类型的纽扣。此外，我们在训练长裤上也会大量发现了这种类型的纽扣。纽扣上还涂有不同的颜色，包括灰色和褐色。

▼ 用于制服及大衣的纽扣，这些纽扣固定在一张厚纸板上批发给服装店，纽扣上面也涂有颜色。

▼ 纽扣表面都被冲压或铸成颗粒状以避免反光与发光，也被称为“鱼子酱纽扣”。战斗制服的纽扣上面涂有颜色，依据不同时期，分别涂有灰绿色或带有蓝色调的鼠灰色，而阅兵服或军官礼服的纽扣，则是天然的金属色泽或直接涂成银色。

◀ 另一种向工厂和商店运送纽扣的包装方法，这都是早期高品质的纽扣，鼠灰色比晚期型的要浅一些。

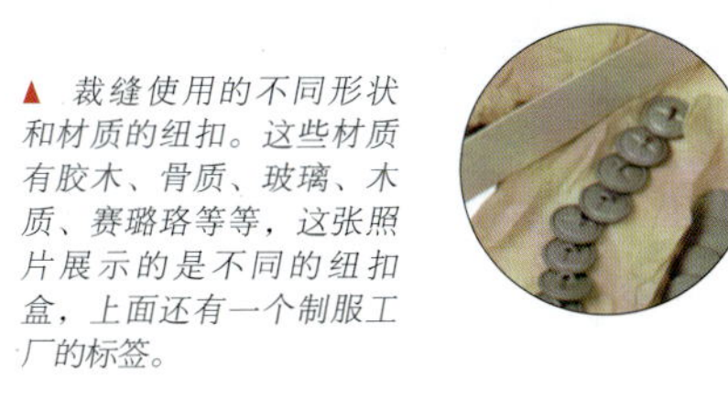

▲ 裁缝使用的不同形状和材质的纽扣。这些材质有胶木、骨质、玻璃、木质、赛璐珞等等，这张照片展示的是不同的纽扣盒，上面还有一个制服工厂的标签。

▶ 这张图片展示的是不同制造商制造的铝质、锌质、铁质或其他合金材质的纽扣，因为受经济成本的制约，这些纽扣品质也并不一样。

Schusterei

第三章

鞋类

行军靴，可以追溯到俾斯麦时期的德意志帝国甚至更久远的年代，在军中，从1866年开始就有“Knobelbecher”（摇骰器）的俗称。这些著名的皮靴和钢盔塑造了第三帝国最初的战斗形象，成为展示战士阳刚之气的基础装备。军鞋和士兵的其他装备一样，很大程度上也受到战争的影响。在整个战争中，德国军鞋的品质明显下降了，从战争初期的整齐、富于侵略性的牛皮黑色高帮皮靴到后期的粗糙矮帮皮鞋，也反映出国家社会主义精神的衰落，寓示着部队士气的崩溃。

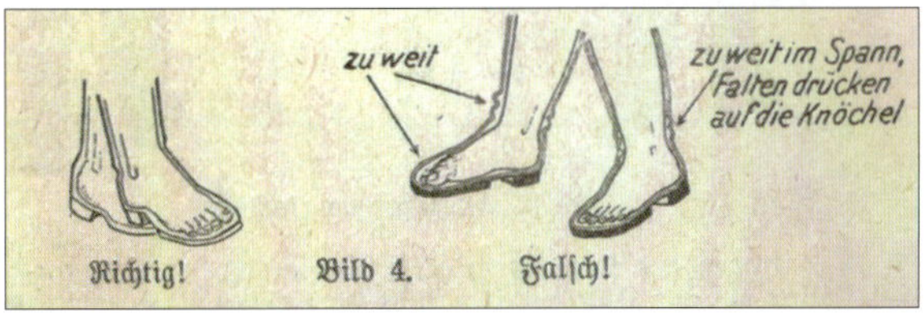

1943年的训练手册介绍了如何找到皮靴正确尺寸的方法。

行军靴

1~5. 行军靴是所有德国军人穿着的一种主要军靴，德国军人就是穿着这种铿亮的皮靴取得了短暂的胜利。这种皮靴由优质的黑色牛皮制造，靴腰高35~41厘米，带有双层鞋底，鞋底带有35~45个加强鞋钉。皮靴的脚后跟用一个凹形铁环绕加强，这种皮靴由步兵在野外使用，并且配发给所有国防军人员。

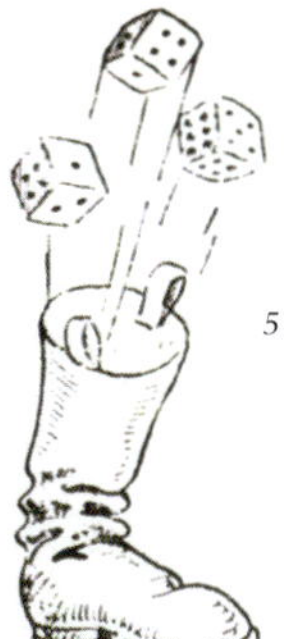

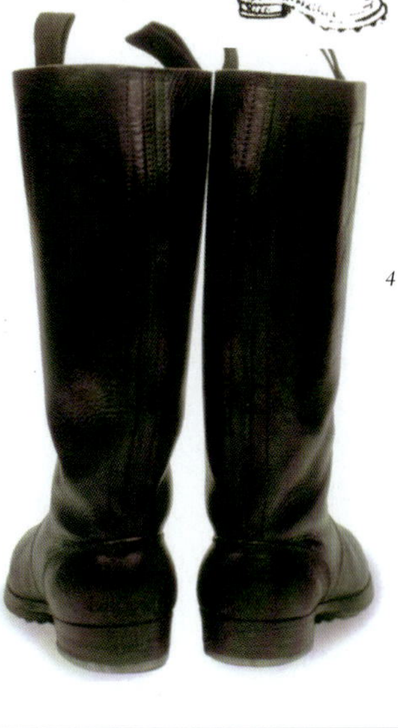

▶ 一双1941年生产的军靴，鞋底计有44颗鞋钉，属于第一种款式的皮靴：带有脚趾掌板，鞋底一半处有固定鞋底的隐藏式木钉。

▼ 带有制造商和尺寸标签的提鞋带细节。

▼ 早期款式的行军靴实例。这是一只1939年生产的军靴，脚尖带有前鞋掌。

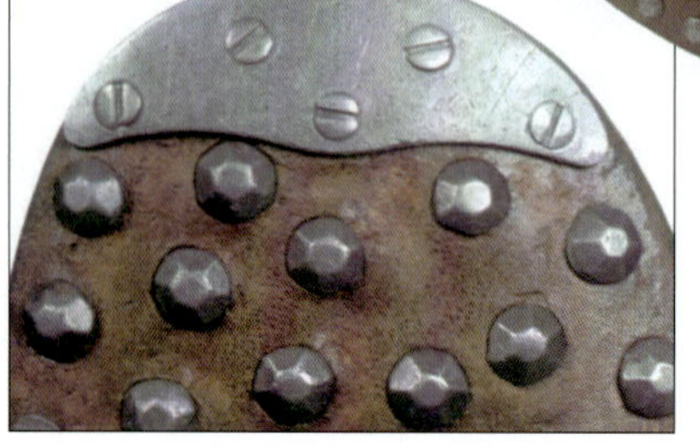

▶ 这张照片清晰地展示了鞋底用菱形断面山毛榉材质的木钉来经行固定的细节，这是战前和战时典型的德国军鞋用木钉。当鞋底浸湿后，这种木质的钉子会膨胀，更增加了鞋底的坚固性，但其缺点是容易腐烂。

1~4. 发布于1939年11月9日的第一条限令，将鞋腰从39厘米缩短至29厘米以节省皮革，但这个命令并没有得到很好的执行，直至1940年春季。皮靴标准的供应方式是提供用天然皮革粗加工的皮靴，然后由部队自行染色。大约到1941年7月，这种行军靴最后成了专用军靴，用于步兵、自行车及摩托车人员以及专业部队，例如铁道兵等等。根据这个规定，在和平时期部队每一年半便会收到2双军靴。

1

2

3

4

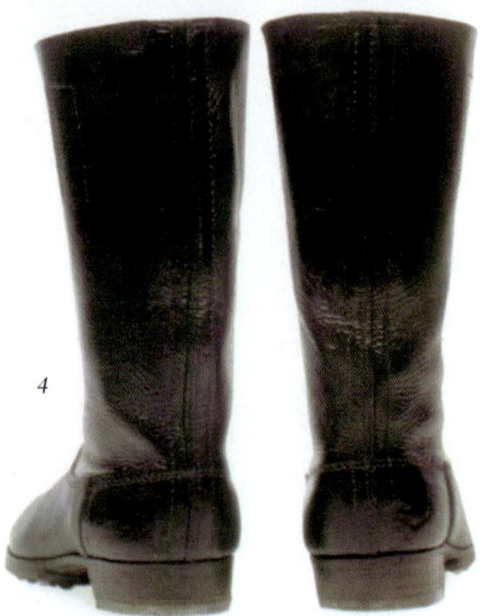

▲ 第一个数字代表尺寸（261/2），它的单位是厘米；第二个数字“7”代表宽度，“43”表示制造时间，“229”则是制造商的代码。

▶ 一双晚期型号的皮靴，鞋底中间同样采用木钉固定，在这里，每双鞋鞋底的鞋钉数量左右脚都不一样，右脚是40颗，左脚是38颗。

Links, rechts, links, rechts.

▼ 军靴的尺寸和宽度标记，有时候也能看到制造商的印记。

▼ 1939年11月，一个宽2.5厘米的皮革带被添加到鞋筒内部进行增强，这个皮带采用手工的方式缝制，因此可以清晰地看到靴筒两侧带有4厘米×13厘米的棉质提带。

▶ 对比两种不同型号的皮鞋，可以清晰地看到前文中提到的限制。

短靴

这种短靴是在1901年普鲁士军靴式样的基础上，1914年进行改进后配发给德意志帝国机枪连。在25年后的二战期间，他们在经历一些发展过程之后大多被行军靴所取代。从1937年3月起，短靴开始专用于外出时使用。在二战早期，这种短靴在兵营中或训练时使用，但作战时并不穿着，直到1941年中期情况有所改变。从1944年开始，旧式的行军靴被更受士兵喜爱的短靴取代了，行军靴就此不再占据其主导地位。

◀▼ 最初1937型短靴被印染成黑色，带有5对鞋带孔和4对鞋钩，而且这些皮靴部件都涂有纤维素涂料以避免腐蚀。这种短靴完成品的质量非常好，缝纫线采用天然亚麻；鞋跟内带有补强；靴帮具有不同的高度尺寸，通常为14~16厘米；另外，靴帮上还缝有水平的挂钩以使皮靴更加紧固。短靴的鞋带约95厘米长，尽管存在带有金属包头的黑色人造丝鞋带，但鞋带多为皮革材质，这种短靴尚在工厂时就在靴底和靴头涂上蜡以便于防水。

▲ 鞋底的规定标记，这双靴子在主要的皮革产地——维也纳制造而成。

◀ 从这张照片上，能够发现鞋后腰用天然皮革进行了加强。

▼ 制造鞋底的方式完全和行军靴靴底一样，但鞋钉的数量有所不同（右脚35颗，左脚38颗）。

▶ 带有尺寸和制造商标记的鞋底细节。

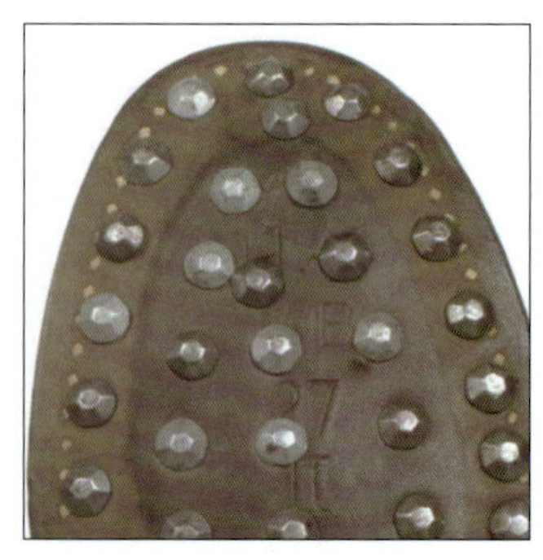

▲用天然牛皮制造的晚期型号短靴，帮面没有进行过加工。

▲脚尖部分没有在内里进行过加强。

▶ 尽管具有更多的1944型短靴式样的特征，皮革自然色泽，并带有5个或6个漆成黑色的鞋带孔，但这款短靴只是战争晚期（1944–1945）生产的过渡型，和1937型具有同样的特征，鞋后跟内部带有补强片。

▼ 鞋带的系法必须遵循既定的方式。这双鞋子的鞋带已经整齐地系好，在紧急情况下可以快速切断鞋带以脱下靴子。

▶ 采用嵌入皮革的方式来增加鞋底厚度的实例。鞋钉是第二种款式，数量不同（大概32~36颗）。

▲ 在特殊情况下，尺寸采用欧洲编号，这里是41；脚宽是81/2；制造商编码为313。

鞋跟垫板

◀ ▼ 鞋跟垫板采用熟铁根据对应的鞋跟尺寸制造，分为左右脚，右边为R（R=Rechts），左边为L(L=Link)，其代码在这张照片上能清晰地看到：L19和R19，表示适合装配尺寸27厘米的皮靴。

鞋跟垫板采用5个钉子固定压在鞋跟底面上，鞋跟为层皮跟，由天然皮革或合成橡胶材质（称为bnna，也称之为“SBR”，即丁苯橡胶）压制而成，注意同时代的鞋跟采用压切方法制造。

Friedrich Jacobs
Spezialfabrik für Stiefeleisen

GEBR. VOGEL

Gesenkschmiedeteile

BUDDE & STEINBECK
GESENKSCHMIEDE
PLETTENBERG i. Westf.

Fabrik blanker Waffen
Paul Weyersberg & Co.

Oskar Treiber
SOLINGEN

Daniel Kayser
Solingen-Kohlfurth
Stiefeleisen

鞋钉

▼两种鞋钉的一张对比照，右边的为六面型鞋钉，左边为七面型鞋钉。

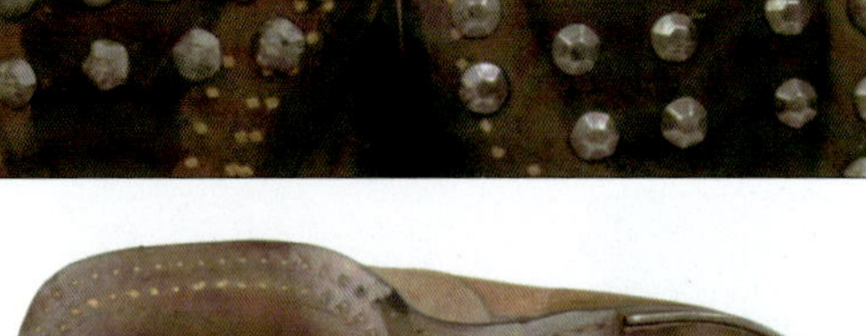

▶ 军用鞋钉基本上有两种规格，即早期的七面型和晚期更易于生产的六面型。鞋钉长度依照鞋跟的厚度而定，也有一些非正式规格和尺寸的鞋钉，但并不被陆军认可。

▶ 采用热冲压制造的晚期鞋钉内外细节。

▶ 在鞋底中央可以清晰地看到制造商印记，上面有一只蜥蜴，在今天也是非常著名的商标。

◀ 可以清楚地看到这款没有鞋钉的鞋底的双层结构及固定方式，这是一种军队商店出售的非官方版皮靴。

绑腿

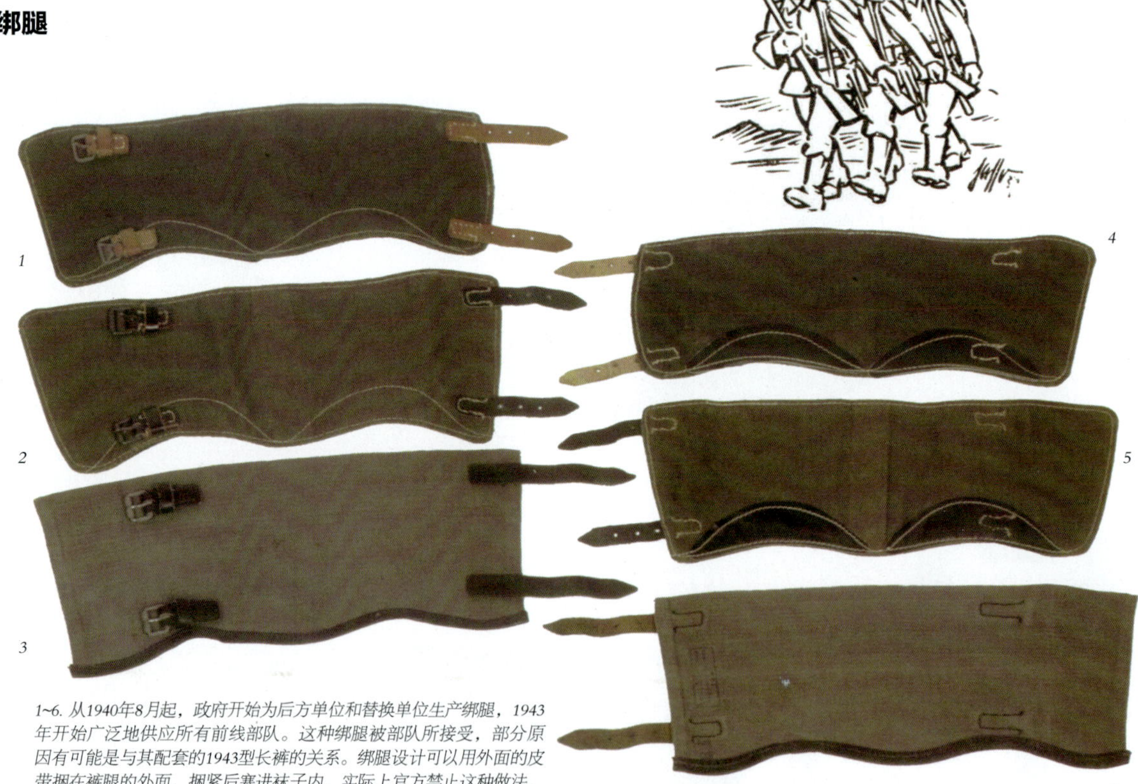

1~6. 从1940年8月起，政府开始为后方单位和替换单位生产绑腿，1943年开始广泛地供应所有前线部队。这种绑腿被部队所接受，部分原因有可能是与其配套的1943型长裤的关系。绑腿设计可以用外面的皮带捆在裤腿的外面，捆紧后塞进袜子内，实际上官方禁止这种做法，但很少得到遵守。绑腿采用双层帆布制造，上面两条绑腿带有皮革增强，下面的绑腿底边带有皮革压边。

后期生产的绑腿内部带有两个半月形的皮革补强，作为内衬以包裹皮靴的脚后跟。

▲带有不同制造商标记的绑腿。

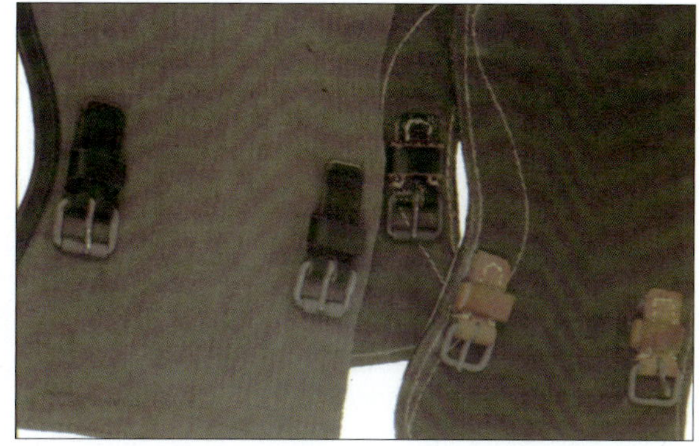

▲皮带扣一般被涂成中灰色、黑色、绿色或镀镍。这张照片上的都是晚期型实例——天然皮革带上配有简化版皮带扣。

M44军靴

1~2. 1944年德国采用了一种标准军靴的罕见变型版本。尽管是1944年制造的，但是质量仍然非常之好。它像山地靴一样，在靴帮内面缝制有质量很好的绲边条，这样穿着十分的舒适。

1

▼鞋跟外面进行了部分加厚设计。

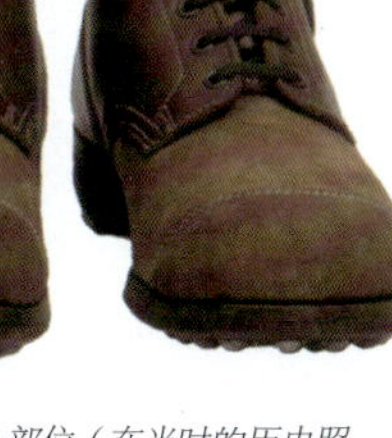

▲皮靴的套头部位（在当时的历史照片中很难看到这种细节）进行了一种非常实用的改进，这样皮靴会更加牢固耐用。

2

▼所有这种型号的皮靴都采用这种标准靴底，只是鞋钉的尺码有所不同（39~42）。

▼鞋跟包皮上的“R21”德国尺码标记，换算成欧洲尺码为43码。

▲ 尺码和脚宽的戳记，鞋钉为早期的六面型。

▲ 牛皮面上的标准数字印记，注意黑色的人造鞋带取代了通常的皮革鞋带。

▲ 靴帮内的灰色羊毛绲边条细节。

▶ 鞋底与鞋钉数量的变化：
按从下到上的顺序：1939型，带有前脚掌，44颗鞋钉；上面是1940–1941型，39颗鞋钉；再上面是1943型，38颗鞋钉；最上面的是1944–1945型，32颗六面型鞋钉。

山地靴

▶ 德军山地靴的款式和一些民用型山地靴的款式一样。正是因为这些民用型山地靴出色的性能和品质，才使得军方采用了这种皮靴作为制式山地靴。坚实的山地靴采用的大底带有防滑钉和鞋钉，内衬采用光滑的皮革，还带有加强的内包头。早期型的鞋眼带有金属孔和鞋钩，在1943年中期又改用了步兵军靴样式的鞋眼。
山地部队不仅仅穿着这种军靴滑雪或在雪地里行走，事实上在穿皮靴的同时，他们还会穿着标准的绑腿和短袜，毕竟在山地中脚受伤可不是件好玩的事情。照片中展示的是后期生产的山地靴，天然皮革色泽，带有7对鞋眼。

▲ ▶ 近距视角，鞋跟的凹槽是用来蹬滑雪板的。

▶ 补强缝合在整个鞋底上，并采用小木钉和防滑钉来钉牢。

▼ 鞋底配有25到30个饰钉，鞋跟上有超过12个呈锥形的防滑钉。

▼ 防滑钉和鞋钉的细节特写。

▼ 山地靴的尺寸和脚宽标记（28-4）。

▼ 鞋口带有毡质的绲边，注意其尺寸、制造年代（M44）和制造商（383）标记。

毡靴

苏联的寒冷冬季意味着德国必须要迅速地开发出足够的装备，以避免士兵因严寒造成重大的伤害。苏联选择的是著名的毡靴。毡靴以其独有的防寒、耐磨、舒适等实用且美观的特点，成为苏联冬季的主要装备之一。苏联毡靴成为德国鞋匠设计兼具保温性能与坚实耐用皮靴的灵感来源。德国鞋匠改善了苏联毡靴的性能，在内部增加了皮革内衬，在鞋底增加了皮革饰钉以隔寒。毡靴的颜色、补强、鞋底等都有许多不同的变化，但这些毡靴都具有一个共同特征——使用皮革和毛毡制造而成。

▶ 德国冬靴本质上是带有补强及皮质鞋底的苏联“巴连斯基”（Balensky）靴，毛毡采用的是动物毛与回收羊毛制成的混合材料，色泽为灰色或褐色，也能看到其他颜色的印染实例。

▼ 扣紧束紧带后可以增加保温性能，这样使得更容易保留脚部热量，而且可以防止积雪灌入靴内。在照片上能够看到靴筒的补强细节和带有珍珠斑点的皮革。

▲ 德国风格的鞋底带有皮质饰钉，这样更容易在积雪或寒冷地带移动。

▶ 这里的人造丝提鞋带上印有RBNr编码、尺寸和靴宽（28–8）标记。

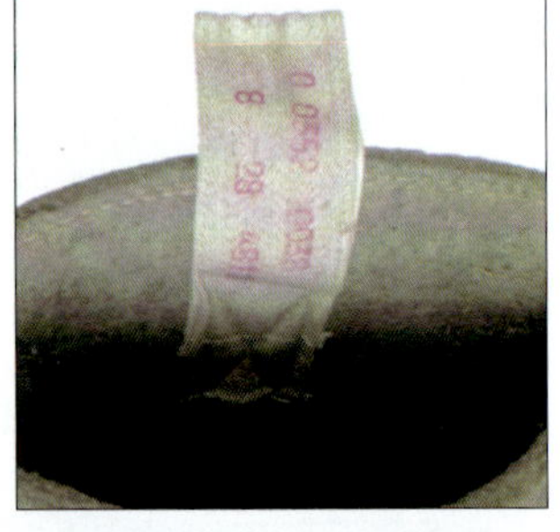

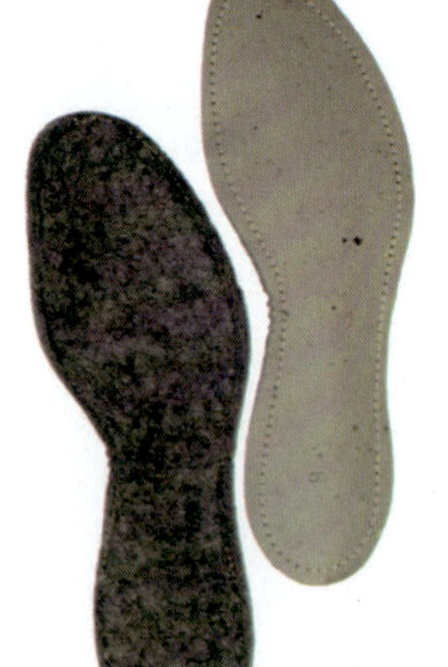

◀ 用厚纸板和毛毡制造的鞋垫内外面。

▼ 鞋后跟补强细节，以及制造和品质控制标记。

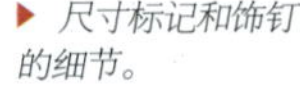

▶ 尺寸标记和饰钉的细节。

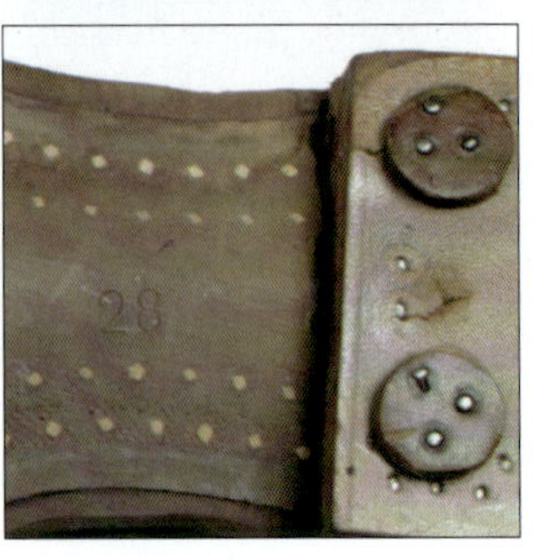

毛毡套鞋

1~3. 这种套鞋的设计与上面的毡靴源于同样的灵感，适用于不需要经常移动的工作岗位，军队中这种套鞋主要用于哨兵与卡车司机。套鞋采用木制外底，并附增有合成橡胶材质的鞋底，以增加隔寒能力和穿着性能。套鞋制造商的不同，主要表现在皮革的颜色上也就不尽相同。同时也存在一种带有大麻带子的套鞋版本，因其由华沙犹太人区制造，使得其比套鞋本身性能更加的闻名。

1 3

2

▼ 合成橡胶材质鞋底的细节，上面带有尺寸标记。

▼ 制造商标签（3位字母的编码），“1943”是生产时间，尺寸为“30”，单位通常是厘米。

军靴的护理

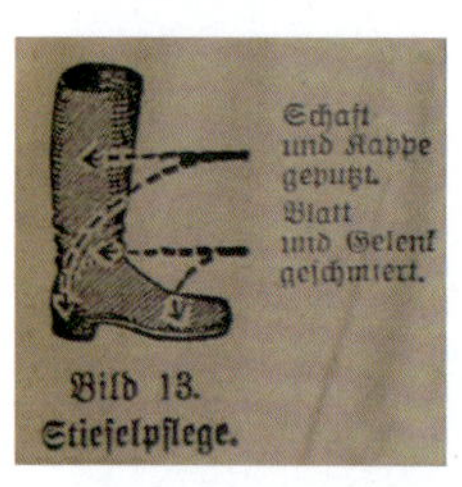

▲ 如何保持皮靴整洁利索以及漂亮的外观，士兵手册内就有相应的皮靴护理方面的指导。

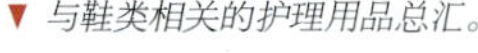

▼ 与鞋类相关的护理用品总汇。

▼ 三种不同商标的鞋油和后期采用厚纸板制造的无色鞋油包装纸盒。

▼ 鞋垫这种物品尽管发放了，但士兵只能从小卖部自行购得。这种鞋垫非常有助于提高脚部的隔热性能，增加穿着的舒适性并提高耐力。

◀ 德军配发的由黑色染料制作的鞋油一直使用到了1943年。此后又发放了新款非染料制作的无色油膏，并允许用于鞋类护理。大多数的士兵购买这种油膏用于护理自己的皮靴。

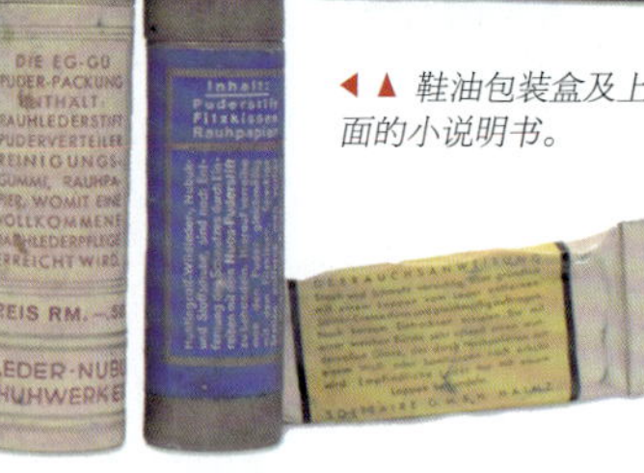

◀▲ 鞋油包装盒及上面的小说明书。

◀ 一个厚纸板制成的小纸盒，士兵可以用来盛装鞋油等皮鞋护理工具并存放在储物柜内。

▼ 用于鞋底和鞋面防水的蜡片，士兵可以在军队小卖部购得，加热后再涂到鞋上。

▶ 带有著名鲁博（Rubo）商标的小镜子，这件小物品非常有助于部队保持形象，也多用于个人梳洗。在这张照片旁边可以看到一些鞋类制造商的广告，包括鲁博品牌。

作训手册

▶ 德军部队的作训手册，属于军方公共财产。

▼ 为步兵连队印发的特殊版本的作训手册。1943年的修订版包含超过500多张插图。

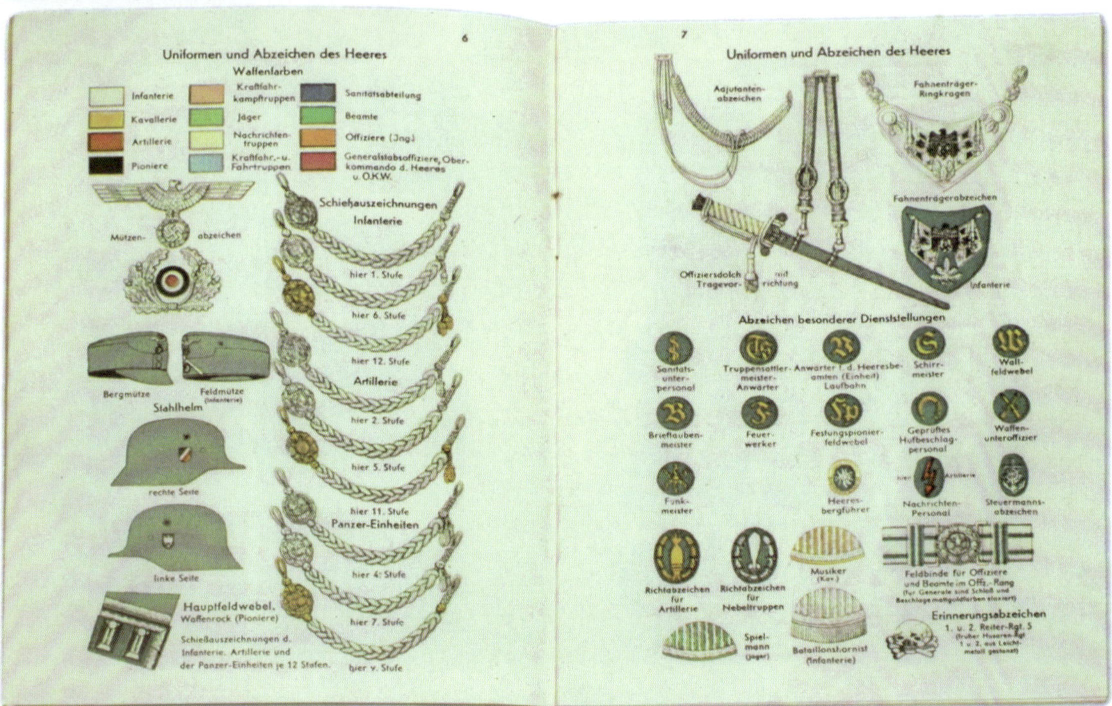

第四章

带扣与腰带

德国士兵使用的腰带是一根宽4.5厘米的皮带，皮带扣被固定在皮带的右端，以便使用者可以自行调节皮带的松紧，在皮带的左端则安装有一个金属挂钩可以钩住皮带扣。德军的野战皮带扣（Koppelcshloss）是二战德军单兵装备中最为自相矛盾的装备之一。20世纪30年代的国家社会主义德国是一直公然宣称反对教会干涉政治的国家，但是由19世纪的洛德（Lord）首先提出的普鲁士箴言“Got Mit Uns”（上帝与我同在），却令人惊讶地被保留了下来。随后，这句短语出现在德国国防军陆军的皮带扣上，而没有出现在德国空军和党卫队的皮带扣上。德国的皮带扣是一项复杂的设计，也是对魏玛国防军时期皮带扣的继承。在整个20世纪20年代，这种皮带扣始终都是采用德国银（Neusilber 一种铜、锌和镍的合金，一般比率为5：2：2）来进行制造的。

根据1935年10月30日的一项指令，德国开始引入一种全新的徽章——脚踩“卐”的雄鹰(Hoheitsabzeichen)，并逐渐将其作为所有官方制服上的帝国标志。但这个命令并没有对皮带扣产生多大影响，直到1936年1月24日，魏玛雄鹰才最终被这种新的帝国标志所取代。

▲ ▶ *魏玛皮带扣采用一种铜镍合金制造，这种皮带扣一直使用到20世纪30年代末。这件皮带扣的照片清晰地表明其生产于1939年。*

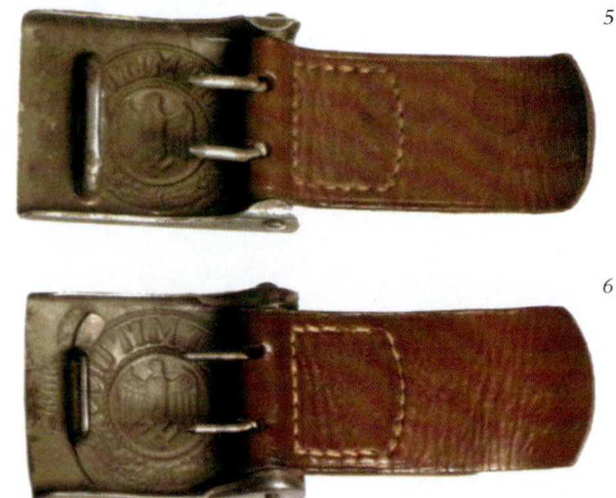

1~4. 在整个二战中皮带扣也有所发展变化。最后一种漆成沙色的是一款稀有的战争后期皮带扣实例，也曾经有一些带扣采用铸件生产，还有的采用红褐色胶木生产。
5~8. 带扣的冲压和生产需要多达8道工序，包括四个技法：冲压、焊接、上漆和抛光。
9~10. 皮带扣的制造商和生产日期戳印的位置通常在皮带扣挂钩的焊接处。

▼ 这个视角展示了皮带扣固定皮带的方式。

▲ 固定有带扣的第一种款式皮带。

◀ 皮带扣的背面，展示了连接皮带用的挂钩。

◀ 军士和士兵的皮带扣采用铝材制造，尽管有些皮带扣没有涂色（虽然这不符合军方条例，但军方也默认了这种皮带扣）。通常这些皮带扣在配发之前都要涂上颜色，使得这些皮带扣看起来更加的文雅和漂亮，特别是在士兵们系着带有这种皮带扣的腰带回家探亲的时候。此外还存在由两件铝冲压制造的皮带扣版本，士兵们可以私下购得。

▼ 最为常见的钢质皮带扣都涂成了灰色，1940年由吕登沙伊德（Ludenscheid）的迪克（C.T.-DICKE，简称CTD）公司制造。

▶ 涂成亚光灰色的战争后期简化版皮带扣，我们可以看到制造商标记"RODO"。皮带的调整片已在1942年被正式淘汰。

▶ 皮带扣的调整片上印有制造商和生产年份标记，这种做法也仅存在于第三帝国中期（1935-1942）。

▼ 最初的皮带采用品质优良的5毫米厚皮革制造，宽4.5厘米，皮革带呈颗粒状，内部印染成黑色。另有一些采用冲压纸板制造的腰带，都是由于皮革短缺而出现于战争末期。此外，用棉质或植物纤维编织的腰带用于温暖的气候和地区，如北非。与此同时，虽然使用皮革材质的腰带逐步被这两种材质的腰带所取代，但在中欧地区想要获得这种腰带也不是很容易。

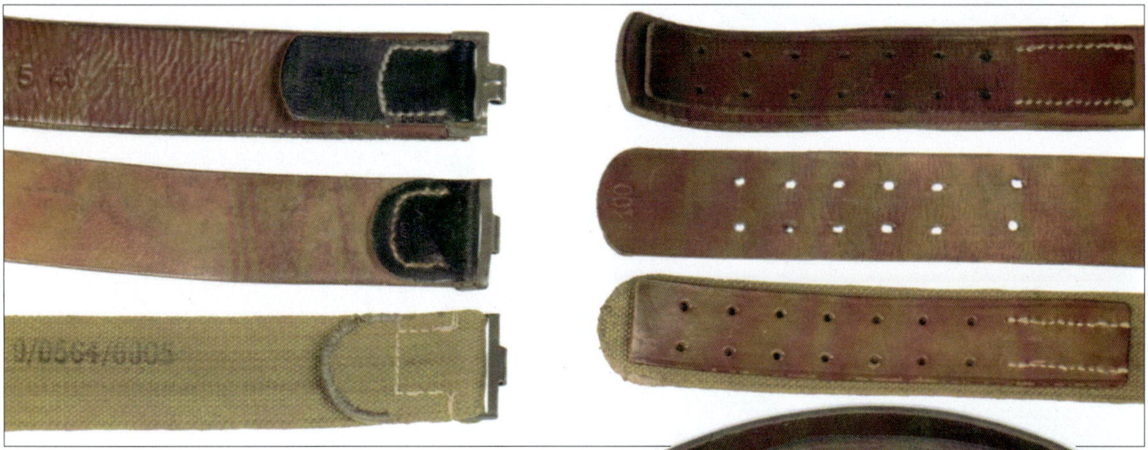

◀ 腰带上通常每隔5厘米就标注有相应的尺寸，例如90、95、100、105等。

▼ 一条战争快结束时的普通腰带，这种腰带通常用于温暖地区。

1~4. 通常制造商与生产年份均戳印在腰带挂钩一头的腰带内部缝线位置。这里展示了四个不同的制造商标记。图1为bmc41款式；图2的皮革内面印有制造商与生产年份“1941”；图3和图4则是战争晚期带有RBNr编码的实例。

▶ 一条帆布腰带。

▶ 第二种款式腰带上的紧固带被取消了，腰带扣眼直接开在了皮带上。

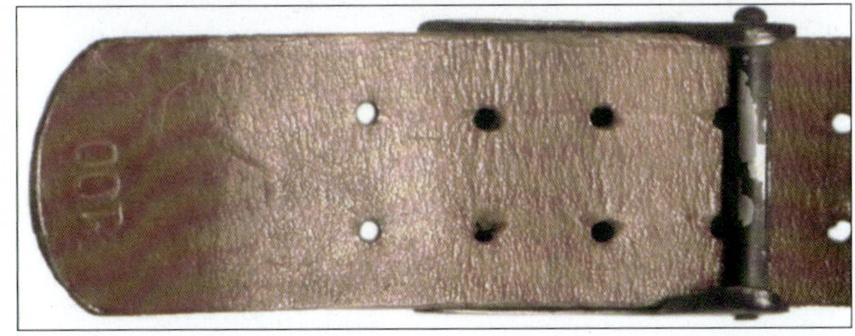

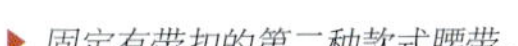

▶ 固定有带扣的第二种款式腰带。

▼ 大多数的装备都固定在腰带上。

▼ 这张照片展示的是带有双重缝线的皮质腰带，这是一条典型的早期腰带，腰带左端安装有金属挂钩。

第五章

防毒面具

在德国的众多装备之中，有一种装备需采用结实的金属圆罐来存放，而且这种装备外形看起来有些恐怖，它就是防毒面具。在欧洲地区，上岁数的老人对一战期间由化学武器造成的恐怖伤亡记忆犹新，也促使人们开始关注毒气这种特殊武器。虽然一战中由毒气造成的伤亡大约只占整个战争伤亡人数的4.6%，但毒气仍然是一战中最具创新性的武器而倍受关注。

法国是第一个研发毒气的国家，这也刺激了德国迅速研制相应的武器。1915年，一些更为先进和致命的新型毒气研制成功，包括损伤性和催泪性的毒剂，它们均采用高浓度的氯气制造，可以损伤肺部黏膜。随后法国人又迅速夺回了化学武器研制的主动权，并以光气替代了氯气。光气是一种重要的有机中间体，是带有剧毒的窒息性气体，属于窒息性毒剂的一种，能够造成更大的损伤。然而发明毒气的法国人很快在伊伯尔（Ypres）领教了毒气的威力。

在第一次世界大战期间，德军统帅部指望在1915年春天到来之前击败英法联军，迅速结束西线作战，从而腾出手来专心对付东线俄军的打算落空，在西线战场双方仍处于相持状态。1915年4月22日下午，在两军对峙的比利时伊伯尔地区，吹起了暖和的东南风。德军前线司令部的指挥官们，见此天气喜出望外，立即命令军队首先停止对英法联军的射击，并向英法联军发出信息，建议彼此休战半天，好让士兵歇息休憩一下。于是英法联军暂时偃旗息鼓，双方阵地一时间出现了自交战以来罕见的平静。18点5分，正当英法官兵准备享用晚餐时，却突见看见从德军的前沿阵地上，升起了一道黄白色不透明的气雾。气雾由低处升高，并由稀变浓，迅速形成一道高约1.8米、宽约6000米的“烟墙”。“烟墙”完全阻隔了英法联军观察德军阵地的视线，并在强劲的风力下以每秒约3米的速度，向英法联军的阵地飘压过来。英法联军刚开始时，还以为德军施放的是大型烟幕弹，但事实迅速证明他们的判断大错特错！英法官兵旋即嗅到一股难以忍受的强烈刺激性怪味，官兵们连连打喷嚏，咳嗽不断，泪流不止，胸闷、心悸、气喘、头晕目眩，很快便纷纷倒地不起……大约35分钟后，口鼻缠捂着湿毛巾的德国士兵疯狂地冲了过来。他们不费一枪一弹，未损一兵一员，如入无人之境，一下子就突破了英法联军6～8公里的正面防御工事，并迅速占领了约5公里的纵深阵地。据统计，德国人这次突然发动的“毒袭”，共动用了1600只大型的吹放钢瓶和4130只小型吹放钢瓶。德军对准英法联军阵地，连续施放了多达180吨的混合氯气。结果导致15000名英法联军官兵中毒，其中5000人当场死亡，其余官兵均需要清毒疗伤。除此之外，还有5000人做了德军的俘虏，100门大炮及无数的军用物资成了德军的战利品。这就是在世界化学武器史中重要的开篇之战，举世闻名的“伊伯尔毒气战”。从此化学武器，成了一把达摩克利斯剑悬在了人类的头顶上。

毒气毫无疑问是一种可怕的武器，但这种武器最初也并不是太有效，直到新型合成毒剂的产生，如芥子气。这种糜烂性毒剂由德国人发明，但采用了英文“Yellow star”（黄星）来命名，因为装有这种毒剂的炮弹上带有黄星标记，所以通常这种气体在正常比例使用时并不致命。芥子气是一种带有微弱大蒜气味的油状液体，呈棕色。芥子气接触人体的皮肤、眼睛、呼吸道、消化道时会引起不同程度的损伤，其活跃的气体一周内仍可损伤人体的黏膜组织。后来芥子气成了交战双方普遍装备的武器，总共制造了12000吨，甚至比其他类型的毒剂如刺激性毒气产量更大（总产量133000吨），成为当时最为致命的毒剂。

尽管毒气这种武器能够造成可怕的伤害，在战争中毒剂仍有过使用直至20世纪20年代末。苏联、阿拉伯、伊拉克、埃塞俄比亚都遭受过这些毒剂带来的毁灭性伤害。

▶ *用于平民防护的L（Luftschutz）F95型防毒面具在吕贝克的德雷格尔工厂（Dragerwerk）制造，包括一个专门设计的过滤器，可用于火灾和工厂的消防队员使用，这些工厂多数是化工企业。*

由于化学武器恐怖的杀伤力，在公众舆论的压力下，1925年国际联盟通过了《日内瓦议定书》(Geneva Protocol，全称是《禁止在战争中使用窒息性、毒性或其他气体和细菌作战方法的议定书》)。然而当时美国和日本拒绝在议定书上签字，因此毒气的威胁依然存在。二战初期，主要交战国仍然存储着大量的芥子气，以此作为一种至少是战略上的威慑武器。其中，英国40000吨、苏联77000吨、美国87000吨、德国超过27000吨。英国人更是决心如果德国的“海狮”行动得以展开，就将投入化学武器。

在二战中，有记录使用化学武器的国家是德国，它在入侵波兰华沙时就曾使用过。德国人为此立即向全世界道歉，并指出这是一个“不幸的错误”。实际上，在纳粹集中营里，德国人正有计划地用包括毒剂在内的各种手段杀害犹太人、战俘和平民。二战中，另一个使用化学武器的国家就是日本，在侵华战争中曾多次使用毒气。

在当时，作为应对毒气这种可怕的化学武器最合乎逻辑的选择就是防毒面具，并且交战各国也将数以百万计的防毒面具配发给平民和军人，以防止任何可能违反《日内瓦议定书》的化学武器攻击。防毒面具是一种保护人体呼吸器官、脸部和眼部免受空气中有毒物质伤害的个人防护器材。普鲁士工程师冯·洪堡（Von Humboldt）于1799年设计了第一种防毒面具并用于煤矿开采，但真正适用于军事用途的防毒面具是在俄罗斯研制成功的。1915年，俄罗斯的尼古拉·季米特里耶维奇·泽林斯基（Nikolay Dimitrievich Zelinsky）研制了装有过滤器的防毒面具以保护沙皇的军队。在第一次世界大战争结束后，一些相关企业开始研制防毒装备，并取得了突飞猛进的发展，不久后便开始提供可靠的防毒装备。这种在化学武器防护手段上的进步非比寻常，与我们现代使用的防毒面具也并没有什么太大差别。纳粹德国的军队在当时也配备了最为安全且有效的防毒面具，初期主要有两种型号：发展于1924年的M1924型和量产于1930年的M1930型，更为知名的M1938型于1938年开始制造。这些型号的防毒面具都可以采用圆柱形的防毒面具罐来携带。

◀ 在纳粹德国时期，政府对很多类似的防毒面具装备进行了分发，如大众型——这就是一款“人民防毒面具”（die deustche Volksgasmashe），并向男人、妇女和儿童发放了数以百万计的防毒面具。照片中的防毒面具是配发给平民的型号，于1943年在奥尔（AUER）制造。这件防毒面具属于一位叫玛丽安娜·韦斯（Marianne Weiss）的妇女，包装盒上的“F”印记表明这款防毒面具是女用型。

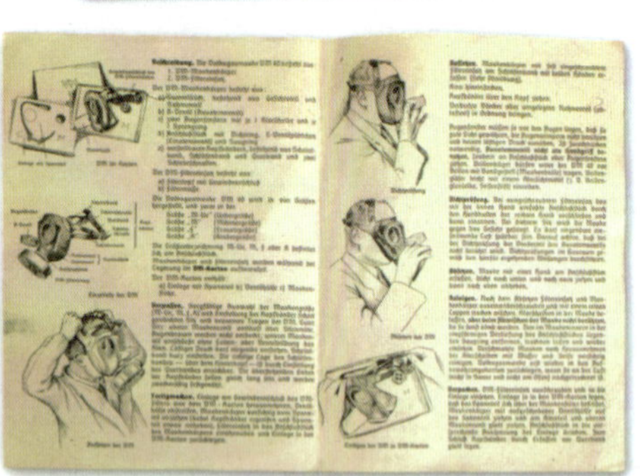

◀ “大众型防毒面具”的使用说明。

▼ 各类出版物中关于毒气对人类的威胁以及在城镇如何使用这种防毒装备的宣传。

Degea
GASSCHUTZMASKEN
AUERGESELLSCHAFT · BERLIN O 17

◀ 报刊上的名为“德格”（Degea）的防毒面具广告。

◀ 关于防毒面具的另一张广告，这种防毒面具也由奥尔公司生产。

▼ 这是一名普通德国士兵携带的防毒面具，还包括一些辅助配件。

▼ 1943年的部队手册上介绍了防毒面具的各个部位以及如何正确佩戴防毒面具。

◀ 手册上的这一页显示了当战场上有毒气来袭时，如何用身体发布警报信号的操作演示图例。

◀ 1941–1942年期间，一名德军士兵的个人防毒面具装备。

▲ 军人证上的这一页显示的是关于发放给这名士兵的防毒面具及其尺寸、编号。

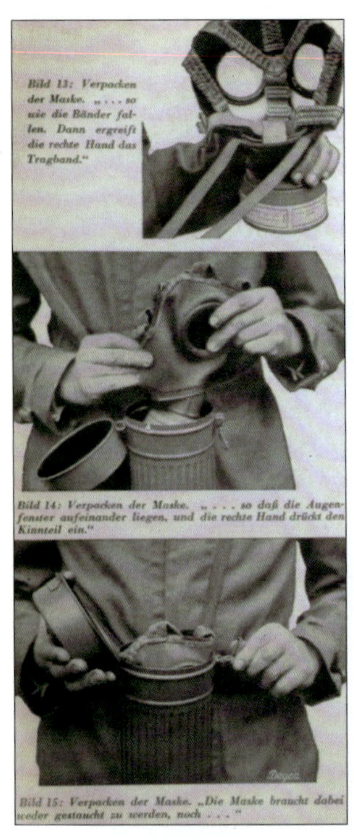

Bild 13: Verpacken der Maske. „. . . . so wie die Bänder fallen. Dann ergreift die rechte Hand das Tragband.“

Bild 14: Verpacken der Maske. „. . . . so daß die Augenfenster aufeinander liegen, und die rechte Hand drückt den Kinnteil ein.“

Bild 15: Verpacken der Maske. „Die Maske braucht dabei weder gestaucht zu werden, noch . . . “

Bild 4: Aufsetzen. Tempo I: „Schließlich erfaßt man mit beiden Händen die Kopfbänder und streckt das Kinn leicht vor . . . . “

Bild 5: Aufsetzen. Tempo I: „Es ist falsch die Stirnbänder mit zu erfassen“

Bild 6: Aufsetzen. Tempo I: „Die Hände liegen richtig, wenn . . . . “

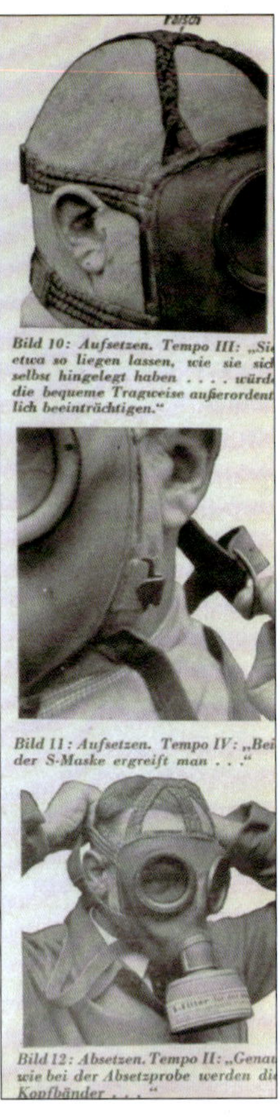

Bild 10: Aufsetzen. Tempo III: „Sie etwa so liegen lassen, wie sie sich selbst hingelegt haben . . . . würde die bequeme Trageweise außerordentlich beeinträchtigen.“

Bild 11: Aufsetzen. Tempo IV: „Bei der S-Maske ergreift man . . .“

Bild 12: Absetzen. Tempo II: „Genau wie bei der Absetzprobe werden die Kopfbänder . . . “

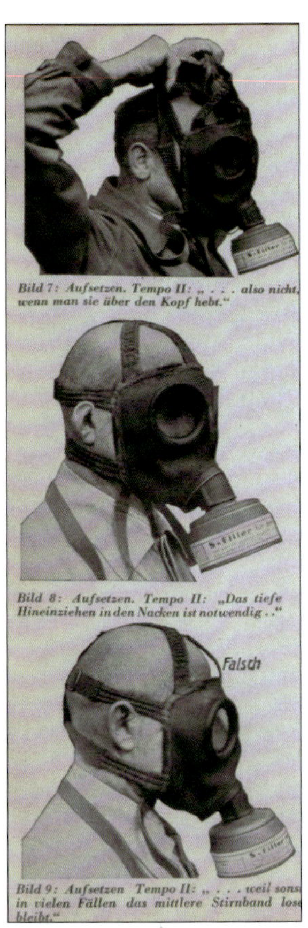

Bild 7: Aufsetzen. Tempo II: „. . . . also nicht, wenn man sie über den Kopf hebt.“

Bild 8: Aufsetzen. Tempo II: „Das tiefe Hineinziehen in den Nacken ist notwendig . .“

Bild 9: Aufsetzen Tempo II: „. . . . weil sonst in vielen Fällen das mittlere Stirnband lose bleibt.“

▲ ▶ 当时的一本手册上展示了如何正确佩戴防毒面具的方法步骤。

◀ ▼ 由弗斯马（Vesma）提供和发行的一本小手册的封面和内页，书中详细讲解了如何正确使用和保养防毒面具。

Einzelteile der S-Maske

Zur S-Masken-Ausrüstung gehören der Maskenkörper mit eingelegten Klarscheiben, das S-Filter, ein Paar Ersatzklarscheiben, eine Tragbüchse mit Knopfband mit Doppelknopf und ein Maskenspanner. Der Maskenkörper besteht aus dem Gesichtsteil, den Kopfbändern und dem Tragband.

3

Tragbüchse

Die Tragbüchse bietet Platz für Maskenkörper und Filter. Sie darf nicht zur Aufbewahrung der S-Maske verwendet werden, sondern nur zum Tragen derselben in Bereitschaft. Für das Einlegen in die Tragbüchse legt man die Augenfenster mit den Innenseiten aufeinander, wickelt die Bänder um den Maskenkörper und drückt die S-Maske - das eingeschraubte Filter nach unten - in die Tragbüchse, worauf der Deckel mit leichtem Druck geschlossen wird. In einem Sonderbehälter an der Innenseite des Deckels befinden sich die Ersatzklarscheiben.

Anlegen der S-Maske

Tragbüchse, geöffnet

Gebrauch der S-Maske

Anlegen: Tragband um den Hals legen. Mit beiden Händen die Kopfbänder fassen. Kinn in den Maskeninnenraum gegen

10

Auswechseln der Klarscheiben

Herausnehmen der Klarscheiben: Mit dem Daumen gegen Einkerbung des Sprengrings nach außen und oben drücken. Ring abheben. Klarscheibe herausnehmen.

Einsetzen der Klarscheiben: Augenfenster säubern. — Klarscheibe am Außenrand fassen und so auf die Augenscheibe legen, daß der Aufdruck „Innenseite“ zu lesen ist. — Ende des Sprengrings mit dem Daumen der linken Hand auf die Fassung der Augenscheibe drücken und mit dem Daumen der rechten Hand an dem Sprengring entlanggleiten bis zum Einschnappen.

Herausnehmen der Klarscheiben

Einlegen der Klarscheiben

15

▲ 手册的背面，上面印有制造商的地址。
▶ M1930型防毒面具的各部位名称示意图。

▲ ▶ M1930型防毒面具是第一款配发给士兵的德国国防军制式防毒面具。此型防毒面具采用橡胶、皮革和帆布搭配制造，整体框架使用皮革，总体品质非常的好。眼窗的赛璐珞镜片可以更换，第一批型号带有黄铜镜片框架，晚期的这款面具则漆成了灰色。用于佩戴防毒面具的头带是一种带有帆布内衬、有弹性的松紧带，防毒面具可以展开并挂在脖子下面，一有情况就可以立即佩戴。

▼ 佩戴M1930型第一种款式防毒面具的头带。

▶ 在照片上可以清楚地看到M1930型第一种款式防毒面具，在呼吸器滤毒罐座上带的是TE FE37型过滤器。

▶ 同时佩戴M1930型防毒面具和钢盔。

◀ M1930型第二种款式防毒面具的细节。

▲ M1930型第二种款式防毒面具，这种款式的颜色是与以前款式明显不同的绿色。这种款式的头带较小，滤毒罐座比较大，是一款1941年由奥尔生产的防毒面具。

▶ M1930型第二种款式防毒面具带有FE 41型过滤器。

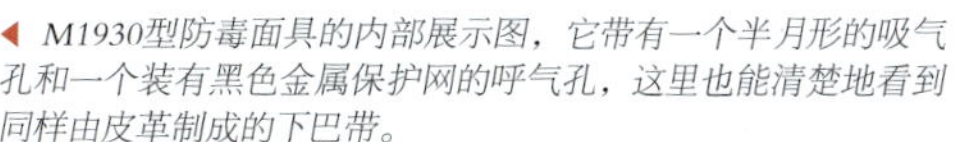

◀ M1930型防毒面具的内部展示图，它带有一个半月形的吸气孔和一个装有黑色金属保护网的呼气孔，这里也能清楚地看到同样由皮革制成的下巴带。

▼ 陆军武器装备局（Heereswaffenamt，简称WaA）的军方验收印记。

▼ 1930型防毒面具上的厂商标记和质量控制代码，“bwz”代表奥拉宁堡（Oranienburg）的奥尔协会公司（Auer-Gesellschaft AG ,Werk）。

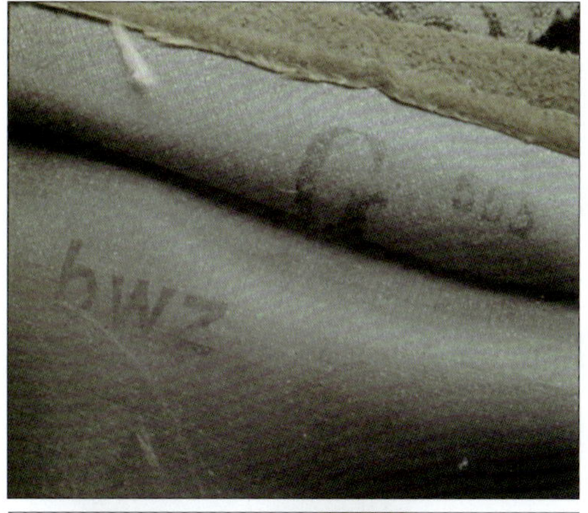

▼ 防毒面具共有三种尺寸规格，3号为最小。图中在眼窗之间的墨水印记“2”表示中等尺寸。带有纽扣孔的紧固带是用来在垂直方向固定防毒面具的，M1930型第一种款式防毒面具却没有这个紧固带。

◀ 防毒面具的细节，展示了垂直的紧固带如何将M1930型防毒面具系牢。

▶ M1930型防毒面具的眼窗镜片，可以用一种工具拧动4个固定用的螺丝来更换镜片。

1~3. 呼吸活门是最为革新的设计，可以使防毒面具佩戴者呼吸经过过滤的空气。注意这种精巧的薄膜采用天然橡胶制造，M1930型防毒面具上的这种薄膜可以使空气流通。

▶ M1930型第二种款式防毒面具和钢盔。

▶ M1938型防毒面具与M1930型防毒面具最主要的不同是M1938型的面罩采用的是整体合成橡胶模压制造，它的第一种款式是浅绿色，后期变成标准的黑色。此时紧固带的连接采用一种铝扣而不是缝合或黏合，但连接铝扣的橡胶处往往容易断裂，改进了这种缺陷的就是第二种款式防毒面具。这张照片展示的就是M1938型第一种款式防毒面具。

▲ M1938型防毒面具的各部位构造。

◀ 这里展示的M1938型防毒面具简化过的头带的细节。

▲ 前紧固带在垂直方向进行固定的方法示意图，可以用来在前胸携带防毒面具以便随时使用。眼窗的镜片也安装得非常严密，镜片只能在工厂进行更换，注意面具上面的尺寸规格印记“2”。

◀ M1938型防毒面具与钢盔。

▲ M1938型第二种款式防毒面具的尺寸规格印记细节。

◀ M1938型防毒面具配有FE41型过滤器。

▶ M1938型第二种款式防毒面具采用黑色合成橡胶制造。

▲ M1938型防毒面具的内部示意图，它没有了之前型号的皮革框。

◀ 这张照片展示了M1938型第二种款式防毒面具的头带系统。

▲ M1938型第二种款式防毒面具和钢盔。

▶ M1938型第二种款式防毒面具的缩短版。这种鲜明的蓝色调并不表示其用于民防，而只是一种防磁涂料，以避免金属部分干扰无线电设备和雷达。战争初期的M1930型防毒面具也曾用过这种涂料。

◀ M1938型防毒面具的头带。

这张照片清楚地展示了M1938型第一种款式防毒面具头带的调整方式的不同。

1. 微红色的眼窗镜片，这是长时间氧化后的结果。
2. M1938型防毒面具呼气活门护网的细节。
3. “H”标记是陆军流行的标准标记。
4. M1938型第一种款式防毒面具呼气活门的细节。
5. M1938型第一种款式防毒面具内部的陆军武器装备局（WaA）的验收及品质控制代码。

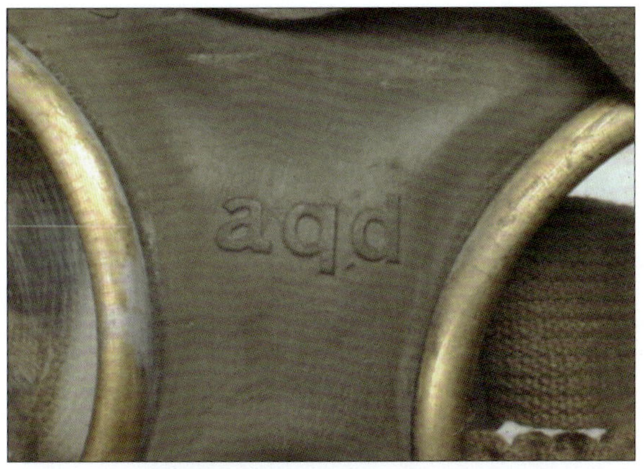

▲ 防毒面具内的制造商Logo。

▲ 防毒面具内呼气活门下方的“htj”（未知工厂）制造商代码标记。

▲ “Byd”代表吕贝克的德雷格尔工厂。

▲ 1941年生产的M1938型防毒面具呼气活门金属上的生产标记，“Bxv”表示由柏林通用电力(AEG-Allgemeine)公司制造。

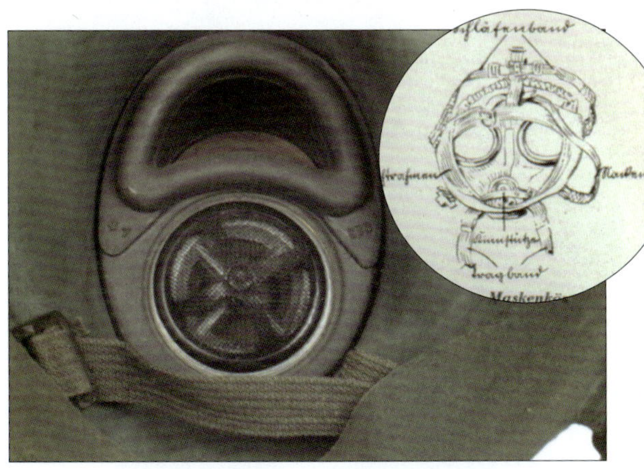

▲ M1938型第一种款式防毒面具采用了新型的简化版下颚带。

▶ 由于所有的防毒面具在呼吸时都容易造成镜头结雾，所以为了防止凝雾，采用了醋酸纤维镜片(Klarscheiben)制造出的抗结雾镜片，将其固定在眼窗框的内部。

1~3. 由不同生产商制造的多种装有抗结雾镜片的蜡纸袋，在蜡纸袋的背面写明要保持抗结雾镜片的清洁以防止结雾。这种抗结雾镜片不能擦拭，仅能捏着镜片边缘取出。其背面写着："插入这种镜片，可以戴着防毒面具进行阅读"。

1

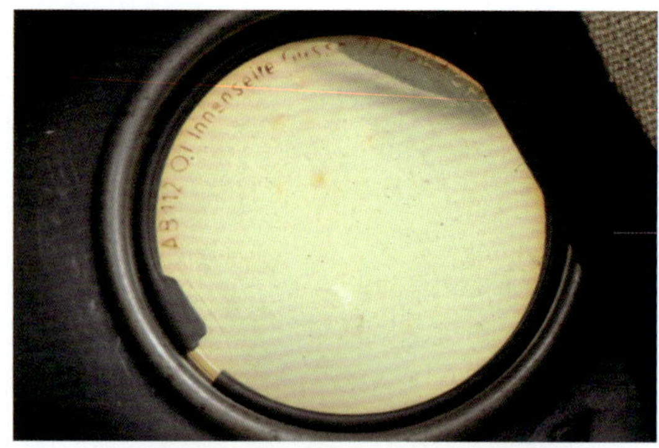

2

3

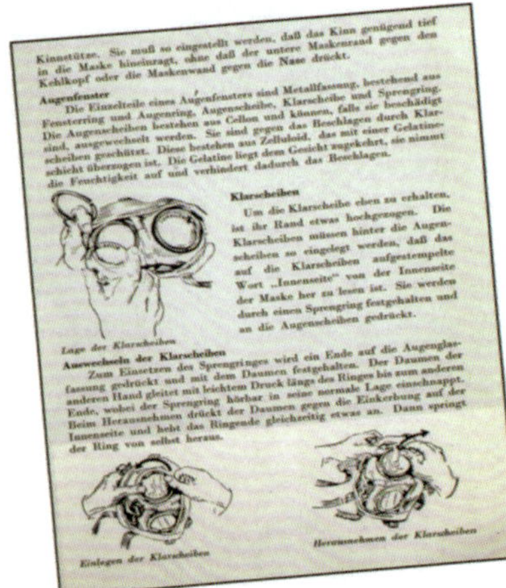

Kinnstütze. Sie muß so eingestellt werden, daß das Kinn genügend tief in die Maske hineinragt, ohne daß der untere Maskenrand gegen den Kehlkopf oder die Maskenwand gegen die Nase drückt.

Augenfenster

Die Einzelteile eines Augenfensters sind Metallfassung, bestehend aus Fensterring und Augenring, Augenscheibe, Klarscheibe und Sprengring. Die Augenscheiben bestehen aus Cellon und können, falls sie beschädigt sind, ausgewechselt werden. Sie sind gegen das Beschlagen durch Klarscheiben geschützt. Diese bestehen aus Zelluloid, das mit einer Gelatineschicht überzogen ist. Die Gelatine liegt dem Gesicht zugekehrt, sie nimmt die Feuchtigkeit auf und verhindert dadurch das Beschlagen.

Klarscheiben

Um die Klarscheibe eben zu erhalten, ist ihr Rand etwas hochgezogen. Die Klarscheiben müssen hinter die Augenscheiben so eingelegt werden, daß das auf die Klarscheiben aufgestempelte Wort „Innenseite“ von der Innenseite der Maske her zu lesen ist. Sie werden durch einen Sprengring festgehalten und an die Augenscheiben gedrückt.

Lage der Klarscheiben

Auswechseln der Klarscheiben

Zum Einsetzen des Sprengringes wird ein Ende auf die Augenglasfassung gedrückt und mit dem Daumen festgehalten. Der Daumen der anderen Hand gleitet mit leichtem Druck längs des Ringes bis zum anderen Ende, wobei der Sprengring hörbar in seine normale Lage einschnappt. Beim Herausnehmen drückt der Daumen gegen die Einkerbung auf der Innenseite und hebt das Ringende gleichzeitig etwas an. Dann springt der Ring von selbst heraus.

Einlegen der Klarscheiben

Herausnehmen der Klarscheiben

▲ 更换M1938型防毒面具镜片的操作说明。

▼ 这张图纸解释了M1938型防毒面具呼气活门该如何运作。

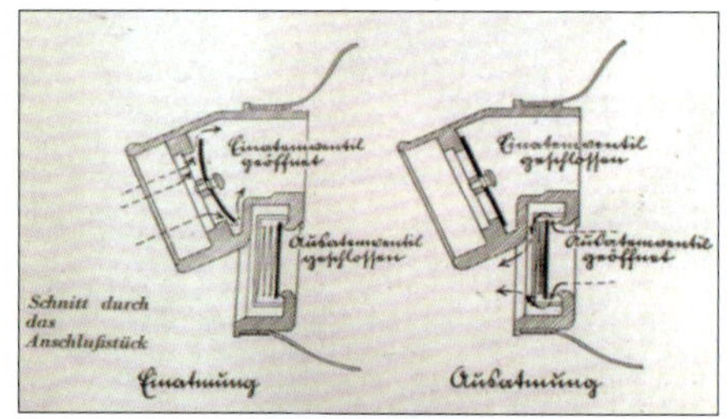

▼▶ M1938型防毒面具上的零件，过滤器活门可以过滤空气。

▲ 当时的一本出版物上描绘了防毒面具的框架及其各部位的名称。

▲ 当部队驻扎时，要从防毒面具罐内取出防毒面具。带有钢质弹簧的铝质框架就安装在防毒面具内，以防止防毒面具变形。

▲ 同一本书内的内页展示了正确放置防毒面具框架的方法。

▲ 这件防毒面具看起来已经准备好了存储工作。

◀ 这张说明书展示了怎样正确安装防毒面具支持框。

▶ 防毒面具过滤器包装，在供应部队时将采用更大的盒子来包装。

▼ 不同设计、不同容量的防毒面具过滤器，从左到右依次为：FE37型、FE41型和FE42型。这些过滤器都带有螺纹盖密封，FE42型的螺纹盖采用胶木制造。

▼ FE37型过滤器在恶劣的作战条件下性能要低于FE41型和FE42型，后两种过滤器的密封盖采用金属或橡胶制作，以防止进口灌入泥土或水使过滤器失效。

▲ FE41型过滤器的橡胶密封盖细节，这个特别的密封盖由奥尔工厂制造。

▶ 过滤器上不同的油墨印记，显示了过滤器的生产年份、失效时间、制造厂商、类型和验收码。

▲ FE42型过滤器的顶视图，灰色表明这是一种晚期型号。

▶ 过渡时期的FE39型过滤器，一直使用到FE41型过滤器装备部队，此外上面的陆军武器装备局的油墨验收码清晰可见。

▼ 代码为“byd”的德雷格尔工厂制造的FE41型过滤器。

◀ ▲ 以人造纤维为原料制造的过滤器袋子。这种袋子的作用是防止水或污物进入过滤器，在袋内装有一个配有空气孔的FE37型过滤器。

▼ 最初“FE”是Filter Einsatz，表示型号的意思，不能将“FE”错误理解为在后期过滤器制造中出现的表示野外过滤器（Feldfiltereinsatz）的代码。

▼ 携带备用过滤器的袋子。

▶ 防毒面具罐(Tragebusche)采用优质的钢板制造，内部带有一个铝制隔层，罐外漆有从灰色到绿色渐变的油漆，还兼有多种变化的伪装图案。在战争期间，最为典型的防毒面具罐高27.7厘米，而以前的旧型号为25厘米。

▲ 挂带固定在防毒面具罐上下两端的金属环上。

▲ 防毒面具罐上电焊的铰链细节，它可以用来固定挂带。注意盖子如何沿整边闭合。

▲ 带有帆布挂带的弹力锁，在军用装备上这种弹力锁非常常见。

▲ 1937年的战前弹力锁。

▲ 1938年的战前弹力锁。

▶ 携带防毒面具罐时挂带正确的固定方法。

1. 固定在防毒面具罐底端带有挂钩的挂带，这是典型的在战争后期采用帆布和橡胶制造的挂带。

2. 这是一款最为常见的挂带款式，没有采用橡胶或皮革补强。

3. 携带防毒面具罐背带细节。在这张照片上，背带顶端采用了橡胶补强，由代码为“ebd”的福达乐公司（Fatra AG)生产。

4. 1942年采用皮革补强的挂带。

5. 战前的皮革滑扣，用以避免挂带磨损，但由于装配非常困难而并没有取得太大的效果。

◀ 不同的背带。它们通常采用黄麻或植物纤维制造，上面还配有铜、铝或钢质带扣。这些带扣有时也漆上颜色，背带长约160厘米。

▲ 战争早中期的典型背带，上面缝有一个皮革尖端，由位于汉堡的代码为“bmo”的汉斯·多伊特（Hans Deuter）工厂制造。

▲ 挂环上的背带细节，能清楚地看到制造商代码“ebd”。

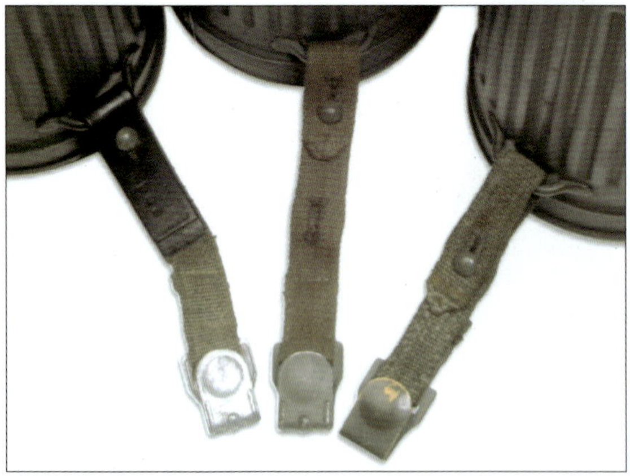

▲ 由黄铜、铝、锌钢制造的三种不同类型的挂钩，这些挂钩往往并没有漆上绿色或灰色油漆。

► 防毒面具罐的内部隔仓盖，这个隔仓用于存放防毒抗结雾专用镜片。在隔仓盖上还印有制造厂商、制造年份和军方验收码标记，还有一封防水的橡胶密封件。制造商迪希特（Dicht）的代码标记“D”在下隔仓盖上。

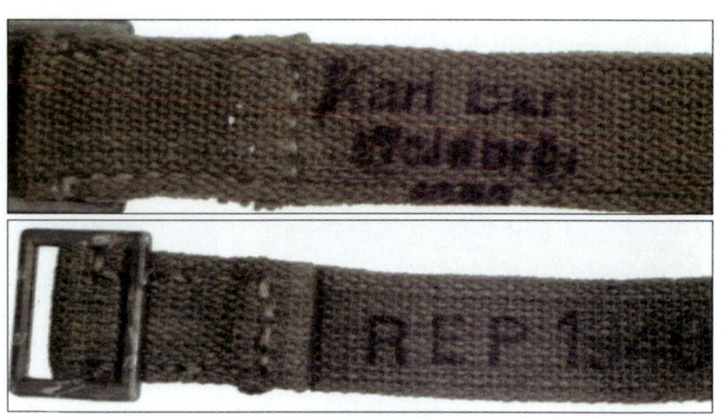

▲ 战争初期的挂带上并没有制造商代码。

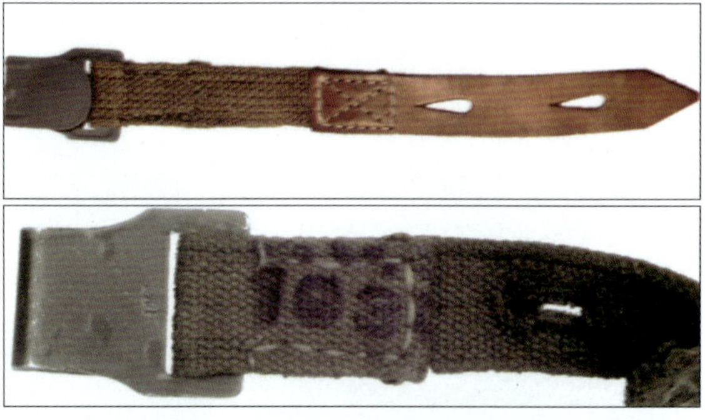

▲ 固定在底部挂环上的皮带，长度为18~20厘米，通常与胸带相匹配。

▲ 防毒面具罐于1940年由GL&CO公司提供，在上面能看到陆军武器装备局的油墨验收码。

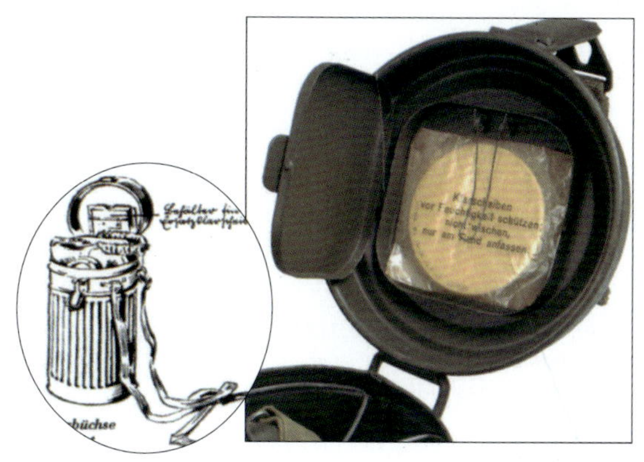

▲ 防毒面具内部小隔仓的细节，可以存放抗雾镜片或备用镜片。

▼ 安装有弹簧就可以安全地储存所有防毒面具配件，并有效防止这些配件在防毒面具罐内移动或互相碰撞，这一设计从士兵的立场来说，在战场上特别的实用。

▼ 防毒布单是一种用纺织品或纸制成的经过特殊处理的具有保护作用的薄单子，它可以让士兵免受喷洒式化学毒剂的伤害。照片上的这两个是相当常见的防毒布单（Gasplane)袋，左边这个采用经过橡胶处理的植物纤维制造；右边这个是战争后期生产的未经防水处理的实例。

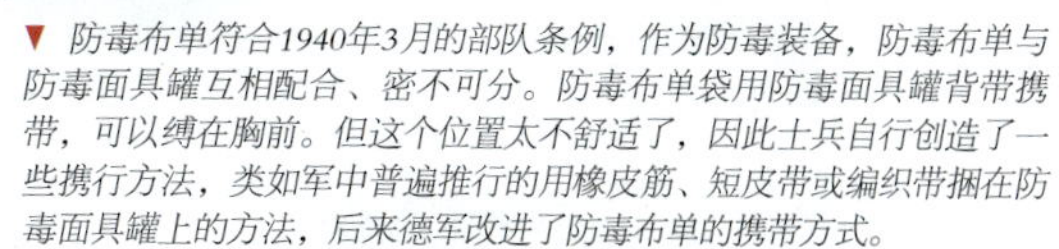

▼ 防毒布单符合1940年3月的部队条例，作为防毒装备，防毒布单与防毒面具罐互相配合、密不可分。防毒布单袋用防毒面具罐背带携带，可以缚在胸前。但这个位置太不舒适了，因此士兵自行创造了一些携行方法，类如军中普遍推行的用橡皮筋、短皮带或编织带捆在防毒面具罐上的方法，后来德军改进了防毒布单的携带方式。

▼ 右上方两件防毒布单袋的反面，带有两个布环，可以用防毒面具罐背带来携行。

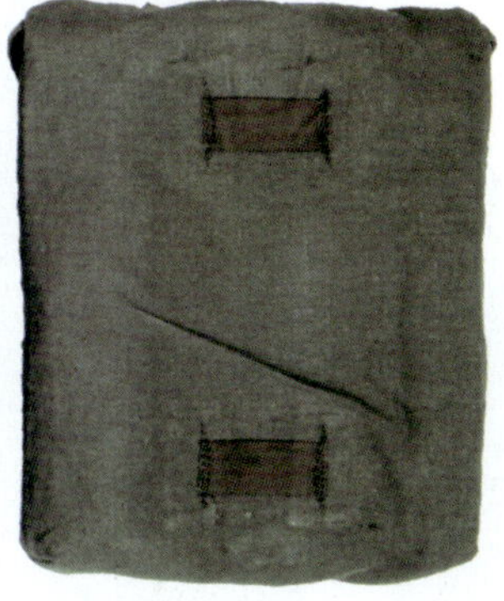

1. 装有防毒布单的防毒布单袋。芥子气是一种密度比较大的气体，会缓慢地降落到地面，披上这种防毒布单就可以抵御毒气的伤害。这种防毒布单被设计成一次性用品，一旦警报解除，用过的防毒布单就要被丢弃。

2. 图中的防毒布单采用人造纤维原料，经过树脂处理后制造而成，也有采用其他方式制造的，包括采用纤维原料用橡胶或粘胶加以处理，其颜色有多种，如黑色、绿色、暗褐色等。

3. 白色标签不仅表明了防毒布单的制造年份和制造商，也指出了其暴露在气体中的程度。

4. 布袋上的揿扣通常由普里姆（PRYM）公司制造，该公司也是这种揿扣的主要供应商。

5. 这里的细节显出这种防毒布单袋制造于1942年，制造商代码是“gea”，同时还有用墨水书写的拥有者姓名。

1

2

3

4

5

1

2

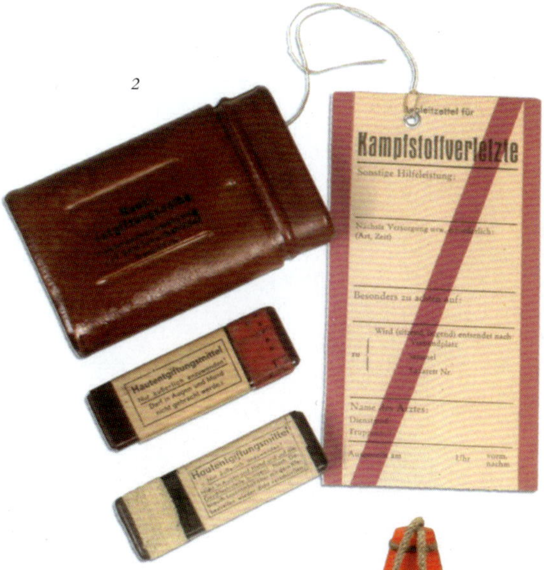

3

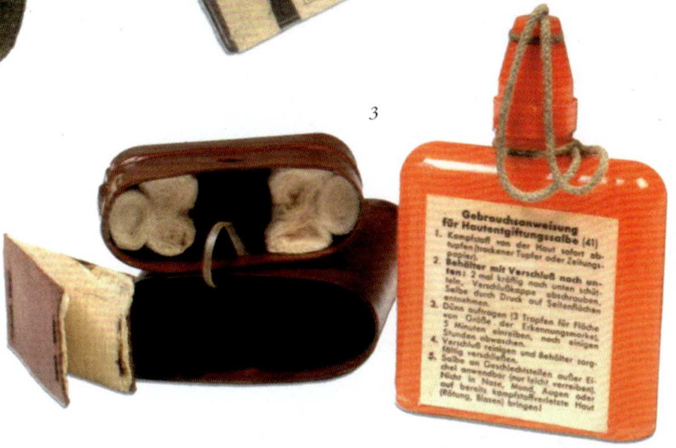

4

1. 1942年12月，出现了一种新的防毒布单携带方法——用配有皮带扣的皮带将其捆在防毒面具罐上携行。

2. 1943年，部队开始大规模引入消毒包（照片左上）用以取代以往的药片。此外，部队还配发了一种涂有树脂的卡片和一个橙色的溶剂瓶，以方便快速使用。在照片右边的是个人的卫生疏散卡，士兵们在前线因毒气造成伤害后，在撤离时会使用这种卡片，以表明其身份。

3. 消毒包内装有棉纱布和一个用来侦测是否有毒气的检测比对卡。此外，消毒包装在制服的上衣口袋内携带。

4. 部队的防化装备还包括一种特别设计的防化服，这款防化服设计于1937年，减重后于1939年成为标准化的防毒装备，直到1941年军队正式采用这种装备。除此之外，后方部队很少使用这种装备，因为穿上这种防化服后将显得过于笨拙。对于前线部队，这种防化服甚至还可以作为一种紧急防化装备。
在图中我们可以看到如何穿戴这种装备的全过程，这种防化服采用植物纤维制造，并搭配M1930型防毒面具使用。与之相对应的，军方还生产了伪装版的防化服。整套防化服可以装在一个大挎包内携带，防化服使用后必须丢弃。

第六章

作战装备

一顶头盔，一把铁铲，一件护盾，一个酒囊，一些食物和一点其他装备——构成古代罗马军团的基本装备。罗马军团的士兵携带着这些重达25公斤的装备，可以在5小时内前进30公里。除了极其个别的装备，可以说除在装备的样式和原材料上有所变化与发展外，20世纪德国士兵的装备和古代罗马人相比并没有多大的变化。

与其他兵种相比，步兵可以说是最具有自我牺牲精神的兵种。步兵们跋涉在艰难的道路上，背负着25公斤重的装备，还要加上配给的口粮、额外的弹药和不同的班用武器，平均一天要前进60公里。希特勒领导下的德国士兵与“马略的骡子”（Mariuss mules 注：马略是罗马历史上杰出的将领，曾经七次当选为执政官。马略为了训练士兵，同时也为了减少随营人员和驮兽，增加部队机动力，他要求手下的士兵必须背负全部武器辎重和三天粮食，全天强行军，傍晚还必须筑垒扎营。所谓“马略的骡子”，本意是指马略军中的一种驮架，背在士兵背上装载辎重。换句话说，马略把士兵当骡子使，久而久之，“马略的骡子” 就引申成了那些老兵自嘲的用语）在本质上并没有明显的不同，尽管已经过了近2000年。现在，200万德国士兵踏遍了欧洲的土地，并开始向东方进发。这正恰如古代罗马士兵一样，他们带着所有的装备，包括各种辎重和衣物等等，按照元首的旨意前去征服布尔什维克。在二战中，德国步兵的装备介于行军装备（Tornister）与战斗装备（Sturmgepack）之间。配给一线士兵的是战场上真正需要的装备，包括一些紧急配给口粮和其他食品，而以往的旧装备必须被留在战场后方。

▼ *野战水壶是一名士兵最为重要的装备之一，在这里我们可以看到战争期间生产的各种不同的野战水壶。*

战斗背具

◀ 这种轻型背负系统，也常被收藏家们称为“战斗背具”或“突击背具”。战斗背具于1939年开始列装部队，具有一种简单的梯形构造，收藏家们根据其形状又称之为“A形架”。背负系统采用一些结实的合成棉制造，带有6条皮革或棉质带，其中两条附在梯子形骨架上。

▼ 整装完毕的战斗背具，上面系着带有固定带的M1931型饭盒（Kochgeschirr）。

▼ 背具下面系着一个呈矩形的小包，包内可以携带补充装备。

▲▼在A形构架上配了一些携行带（Trgeriemen），照片展示了这些携行带的位置。

▼ 战斗背具上可以携带帐篷布，在帐篷布内包裹着帐篷桩和帐篷钉。

◀ 一个完整的战斗背具携行实例。上面还带有士兵的毛毯卷，必要时也携带大衣卷，卷成马蹄形，用3条皮带固定在战斗背具的上面和旁边。

行军包

▼ 不同于战斗背具，这种轻型背包是经过精心设计制作的，它可以让一名士兵在行军时将所有的物品装在里面携行。这种背包继承了1885年普鲁士军队的背包风格，其中最为主要的是一种牛皮帆布背包，后于1934年重新设计之后成为M1934型背包（Tornister 34）。1939年，军队又采用了新型背包，即M1939型背包。后来由于战局的发展，又推出了更节省原料且更实用的简化版背包，小牛皮的背包口盖被取消了。这种背包可以采用3条可拆卸皮带将大衣、毛毯和帐篷布组成马蹄形卷。通常在潮湿的环境下，将帐篷布卷在大衣和毛毯外面以防潮，用带有皮带扣的皮带固定马蹄形卷，会更容易将其缚紧。尽管行军包一直生产至1944年，但随着更为实用的帆布背包（Ruchsack）列装部队，行军包逐渐屈居于次要的地位。

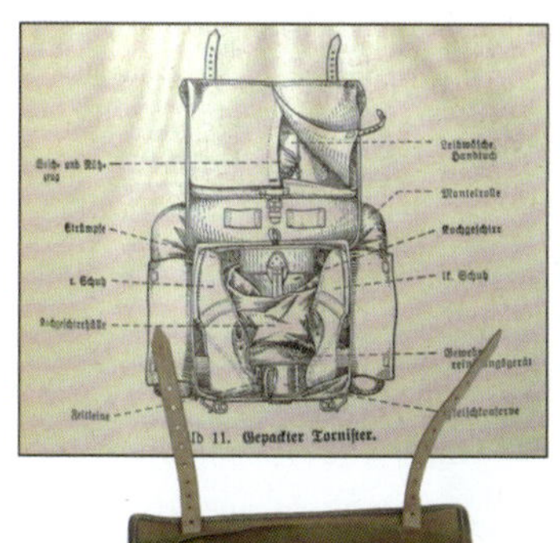

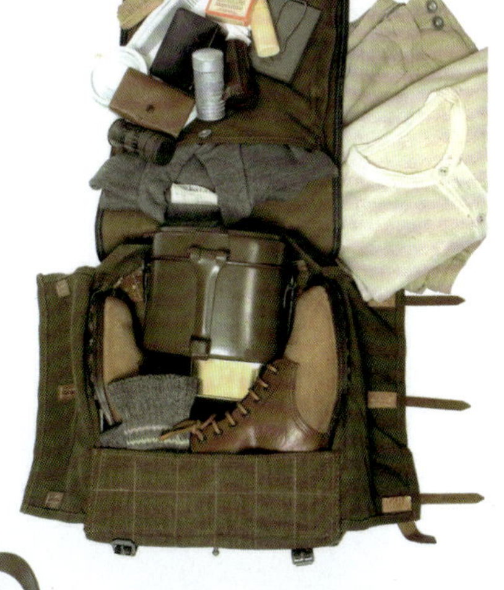

▶ M1934型背包，其内部物品符合部队条例的管理规定，就像是用作指导的样品一样，在背包口盖内的袋子里装有洗漱用品、毛巾、针线包和内衣。背包主体内装有饭盒，在饭盒内还有配给的定量面包和餐具。此外，这里还放着一双短靴，在靴内装有皮靴护理工具。一双袜子塞在背包的空隙里。如果还有空间的话，在背包主体和口盖之间还可以捆放工作裤和长筒靴。

◀ 背包的内部视图，用厚皮革片来调整背包的整体高度。

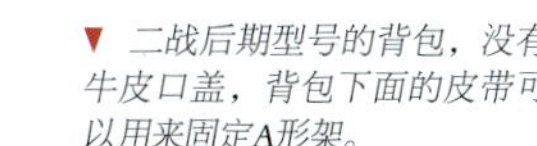

▼ 二战后期型号的背包，没有牛皮口盖，背包下面的皮带可以用来固定A形架。

▶ 配有有装备挂带，以便携带背包。

◀ M1939型背包通过使用D环连接挂带来进行背负。

▶ 用来携带帆布背包的装备挂带的装置位置。

▲ 在背部能够看到制造厂商和生产年份标记。

补充装备包

▶ 补充装备包与突击背具一样，都是1939年4月列装部队的。由于这种小包被放在防潮雨披的下面，一般很难在当时的照片中发现它。德军部队条例指出，这种小包通常用来装支帐篷用的绳子、98K步枪的清洁保养工具、毛衣和铁配给（肉罐头和干面包等，如果使用者愿意，还可以将食品袋装不下的餐具、野外火炉等装在里面）。

▼ 细带有助于从外面系牢袋子，内口袋可以用两条帆布或皮革带与金属纽扣将其固定连接在A形架上。

◀ 袋子内装有上面介绍的物品。

▶ 补充装备包的固定系统包括两个带有纽扣的固定带，可以将其固定在背具上；后部的两个皮带环可以让装备挂带穿过。

M1944型帆布背包

▼ 这款帆布背包源于山地部队使用的M1931型背包，后在热带地区取代了M1939型背包，因为这种背包更加实用也更加现代化。1944年，这种背包成了山地部队的配给装备，直到战争结束。这种背包带有一个内口袋，用来装饭盒和其他一些小物品，如洗涤用品、剃须工具和缝纫包等。这张照片展示的是最为常见的型号，它带有皮革固定带。

▶ 源于M1939型的背包固定带，其品质与其之前的型号一样。

▼ 使用装备挂带携带背包的方法。

◀ 使用战斗背具携带背包的方法。

▶ 这张照片展示了背包的内部和用来系紧背包开口的拉绳。

▲ 背包顶上的粗环可以在使用交通运输工具时作为背包把手。

▶ 在战争晚期使用帆布挂带来携带背包。

炮兵帆布背包

▼ 炮兵帆布背包于1940年2月装备炮兵部队，取代了原来步兵使用的M1939型背包。这种背包整体更加紧凑，采用帆布背带携带。炮兵帆布背包也存在许多版本，有橄榄绿色、灰色、棕色和暗棕褐色4种不同的颜色。从1941年开始，这种背包被少量配发给德军步兵和其他部队。1943年1月，开始配发给自行车部队。1943年，改进型的炮兵帆布背包下发部队，这种背包取消了肩带，通过Y带来完成固定。

▲ 制造商标记和生产年份。

▶ 背包上的两根皮带可以用来捆扎帐篷布。

衣物袋

◀ 衣物袋作为背包的补充，属于一种后方装备，通常在团级部队采用火车、卡车等交通工具输送兵力时使用。此外，在部队重新部署时或不需要背包的场合，也用来携带一些必备的衣物，如内衣、袜子等。早期的衣物袋采用原野灰色帆布制造，后期改用橄榄绿色帆布进行生产。

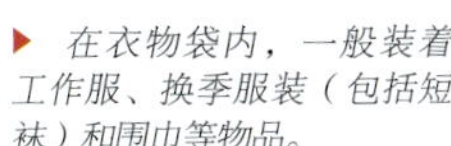

▶ 在衣物袋内，一般装着工作服、换季服装（包括短袜）和围巾等物品。

▼ 一款后期生产的特殊RBNr代码细节。

M1931型帐篷布

◀ 帐篷布发展于1931年，采用一种被命名为Makostoff的防水棉布制造，这种布料有着良好的防水性和透气性。与此同时，在布料的两面还分别染有不同的伪装图案：一面为秋冬迷彩图案；另一面为春夏迷彩图案。这就是M1931型帐篷布，也就是著名的防潮布。帐篷布为三角形，长度为250厘米×203厘米×203厘米，底边长度为250厘米。在三角形布料的两个窄边分别有两列12个锌、铝或铁制纽扣和12个扣眼，底边则有6个纽扣。这种三角形的帐篷布取代了方形灰色的帐篷布，作为一种主要的防潮和伪装装备被广泛运用。此外，使用不同数量的帐篷布可以组合成供相应人员使用的多人帐篷，如使用4块这种帐篷布就可以搭建一个可供4人使用的金字塔式帐篷。这种防潮布可作为雨披和斗篷使用，也可以在骑马或骑自行车时穿着，还可制作成浮具，甚至可以用来作为运送伤员的担架。帐篷布在携带时，通常内部卷着大衣或毛毯，卷成马蹄形固定在背包上。

这张照片展示的是按资料制作的一件防潮布复制品，下页的图解则向我们展示了帐篷布的各种使用方法：包括骑兵、山地部队与自行车部队。其他图解则是步兵将帐篷布用作雨披和斗篷的穿戴方法；搭建隐蔽所、半帐篷的方法；搭建4人帐篷的方法；搭建8人帐篷的方法；以及制作吊具和担架的方法等。

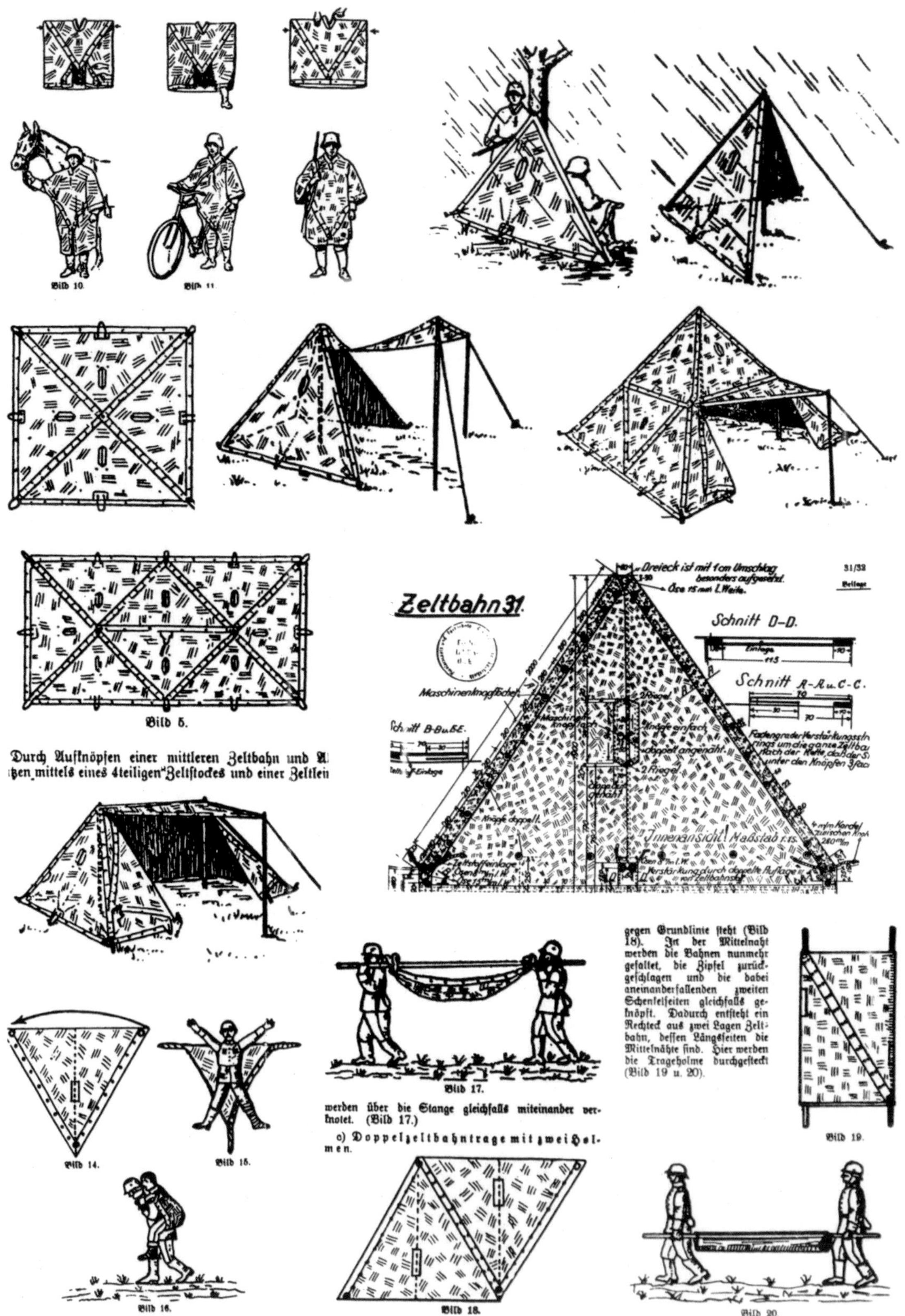
Bild 10.
Bild 11
Bild 5.
Durch Aufknöpfen einer mittleren Zeltbahn und A
ßen mittels eines 4teiligen Zeltstockes und einer Zeltlei
Zeltbahn 31.
31/32
Beilage
Dreieck ist mit 1cm Umschlag besonders aufgenäht.
Öse 15 mm l. Weite.
Schnitt D-D.
Schnitt A-A u. C-C.
Maschinenknopflöcher
Schnitt B-B u. E-E.
Innenansicht! Maßstab 1:15.
gegen Grundlinie steht (Bild 18). Jn der Mittelnaht werden die Bahnen nunmehr gefaltet, die Zipfel zurückgeschlagen und die dabei aneinanderfallenden zweiten Schenkelseiten gleichfalls geknöpft. Dadurch entsteht ein Rechteck aus zwei Lagen Zeltbahn, dessen Längsseiten die Mittelnähte sind. Hier werden die Trageholme durchgesteckt (Bild 19 u. 20).
Bild 17.
werden über die Stange gleichfalls miteinander verknotet. (Bild 17.)
c) Doppelzeltbahntrage mit zwei Holmen.
Bild 14.
Bild 15.
Bild 16.
Bild 18.
Bild 19.
Bild 20.

▲ 防潮布上的金属部件采用锌或铝来制造，后来改用锌板制造。注意上面设置的一些孔环，拉绳可以穿过这种孔环。

▲ 当士兵将帐篷布用作雨披时，这个切口是佩戴者伸出头部的位置。

▲ 不同伪装图案的比较。

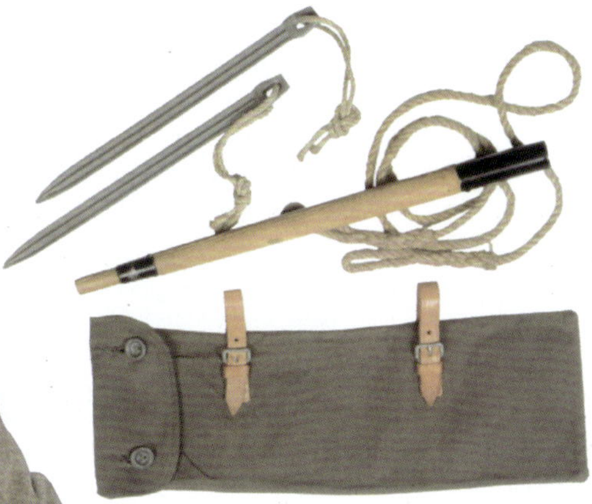

◀ 用防潮布来搭建帐篷时，还需要一些必要装备：帐篷拉绳（M1892型），帐篷撑杆（M1901型），2个帐篷钉（M1929型）。帐篷钉最初采用镁合金制造，后来采用合成树脂制造。这些搭建帐篷的工具都采用一个特别设计的帐篷配件袋来携带。

▼ 这种防蚊帐是在沼泽地区野外宿营的必需装备，例如在列宁格勒前线。

毛毯

▶ 毛毯和雨披一样，都是士兵必备的装备，毛毯也可以当作睡袋来使用。军用毛毯有大量的变型版本，颜色有灰色、野灰褐色、乳白色，还有不同的图案。一般毛毯上带有不同颜色的条纹，也有一些毛毯上还带有表明是军方财产的字样，如heereseigentum或者wehrmachteigentum。这里展示的可能是印有标记最多的毛毯。这块毛毯是德国陆军使用过的物品，上面带有“HU”（Heeres Unterkunft）标记，表示属于陆军守备部队，还带有战前的鹰徽标记。此外，其他标记由于模糊不太容易辨认，基本可以肯定的是有一个方形的油墨标记。
在战争早期，部队中使用毛毯的现象非常普遍，毛毯上条纹的颜色与国旗的颜色一致。

▶ “Heereseigentum”表示这块毛毯属于陆军财产。

装备挂带

▼ 1939年4月，装备挂带、M1939型背包和战斗背具一起被列为正式装备。这种挂带比起国防军此前的装备更加有效，不少军品收藏者也称这种Y形挂带为Y带。这种装备挂带是所有背包和腰带等行军装备的中心装备。挂带配有两根可调节长短的皮带，可以合理分担装备的重量，而在此之前，是由制服上的腰带挂钩来分担装备的重量。
装备挂带由带有辅助皮带的挂带，通过一根垂直在后背的带有金属挂钩的皮带与腰带相连。这根皮带再通过一个O形金属环与两根越过双肩的垂于胸前的皮带相连，这两根皮带顶端带有金属钩，可以与弹夹包的D形挂环相连。在这两根皮带上还带有辅助皮带，在辅助皮带顶端带有D形环，可以与背包、战斗背具等装备底部的金属固定环相连，可以更好地固定这些装备。
随着战争的进行，这种装备并没有多大的发展，但挂带的材质发生了改变，从皮革到人造棉，最后到人工合成皮革。这种变化并不是说早期样式的装备挂带就不再生产，但在大多数情况下，挂带品质仍然下降了，装备挂带一直生产直到战争结束，这里展示的是一些战争初期的装备挂带。

▼ 早期制造的第一种款式的装备挂带细节，能够非常容易地看出其制造年份“1941”和制造商标。以“亚麻城”著称的比勒费尔德（Bielefeld，现在的北莱茵-威斯特法伦州的一座城市）的罗曼公司（Lohmann Werke）制造了大量的各种类型的挂带、腰带扣和装备挂带。

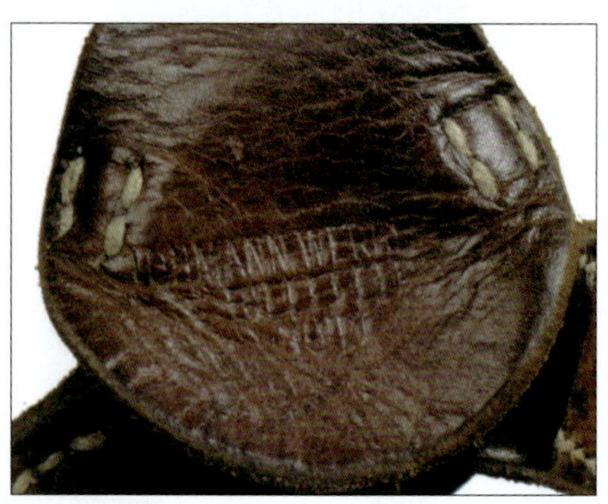

◀ 通常，装备挂带采用品质良好的牛皮制造，并且把挂环等所有金属部件都漆成了灰色。垂于胸前的两条皮带通过皮带顶端的金属钩与腰带上的弹夹包顶部的挂环相连，上面带有8个扣眼，扣眼的数量有时也不只有这些。这两根皮带上还带有辅助皮带，通过其顶部的D形金属环挂住背包或战斗背具，皮带与辅助皮带上面带有12个扣眼，通过上面的金属带扣调节其长短。

▼ 这是一个简化版的挂带，垂于胸前的两条皮带与辅助带连接处用铆钉进行固定，其缝合处也采用了更简洁的方法。实际上，大型O形金属环处的缝线并未经过处理。制造商标记也改为用油墨喷印的数字，估计其制造时间在1943年左右。

▼ 1940年，一款完全采用帆布制造的装备挂带出现了。最初这种挂带仅用于热带地区，但是很快这种挂带开始被发放给全军部队，因为这种材质比起皮革挂带更加实用，也更加便宜。除了制造原料的不同，另一个主要区别是，帆布挂带上采用滑带扣来调整长短。

▼ 最后一种款式的装备挂带，简化的辅助带上的D形挂环采用低碳钢制造，一共14个扣眼。这样，通过带扣可以更容易调整挂带长度。

◀ 挂带上O形环的细节，O形环采用镍合金、低碳钢等材料制造。注意其制造标记和生产年代标记“1941”。

◀ 战争晚期款式的装备挂带上的制造商编号。

1~5. 装备挂带不同款式间的比较。

6~7. 多款背包及战斗背具上的挂钩与挂带上的D形挂环相钩紧，以增强背包的稳定性，这是一种简单并且实用的系统。

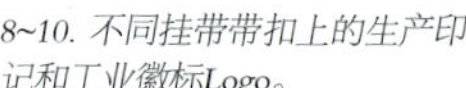

8~10. 不同挂带带扣上的生产印记和工业徽标Logo。

11. 当时的一个带扣制造商的产品广告。

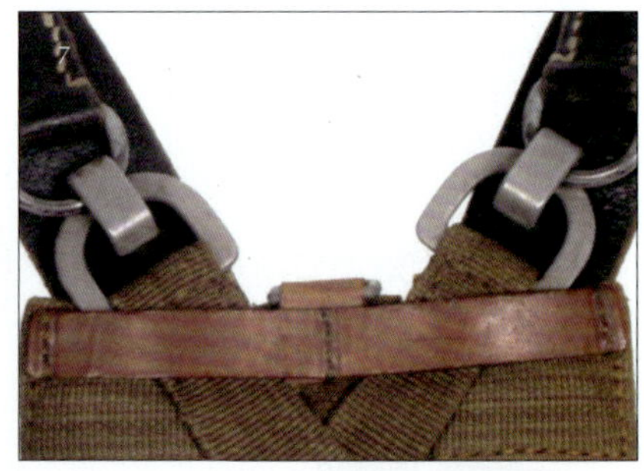

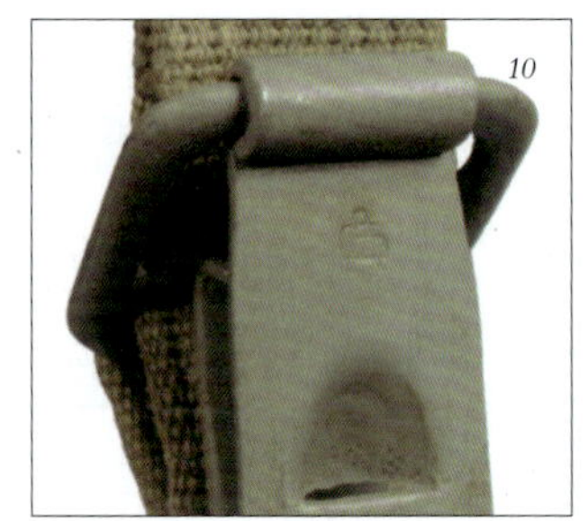

食品袋

▶ 食品袋是德国步兵的传统装具之一，又被称为“面包袋”，德国士兵就是带着这种装备开始其军事旅程的。食品袋的历史也像德国士兵装备的靴子和背包一样悠久，它最初由勃兰登堡的弗雷德里克·威廉一世引入到普鲁士军队。然而当时军方并没有明确采用这种装备，直到1931年德军才正式采用食品袋，这就是M1931型食品袋。这种食品袋有一个口盖，向下翻折后可以遮住整个袋子。在口盖顶部有两个D形金属环，可以用来固定水壶和饭盒，食品袋平时都置于士兵的右臀部。早期版本的食品袋是原野灰色的，后来改用橄榄绿色。到战争末期，也有一些食品袋是由暗灰色、棕色、棕褐色布料制造。

食品袋这种单兵装备在德国所有武装部队、第三帝国众多政治组织和准军事组织中都有所配给，样式与陆军的食品袋相似。陆军的这种食品袋是一种结构简单的单仓干粮袋，用来装载士兵每日的配给食品，包括餐具、肉罐头、动物油、火炉等。这其中就包括面包，这也是其“面包袋”名称的由来。

然而实际上，士兵更习惯将其他有用的物品也存放在食品袋中，包括步枪清洁保养用的套装工具。1944年，对这种习惯，官方的反应就是在食品袋右侧增加了一个外部小口袋，用它来携带步枪清洁工具。

◀ 装有背带的食品袋。

▼ 完全采用帆布制造的食品袋，原用于在热带地区装备，后来逐渐成为一种普遍装备。

▼ 多款食品袋上的布环和D形环的细节，上面的皮革加强在战争中期左右就逐步被取消了。

◀ 食品袋也有一些变化发展，右侧就是一个没有用来固定皮带的D形挂环的实例，应该是1944年11月后的简化改进版本。

▶ 一个战争晚期款式的食品袋上的RBNr编码。

▼ 通常的制造商标记和生产年份的标记的位置。

▲ 将食品袋固定在腰带上携行时，布环穿过腰带以两个纽扣固定，再把中间挂带上的金属挂钩挂在腰带上。

▶ 一款战争晚期版本的食品袋固定在腰带上携行的又一实例。

▼ 德国制造了许多不同款式的食品袋，这张照片展示了其中的一些版本。

军用水壶

▶ 水壶，也许是步兵装备中最为必要和最具吸引力的装备。纳粹德国的军用水壶发展于第一次世界大战，后来从1931年开始改进变化，出现了M1931型军用水壶。一般来说，德国的水壶外面还包裹着毛毡质的水壶套，壶嘴上配有一个金属或胶木材质的水杯，用固定带与壶体系在一起。像其他步兵装备一样，水壶随着战争的进展也有一个逐步简化的过程。铝材是早先用来制造水壶胆的材质，后来让位于喷漆钢，皮革料也由帆布取代。此外，毛毡的保温水壶套用来在严寒中保持水温，在炎热地区保持水的清凉。后来毛毡又由合成树脂取代。这里看到的就是制造于1939年的一款水壶。

▼ 水杯的容量近0.27升。1941年4月开始，水壶的配套水杯被喷成橄榄绿色，代替了以前的黑色。

▼ 使用回收再利用毛毡制造的水壶套，其颜色通常为褐色。水壶套带有加强边，可以用摁扣扣合。水壶套的两面都缝有布环，可以用皮带穿过这两个布环将水壶套与水壶紧密地捆扎在一起。

◀ 一个铝制的壶胆和一个同样材质的水杯，外表通常被喷成黑色，但有时也喷成了灰色。毛毡水壶套上面配有高品质的皮带。

◀ 生产标记表明了这款水壶生产于1939年，水壶容量为0.80 升。

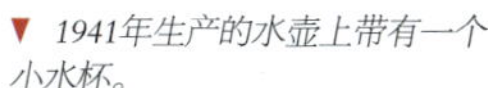

▼ 1941年生产的水壶上带有一个小水杯。

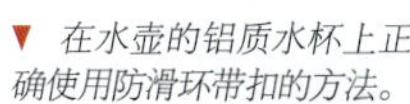

▼ 在水壶的铝质水杯上正确使用防滑环带扣的方法。

▲ 制造商的"cfl"代码和生产年代标记，这个代码很有可能是制造商的字母缩写。

▲ 摁扣的细节，这种类型的配件通常都由RRYM工厂生产。

▲ 只有战争早期生产的水壶上，才会在水壶套的壶口处出现补强。

▲ 军用水壶的各个部分。小水杯由胶木制造，固定带为皮带。

◀ ▲ 水壶固定在食品袋上的方法实例。

▼ 胶木材质的水壶盖，上面带有一个铆钉，还有制造商标记。

▼ 1943年，德国的水壶制造出现了第一次重大变化，将固定水壶的皮带改为了合成棉做的编织带。

▲ 水壶通常被喷成灰色或灰绿色，制造年代标记常常位于水壶内面。

▼ 水壶口处的毛毡细节特写，水壶盖的内部带有一个红色的橡胶密封件。

◀ 从图中可以看到固定带的一端在壶盖上面，采用铆钉进行固定。

▶ 水杯上的可折叠金属把手，被漆成了橄榄绿色，注意把手固定件并没有采用铆接方式而是电焊。

▶ 合成棉材质的固定编织带细节。固定带一端的金属包角和摩擦式带扣由LUX制造。

◀ 1943年款水壶在食品袋上的正确挂放位置。

▼ 1944年9月开始，用于制造水壶和水杯的铝材更改为喷漆钢板，并采用蚀刻工艺制造，水壶外表被喷成了红色。生产一件成品水壶胆由3个蚀刻部分和焊接部分组成，这里展示的水杯被喷成了橄榄绿色。虽然官方的正式确立日期是1944年9月，但早在1943年就已经能够看到这种水壶成品了。

◀▼ 这种新型水壶的各个部分。

▼ 铝质水壶胆和1944年9月开始采用的喷漆钢板生产的水壶胆。

▲ 带有系好的固定皮带是二战中期水壶的典型特征，水壶采用蚀刻法与喷漆金属板制造。

▲ 固定带的防滑带扣被漆成了黑色。出于经济原因，这种样式的防滑带扣后来在简化时被去掉了。

◀ 水杯上的把手对诸如野外煮是我咖啡等热饮非常的实用，可以防止烫手。

▼ “椰子”型水壶的各个组成部件。

◀ 著名的“椰子”型水壶，最初这种水壶被设计用于热带地区。水壶用铝材铸造，然后再用把木材和树脂加热加压的方法进行加工，最后敷在外覆层上，就得到了这种紧密而坚固的最终产品。这种水壶具有非常好的隔热性能。

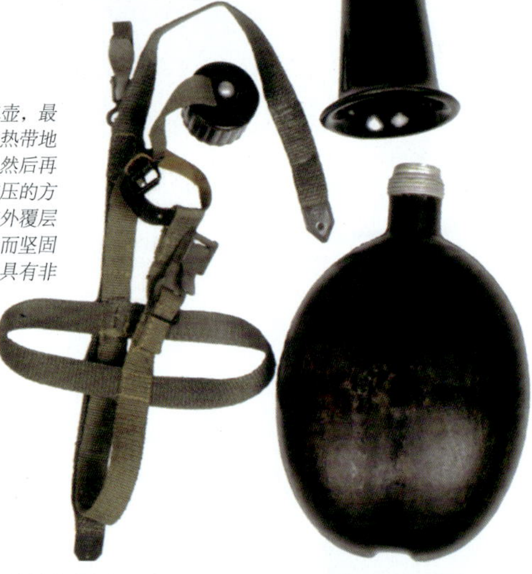

▼ 带扣上的制造年代标记和帝国专利标记。

▼ 固定带金属包头上的制造商标记（SHB）。

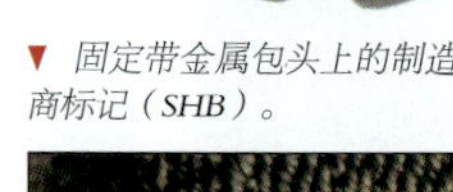

▲ 这种型号的水壶，其固定带由人造丝帆布制成。

▲ 水壶的帆布带固定系统。

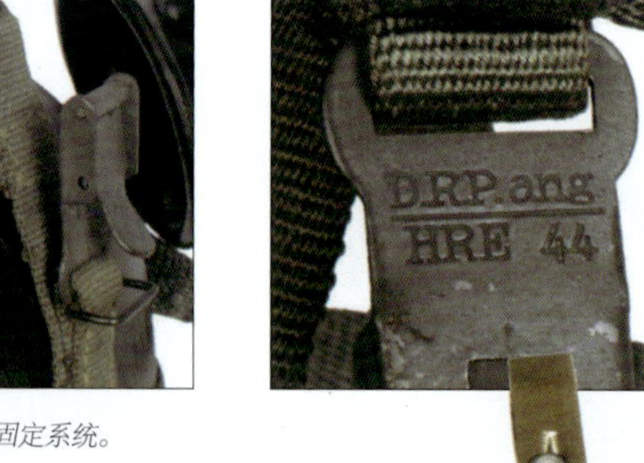

▲ 专利技术的模塑制造商缩写“D.R.G.M”与生产年代标记“D.R.P.34”。

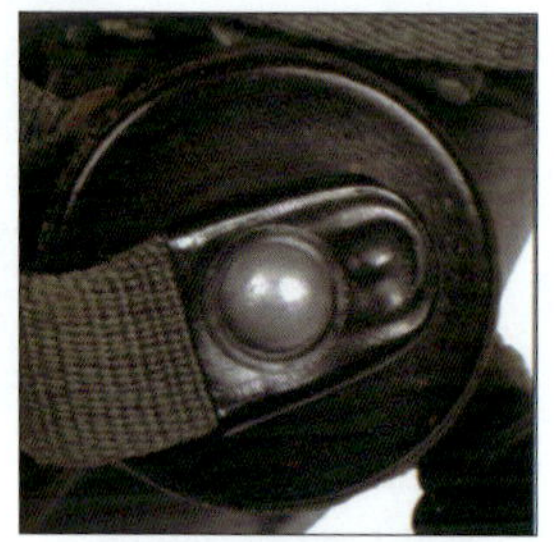

▲ 胶木的螺旋壶盖用携行带扎紧。

▶ 部队行军过程中，“椰子”型水壶如图中这样固定在食品袋上。

▼ 一款1944年生产的水壶的前后视图。

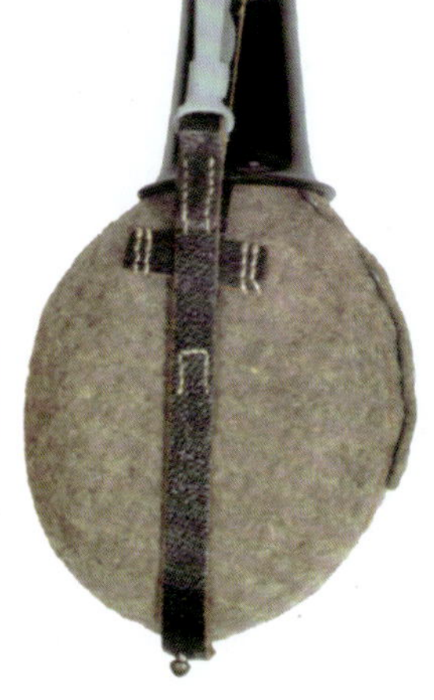

▼ 战争晚期生产的胶木壶盖的细节。

▼ 一款皮带内侧的制造商RBNr代码。这款皮带的材质是猪皮，反映出德国皮革资源日益缺乏的状况。

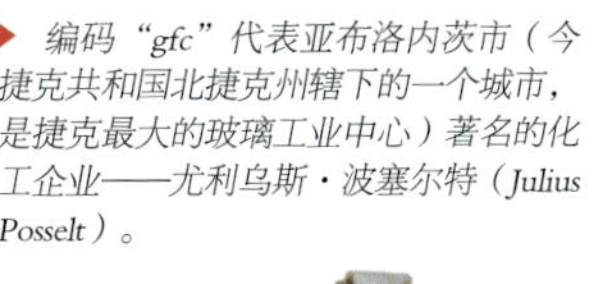

▶ 编码“gfc”代表亚布洛内茨市（今捷克共和国北捷克州辖下的一个城市，是捷克最大的玻璃工业中心）著名的化工企业——尤利乌斯·波塞尔特（Julius Posselt）。

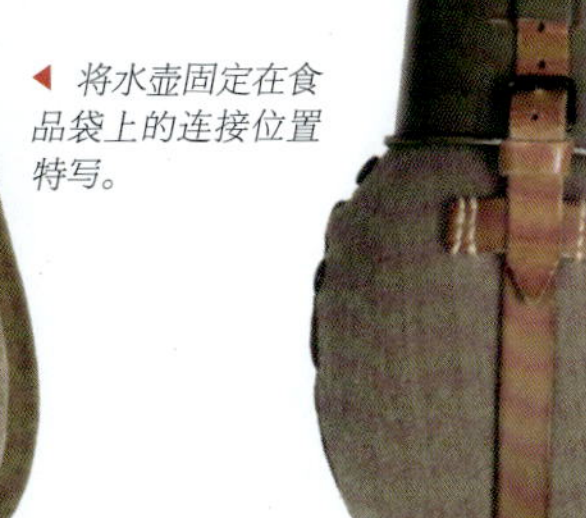

◀ 将水壶固定在食品袋上的连接位置特写。

▲ 固定在食品袋上的水壶，其底部也要用固定带扎牢。

▲ 1944年，为了更加节约生产资料，水壶上的双固定带被取消了。这里展示的是一个在此期间生产的水壶固定带与另一款1943年版水壶固定带的细节对比。

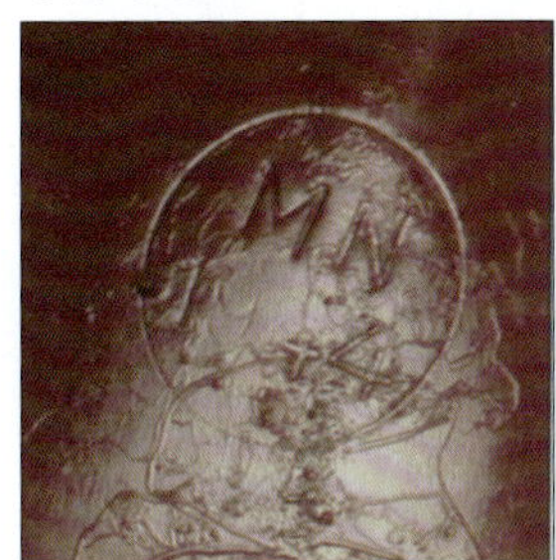

▲ 水壶上的制造商标记“MN”和生产年份标记“1944”。

▲ 内部被漆成绿色底漆的水壶，这样做的原因目前还不是太清楚，猜测有人之所以这样做，是因为发现红漆在喷漆过程中对工人身体有害。

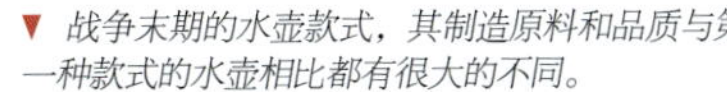

▼ 战争末期的水壶款式，其制造原料和品质与第一种款式的水壶相比都有很大的不同。

▲ 水壶上的制造商标记和生产年份标记。

▲ 最初的毛毡水壶套后来改为了毛织水壶套。

▲ 水壶套上有3个揿扣，而早期型号却有4个，由此我们便能看出这场战争使德国资源缺乏到何种程度。

▲ 水壶上的皮带细节，相对来说仍然具有较高的质量。

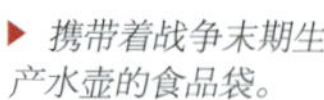

▶ 携带着战争末期生产水壶的食品袋。

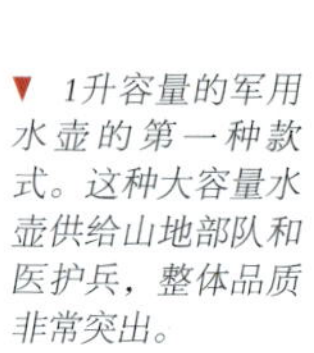

▼ 1升容量的军用水壶的第一种款式。这种大容量水壶供给山地部队和医护兵，整体品质非常突出。

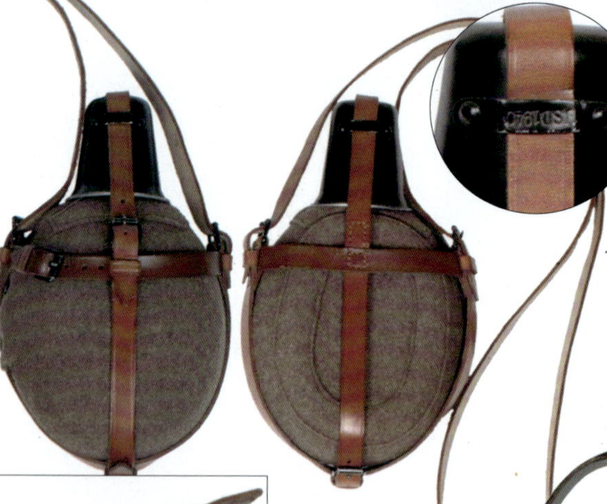

▼ 制造商字母缩写和生产年份（*JSD 1940*）标记。其中，“*JSD*”代表柏林的古斯塔夫·莱因哈特(Gustav Reinhardt Lederwarenfabrik)皮革工厂，漆成黑色的铝制水杯，容量是0.15升，专门配用于这种大容量水壶。

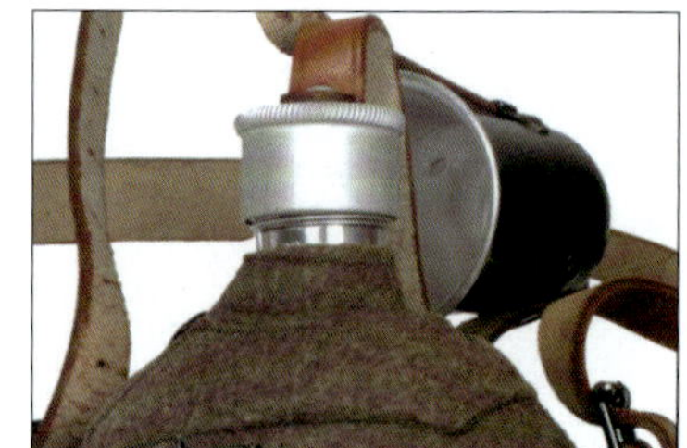

▲ 铝制壶盖，带有这类壶盖的水壶是1939年前生产的。

▶ 皮带上的标记细节。

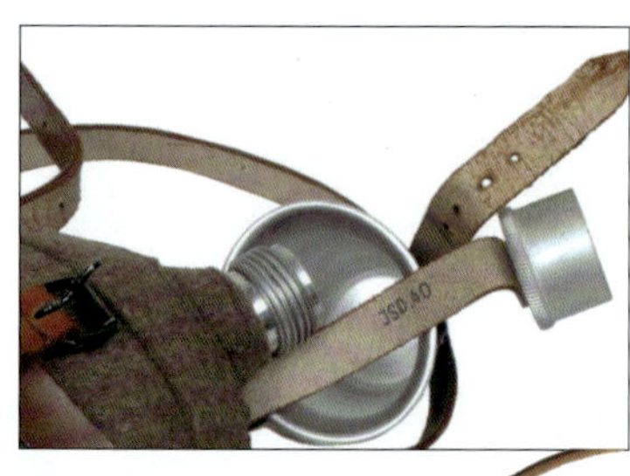

◀ 完整且结实的水壶背带和固定带。这里能够感受到水壶的生产并没有考虑节省皮带扣，战争爆发前后生产概念真是完全的不同。

▶ 供给山地部队和医护兵的战争晚期型水壶，用背带于左肩携带。这种款式的水壶明显不同于早期样式，容量通常为1升，后于1944年停止生产。

军用饭盒

1~4. 基本上二战期间的饭盒与水壶具有同样的发展历程。1931年，一种一战时期的饭盒开始被魏玛国防军重新采用，它就是M1931型饭盒。早期饭盒的容积为2.5升，也存在设计同样但容积为1.7升的小容积饭盒。早期饭盒为铝制，原野灰色；后来从1941年4月开始改用橄榄绿色，材质也变为钢制。在本图中，从左到右、从上到下，可以看到饭盒的发展及变化，饭盒外表也由暗灰色改为橄榄绿色。饭盒在携带时通常固定在早期军用背包的外侧，后期军用背包的内侧；或者捆在食品袋上；还可以固定在战斗背包上；甚至固定在装备挂带的后面。

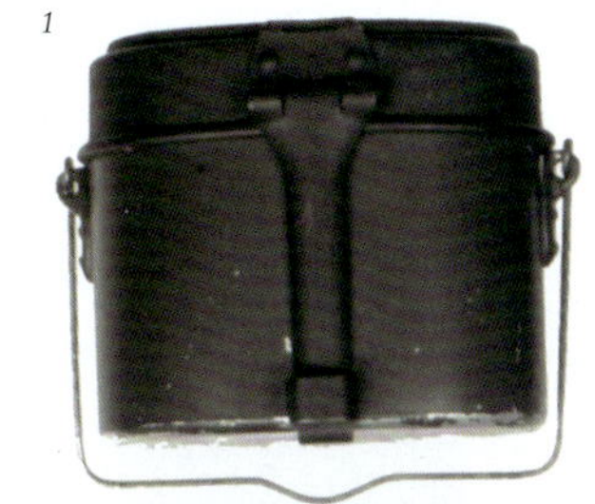
1

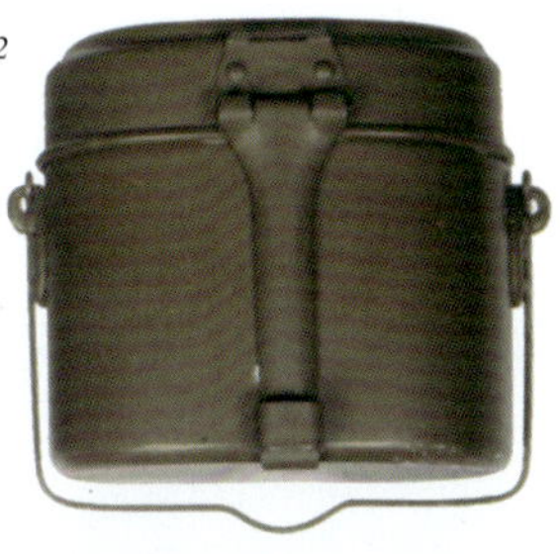
2

3

4

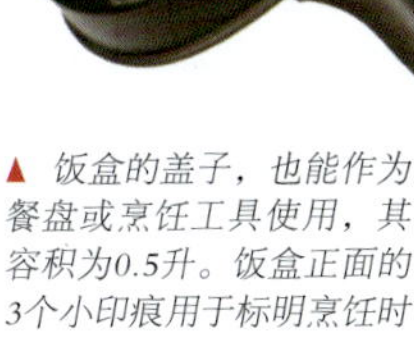

▲ 饭盒的盖子，也能作为餐盘或烹饪工具使用，其容积为0.5升。饭盒正面的3个小印痕用于标明烹饪时的定量刻度。

▶ 战争中期的饭盒实例，材质为铝，表面被漆成橄榄绿色。

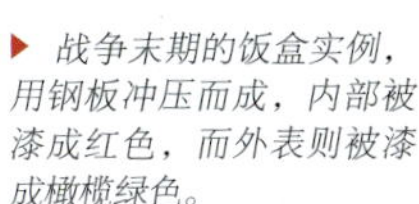

▶ 战争末期的饭盒实例，用钢板冲压而成，内部被漆成红色，而外表则被漆成橄榄绿色。

5~9. 饭盒上的制造商代码标记和生产年份标记。

5

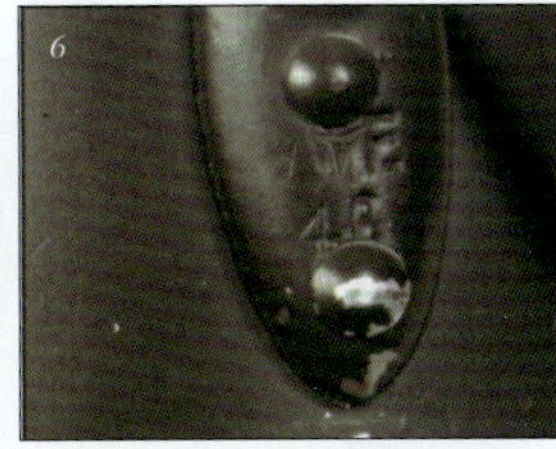
6

9

7

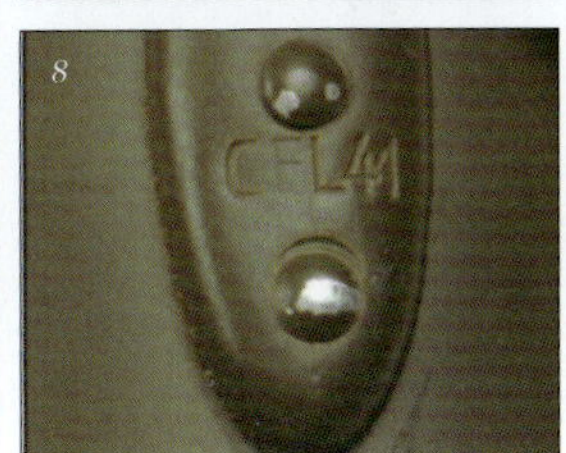
8

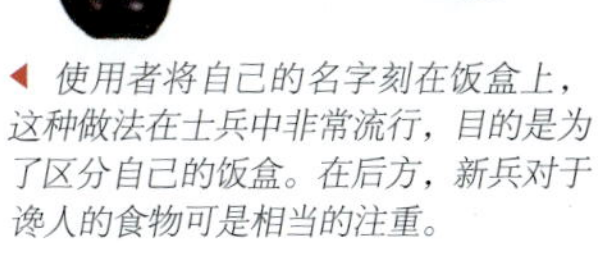

◀ 使用者将自己的名字刻在饭盒上，这种做法在士兵中非常流行，目的是为了区分自己的饭盒。在后方，新兵对于诱人的食物可是相当的注重。

▶ 饭盒固定带的正确使用位置。固定带的作用是防止饭盒因碰撞而产生声响，存在皮革型和帆布型两种固定带。

▼ 饭盒提手扣上的生产标记，1944年对其进行了简化。

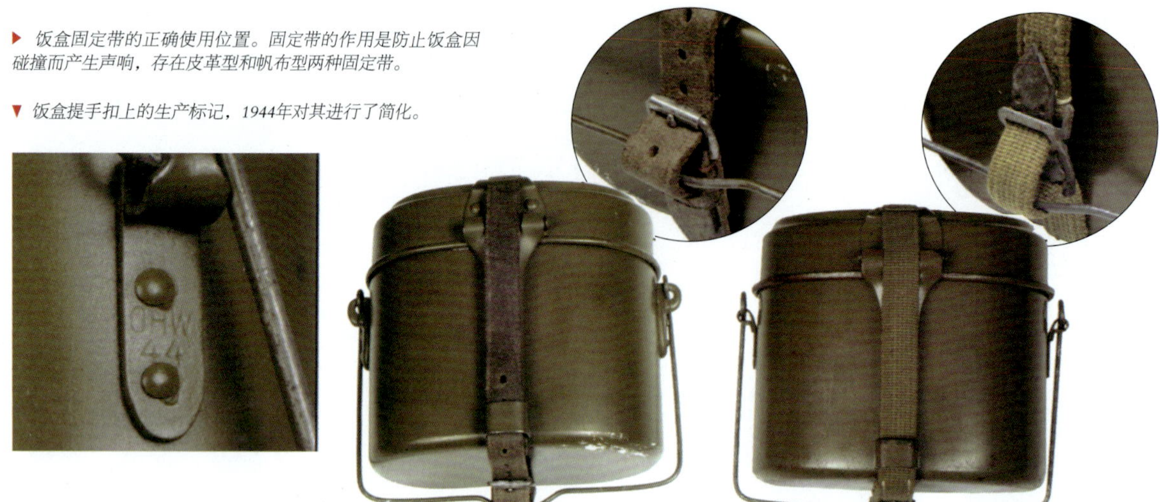

▼ 在食品袋上携带饭盒和军用水壶的正确挂置方法。

▼ 特有的饭盒提手，这种设计是为了便于提拿饭盒，可以防止装在饭盒内的食物溢出。

...ahen (Mithörapparate). Der deutsche Soldat gibt niemals sein Ehrenwo...
...en Fluchtversuch zu machen.

Abkochen und Verwendung der Zeltausrüstung.

Das **Abkochen** auf offenem Feuer im Freien ist aus Tarnungsgründen ...
...meiden. Ist dies nicht möglich, so wird in Kochlöchern (Bild 1) od...

Bild 1. **Kochloch.**

Bild 2. **Kochgraben.**

...chgräben (Bild 2) abgekocht. Vorhandene Erdlöcher und Gräben ...
...zunutzen. Die Windrichtung ist zu beachten.

Verwendung der Zeltbahn als Regenmantel.

◀ 士兵手册内的一个章节，展示了把饭盒当作锅来烹饪食物的办法。

掘壕铲

▶ 掘壕铲（Schanzzeut）也是从一战继承下来的单兵装备，由方形钢片和短木柄组成，全长近55厘米，到战争结束时都没有发生大的变化。同时也存在一些其他款式的掘壕铲，包括从其盟友获得或缴获自敌方的掘壕铲，这里展示的是战争初期制造的掘壕铲。

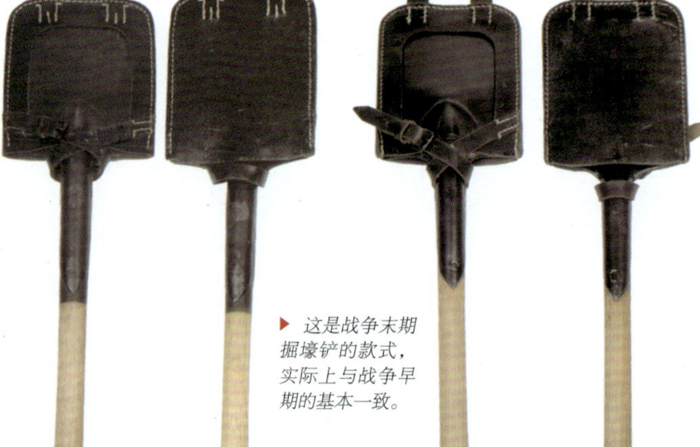

▶ 这是战争末期掘壕铲的款式，实际上与战争早期的基本一致。

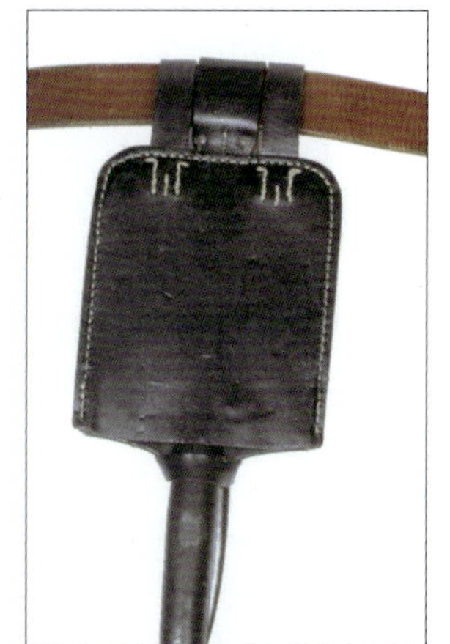

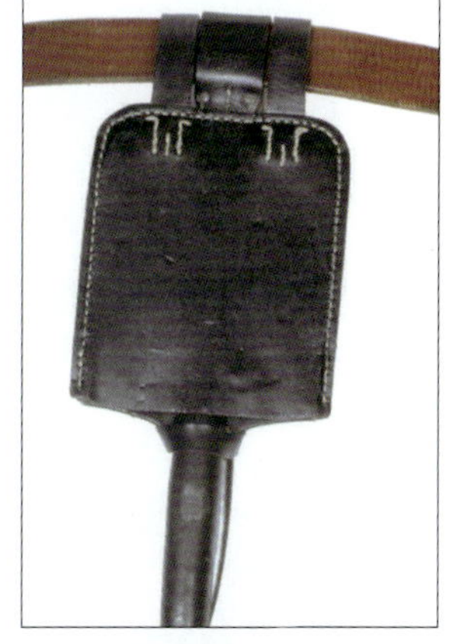

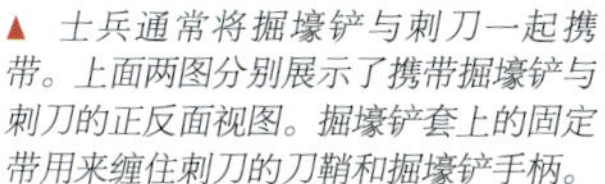

▲ 士兵通常将掘壕铲与刺刀一起携带。上面两图分别展示了携带掘壕铲与刺刀的正反面视图。掘壕铲套上的固定带用来缠住刺刀的刀鞘和掘壕铲手柄。

▶ 这里分别展示了两款掘壕铲的正面。

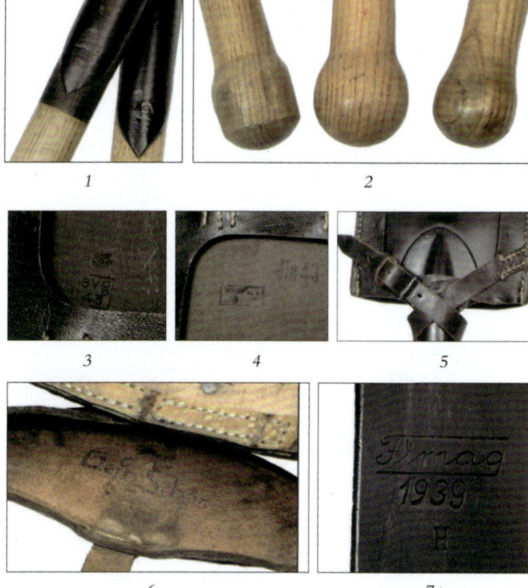

1. 两件掘壕铲成品的细节，均喷上了黑漆。

2. 三种不同款式的掘壕铲手柄。

3~5. 这里展示的是采用冲压原料制造的掘壕铲套，由一个正面的框架和背板组成。铲套最初由皮革制造，尽管后来改用纤维素与树脂合成原料，但铲套上的腰带环和固定带却始终由真皮制造。

6. 在战争初期，经常出现使用者将自己的名字写在铲套上的情况。从1942年开始，由于前线经常发生变化，士兵要使用不同的装备，这种做法也就不再出现了。

7. 费曼（Fimag）是个久负盛名的公司，这是由其制造的一把掘壕铲成品，上面的“H”印记代表德国陆军（Heer）。

折叠铲

◀ 1938年11月，德军正式将折叠式掘壕铲列为制式装备。这种装备与许多现代使用的折叠铲基本一样。因为这种折叠铲造价过高，又需要耗费大量的生产时间，致使其使用性反倒成了次要的问题。折叠铲的制造最终被停止了。

▼ 符合部队条例规定的同时携带折叠铲和刺刀的方法。

1. 宽大的皮质腰带环。

2. 折叠铲展开后的样子，长度约为70厘米，比标准的掘壕铲更方便、更实用。

3. 胶木制造的控制箍，可以调整手柄的位置以保证正常使用。

4. 折叠铲可以锁定在向上折叠90度的位置，这样折叠铲就变成了一个铁镐。

5. 完全采用皮革制造的折叠铲套，早期的铲套由人造皮革或真皮制造。也存在简化的折叠铲套样式，像没用皮质框架而采用冲压纸板制成后背板的铲套。

6. 一款皮革折叠铲套上的制造商标记和生产年代印记。

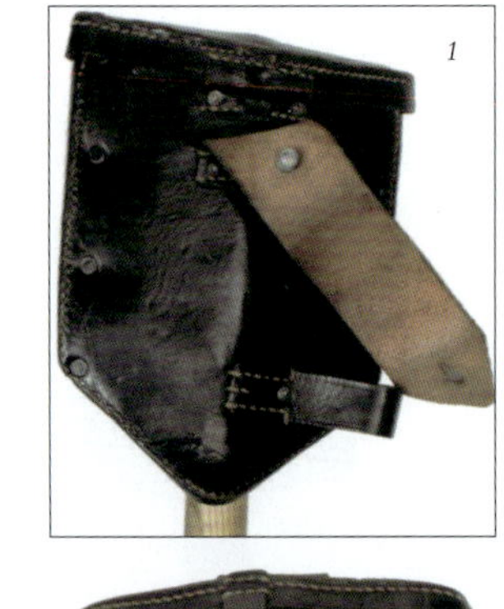

弹夹包

二战时期的德军，研制并装备了许多不同型号的轻武器，包括德国自己制造的武器和大量缴获的武器。通常每种武器都有与之配套的弹药包，要想详尽地研究这些弹药包甚至可以写成一本巨著，因为配合每一种轻武器的弹药包因不同的生产时间，不同的生产商，不同的原料，产生了众多不同的版本。本书在这里仅列举几种最具代表性的配用于德国制式武器的弹药包，这些弹药包最能体现出德制弹药包的特点。

Kar 98k步枪弹夹包

▶ 在德军历史上，曾配用过不同类型的弹夹包，例如配用Gew 71式步枪的M1887型弹夹包；配用Gew 88和Gew 98式步枪的M1909型弹夹包；山地兵和骑兵专用的M1911型弹夹包等。整只M1909型弹夹包可以携带45发子弹，两只就可以携带90发子弹，对骑兵和山地兵来说太过沉重，其缩小版就发展为M1911型弹夹包。其进一步发展就是M1933型弹夹包，每个弹盒内可以携带2个五联装弹夹，这样每只弹夹包就可以携带30发7.92毫米步枪弹。在二战中，理论上为每位前线士兵配备2只弹夹包，就可以携带60发步枪子弹以供使用。M1933型弹夹包由近20个皮质部件组成，然后再用粗线缝合，弹夹包上的铆钉通常为铝制，后期也采用钢制。

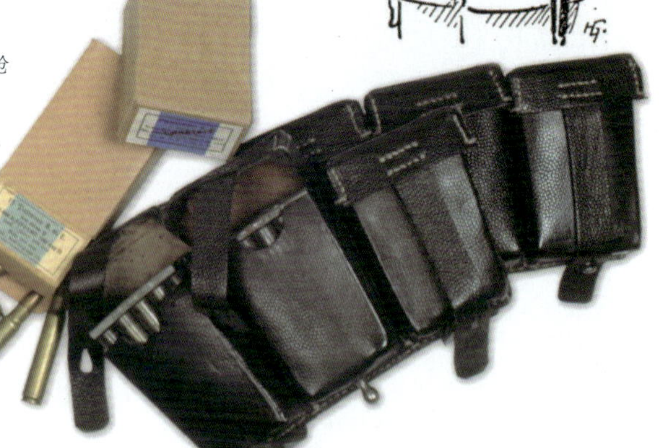

1~5. 弹夹包可以携带在腰带和装备挂带上，这里展示了携带弹夹包的方法，先把腰带穿过弹夹包背面的腰带环，再把装备挂带的钩子钩在弹夹包的D形环上。

1

2

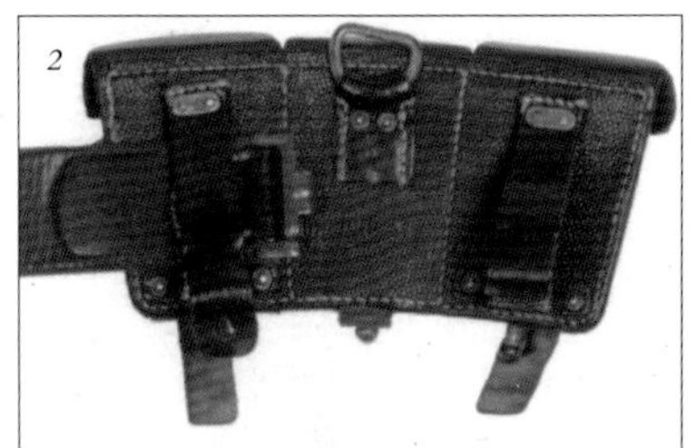

3

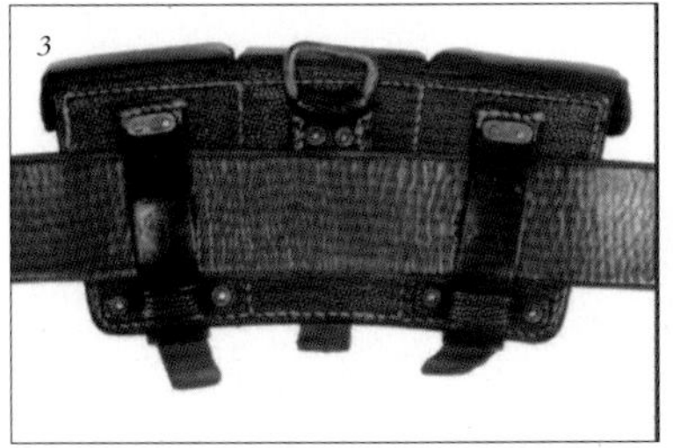

4

5

6~8. 通过各种款式的对比为我们展示了弹夹包的演变过程。从弹夹包的顶部能够清楚地看到弹夹包的制造逐渐简化的特点，用铆钉固定皮件的方式也慢慢取代了缝合的方式。铆钉为锌制，外表被漆成了灰色或黑色，最后也被钢制取代了，而且钢件未经任何处理。

6

7

8

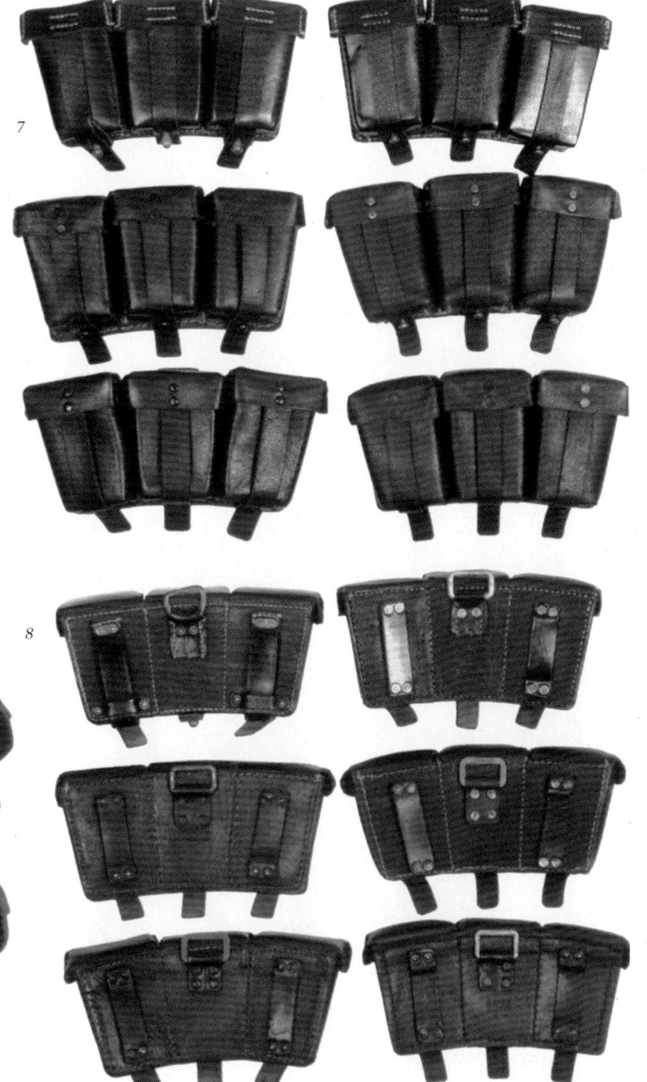

▶ 弹夹包的每只独立弹盒可以装2个五联装弹夹，士兵通常配发两只弹夹包，驾驶员和后方人员只配发一只弹夹包。

▼ 弹夹包是三联结构，具有3个独立的猪皮装弹盒，以防止在战场上一次丢失全部弹药。在德军士兵中有人自行将弹夹包内部间隔拆除以容纳更多的弹药，另一种携带更多的弹药的方法就是用口袋来携带额外的子弹。但这种私自破坏装备的做法太过严重，军方不得不于1942年6月发布命令，禁止将弹夹包内部间隔和固定弹夹用的皮隔条拆除。

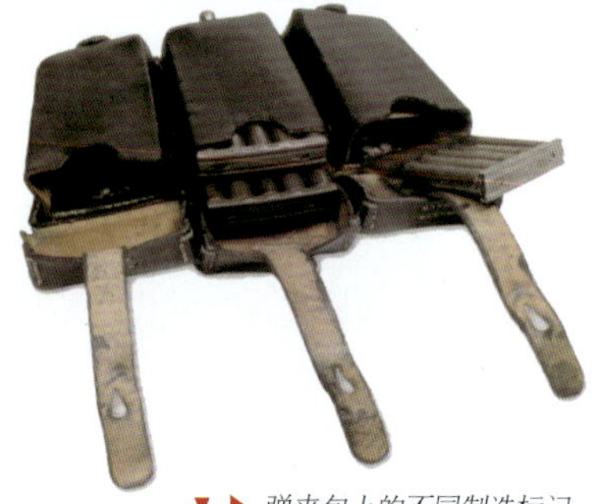

▼ ▶ 弹夹包上的不同制造标记，出现在弹盒背面的正中位置。图中，上面两只弹夹包生产于1942年，下面两只制造于战争末期。

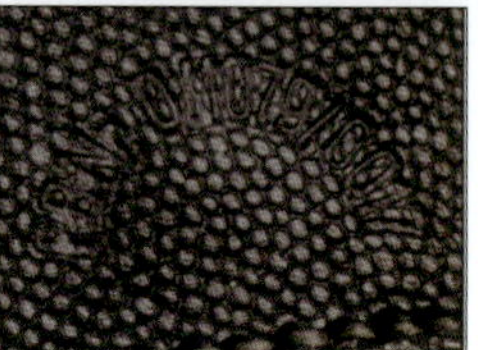

▼ 战争末期弹夹包的特殊戳记。如果要想归纳这些标记，工作会非常的复杂，因为有一些弹夹包根本就不符合已经确立的标记规则。

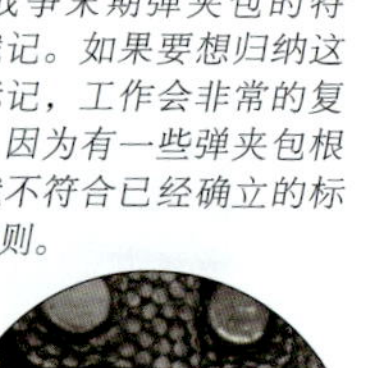

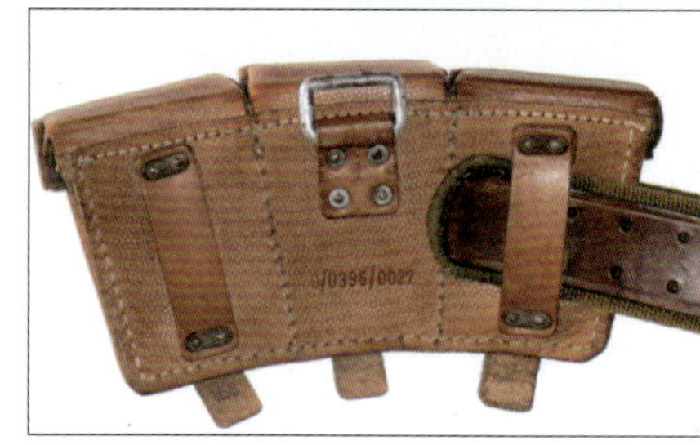

▲ 制造商标记和验收标记的细节。

1~3. 天然皮革材质的浅棕色“热带版”弹夹包，原本专为非洲热带地区作战而制造的，后在战争即将结束时也得到了广泛的运用。这种弹夹包不能与空军使用的弹夹包相混淆，暗色并带有“LBA”标记的弹夹包也不同于战争中那些辅助军事组织使用的弹夹包。

1 2 3 4 5 6

MP38/40冲锋枪弹匣包

1~6. 这种弹匣包是为了配合于1938年研发的MP38/40式冲锋枪而列装部队。通常都是成对配发给使用者，佩戴在士兵的外腰带上，向佩戴者身体中部倾斜，但也常有人采用了错误的佩戴方式。弹匣包都有3个弹匣仓，每个弹匣仓可以放入一个装有32发子弹的冲锋枪弹匣。通常该型弹匣包采用帆布制造，并具有不同的颜色，例如灰绿色、暗褐色、深灰色、橄榄绿色等。此外弹匣包也有皮革版本，不过皮革版只是在战前少量配发过，在战争中可不会再出现这么奢侈的行为了。

7~9. 一组MP38/40冲锋枪弹匣包后面皮环上的典型标记，上面带有弹匣包配用的武器型号；制造商代码“clg”代表西西里亚利格尼茨（Silesia Liegnitz）的恩斯特·梅尔兹格（Ernst Melzig）；还有军方验收码和生产年份。

7

8

9

SG84/98型刺刀

▶ SG84/98型刺刀是对1915型刺刀的继承，采用著名的索林根钢铸造，相对来说刺刀的握柄更短也更加实用。这款刺刀在设计上由10个部件构成，随着战争的进行，后期握柄上的木质护木逐渐由黑色或红色的胶木所取代。刺刀制造工艺的简化，主要是将握柄护木固定方式由螺钉改为铆钉。此外，刺刀与配用的刀鞘编号保持一致（收藏者称之为“对号”）。同时，军方严令禁止自行将刀身开刃。刀身上的血槽一直开到刀尖处。这里的展示的是一本手册中关于刺刀各部分细节的介绍。

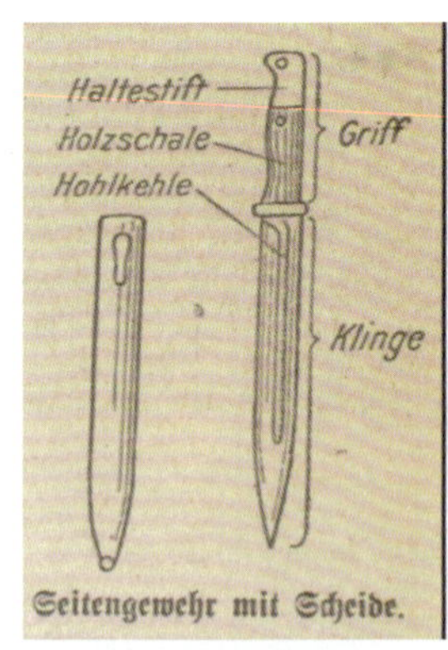

▼ 这是4把最为普通的刺刀，最下面那把刺刀的由捷克制造，配用于德国制造的枪支。

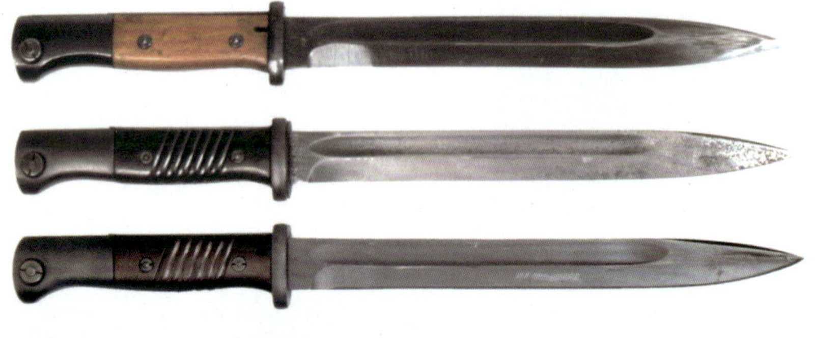

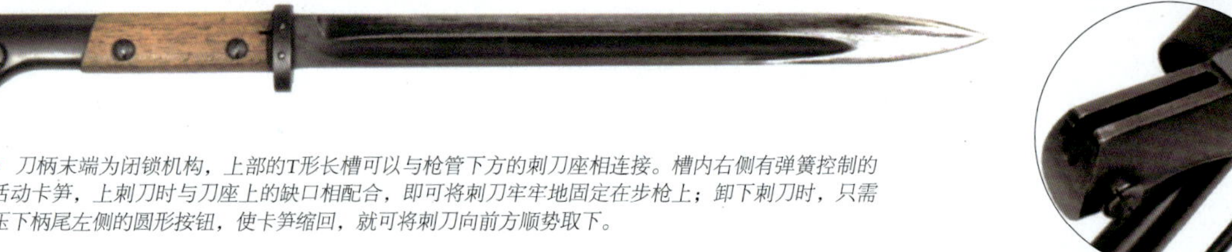

▼ Kar 98k步枪安装刺刀的位置。

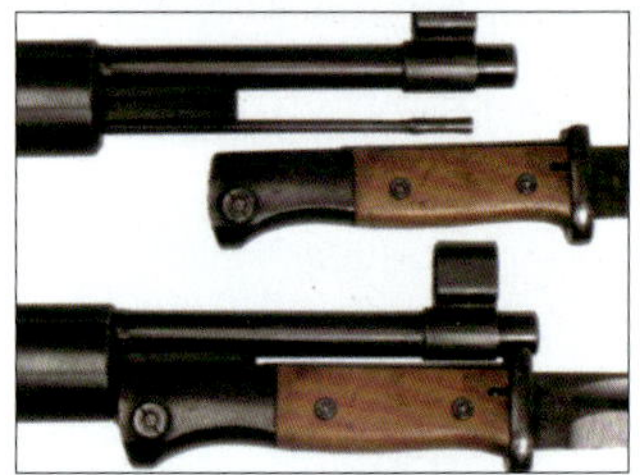

▶ 刀柄末端为闭锁机构，上部的T形长槽可以与枪管下方的刺刀座相连接。槽内右侧有弹簧控制的活动卡笋，上刺刀时与刀座上的缺口相配合，即可将刺刀牢牢地固定在步枪上；卸下刺刀时，只需压下柄尾左侧的圆形按钮，使卡笋缩回，就可将刺刀向前方顺势取下。

◀ 在刺刀的刀身两侧都刻有制造商的标记。“cvl”代表索林根地区的WKC武器制造公司（WKC Waffenfabrik GMBH），这是一个多产的工厂。

▶ 军备检验员的验收编码。

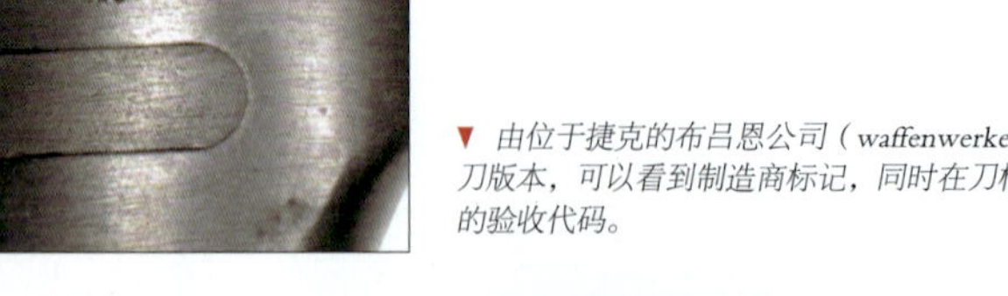

◀ 另一个刺刀制造商标记实例，“CUL”代表索林根的恩斯特·帕克&泽内(Ernst Pack & Söhne)公司。

▼ 由位于捷克的布吕恩公司（waffenwerke br ü nn AG）*制造的刺刀版本，可以看到制造商标记，同时在刀柄上可以看到武器装备局的验收代码。

◀ 保罗·韦尔（Paul Weyersberg &co ）是索林根地区最为著名的刀具制造商。

* 注释：现捷克共和国摩拉维亚（Moravia）辖下的城市——布尔诺（Brno， 德语称之为布吕恩）。

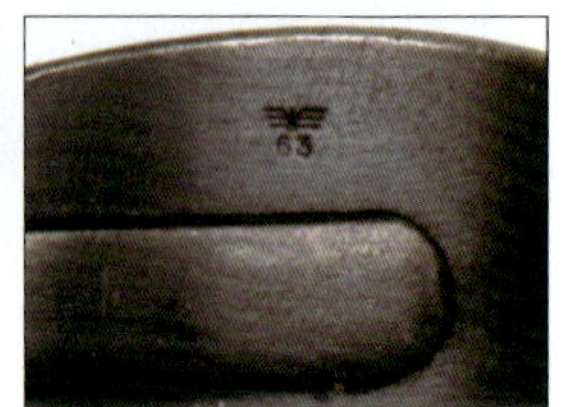

▶ 这是4把最为常见的配备齐全的刺刀，包括刺刀、刀鞘和刺刀套。其中的帆布版刺刀套，背衬是笔直的带有刀柄固定扣环的款式，原设计用于非洲军，于1945年普遍装备了所有前线部队。这种刺刀也由此带来了些许现代气息。

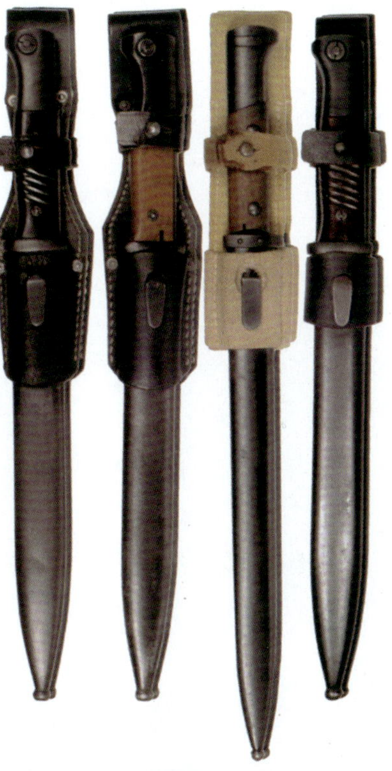

1~3. 刀鞘上的不同生产商标记，一般戳印在刀鞘背面。

▲ 根据1939年1月25日的命令生产的刺刀套的正反面。根据这个命令，增加了骑兵款刺刀套的刀柄固定扣环。

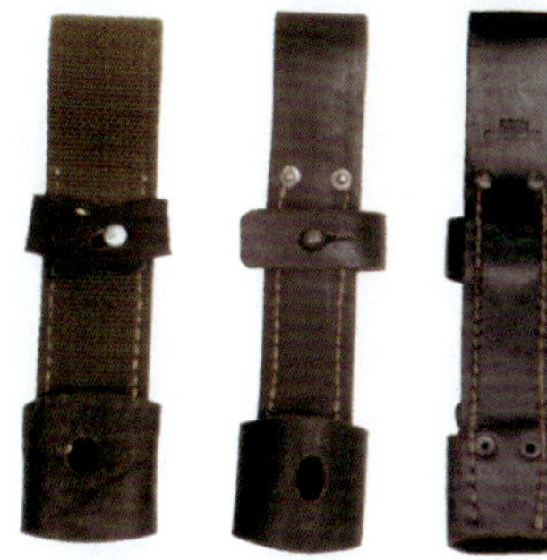

▲ 1942年开始采用战争后期生产的刺刀套型号，主要为了节省原料和简化制造工艺，这种款式在二战末期的德军部队广为使用。

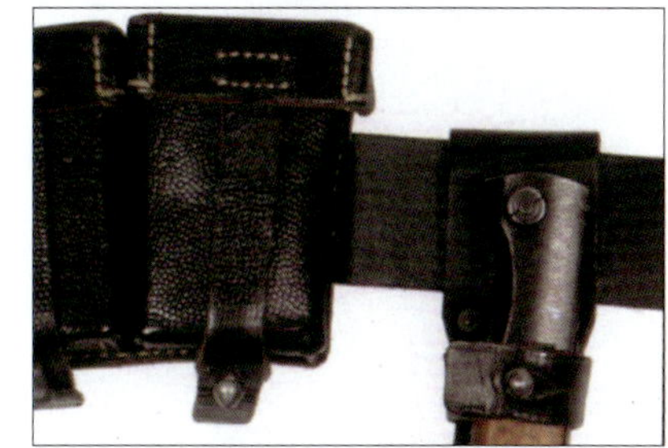

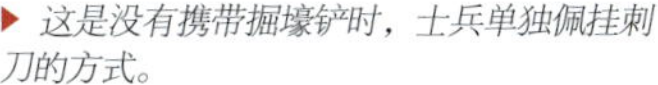

▶ 这是没有携带掘壕铲时，士兵单独佩挂刺刀的方式。

格斗刀

▶ 当时存在着许多不同版本的格斗刀，士兵可以通过私下购买或获得奖励来得到这种刀具。其中一些格斗刀来源于第一次世界大战，这里展示的是由彪马（PUMA）公司生产的格斗刀的复制品，该公司生产的格斗刀非常重要且昂贵。

4~6. 通常将格斗刀别在皮靴里或制服前襟进行携带，一些刀鞘上没有固定刀具的夹子，就用一根皮绳捆在裤腰带上携行。

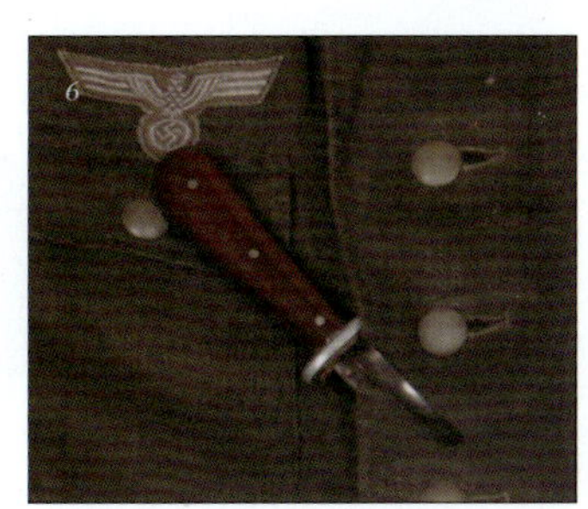

枪罩

▼ 防止Kar 98k步枪的枪机部分被尘土和雨水弄脏的枪罩。

◀ 枪罩上印有生产年份等标记。

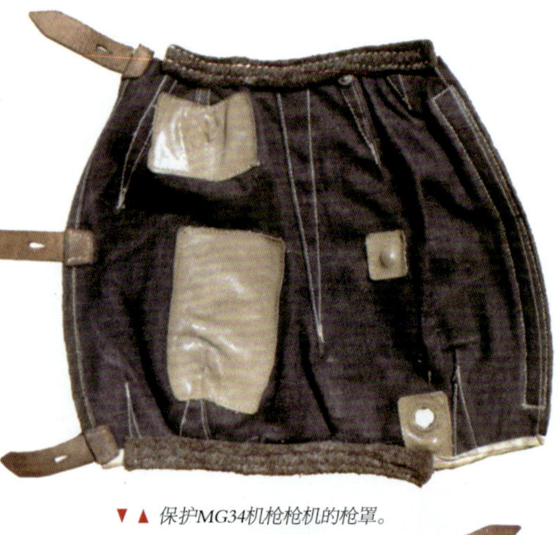

▼ ▲ 保护MG34机枪枪机的枪罩。

工兵装备

工兵是提供战斗辅助及后勤保障的技术兵种，主要工作是保持道路的畅通，也包括一些保护战斗工程的工作。

工兵携带的一些装备都是为了更好地完成任务，包括手锯、铁稿、铁锹、炸药等。这里展示的就是工兵常用的两种装备——剪线钳和一个米尺卷。在米尺的握柄上带有生产年份、验收码和米尺长度（20米）标记。

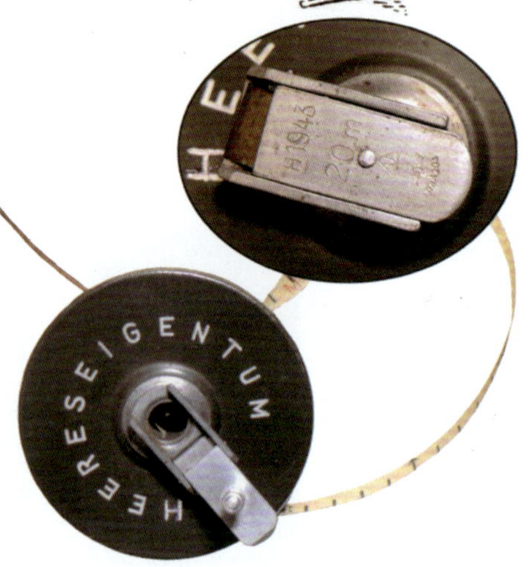

第七章

观测装备

在士兵的各种装备中，有一种装备看似简单却可以给士兵提供安全感，尤其当他们身处广阔的地域时，诸如无边的草原、茂密的森林、复杂的山川河流都会让士兵对于这种装备有着更加深刻的理解，这种装备就是军用指南针。这种小装备可以指明方向，为士兵解除迷路的担忧，因而备受士兵的喜爱。军用指南针不仅能确定使用者的方位，对报告敌人所处的位置也非常重要。军队为军官们提供了这种战斗必需装备，但如果没有参考地图，那么这种装备也无法发挥其作用。

早在战前，德国军方就秘密派出了测绘人员，装扮成艺术家或无辜的游客等，以各种身份遍访世界各地。他们通过绘图或拍照等方式，绘制了详尽的地图，为德军将来的入侵做好了准备。

这项活动的结果，就是获得了完整的地图，并收集了各种有价值的信息，包括通信线路、人口统计数据、当地的民风以及不同地区的经济情况。这个重大的情报收集任务，也为德国的"闪电战"在二战初期取得压倒性的胜利奠定了坚实的基础。

▲地图包中的军用地图和各种测绘工具。

地图包

◀ M1935型地图包，于1936年正式装备德军部队。这种地图包通常采用表面带有斑点的黑色或棕色优质皮革制造，之所以采用这种皮革就是为避免反光。民用版本以及缴获自敌人的地图包在德军中也被普遍使用。

▼ 戳印在地图包翻盖内侧的制造商标记和生产年份标记。

▼ M1935型地图包携带的典型物品，每一件物品在战场上都能得到有效使用。地图包可以直接挂在腰带上，也可以斜挎在右肩上。正规情况下，地图包都应佩戴在身体的左侧，这取决于携带其他装备的情况。

▼ 早期版本的M1935型地图包细节。这种地图包采用带有颗粒状表面的天然皮革制造，通常装备热带地区的军队或空军。这种地图包后来也产生了一些变型，通常标记的首写是"LBA"。

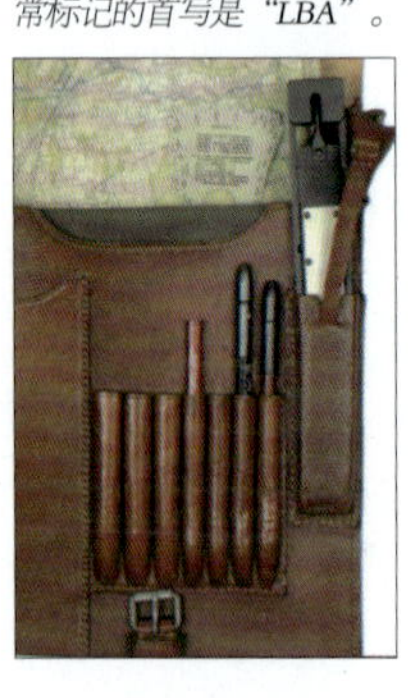

▼ 将地图包佩于腰带上的正确方法。地图包背面的腰带环可以调节长短以便更好地佩戴地图包。

Christian Wurzrainer
Rothenburg o. d. Tbr.

Hans Reiber
1943
NEU-ULM

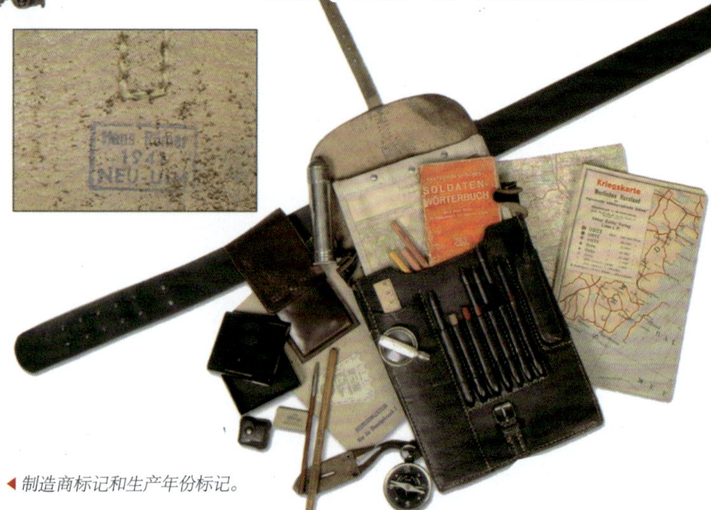

◀ 制造商标记和生产年份标记。

▼战争早期采用天然皮革制造的铅笔袋。

▶ 测量和制图用的量角器及其使用说明。玻璃放大镜是由个人自行购买或由GKS公司提供。

◀ 铅笔袋可以系在腰带上或挂在制服纽扣上。

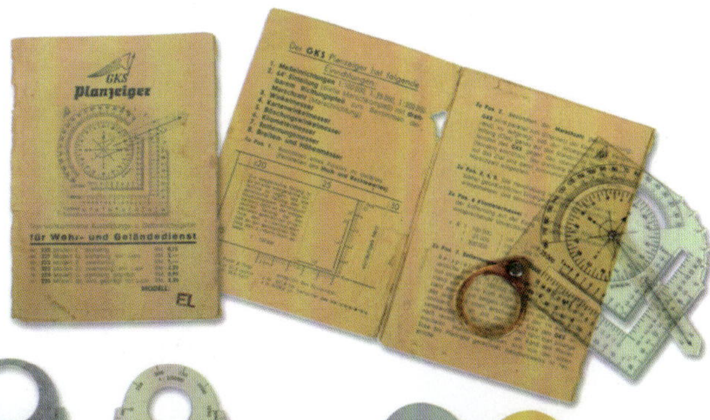

▶ 3件公里计（Kilometermesser）。这是一种简单的测量工具，上面带有不同的尺度来估算地图距离的公里数。图中展示的是分别由胶木、铝和上漆的金属制成的公里计。

▲地图保护罩，是两片柔软而透明的塑料活页，配有人造丝或皮革制成的翻盖。翻盖上通常带有不同颜色的标签，可以用油性铅笔在地图保护罩上标记前线、敌人或机动情况而不涂损地图。

▶ 装有油性铅笔的小皮袋。这些铅笔质量相当好，由法贝尔公司为军队制造。这种铅笔的名称是“战术”（Taktik），可以在各种不同的原料表面涂画。

▼ 油性铅笔上的铭记，采用铅漆热硬化制作。

▶ 油性铅笔的实例。

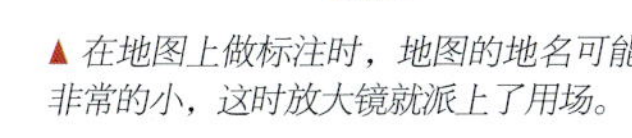

▲ 在地图上做标注时，地图的地名可能非常的小，这时放大镜就派上了用场。

▼ 量角规（Deckungswinkelmesser）对于间接炮火支援可是非常的有用。

◀量角规上带有辅助刻度。

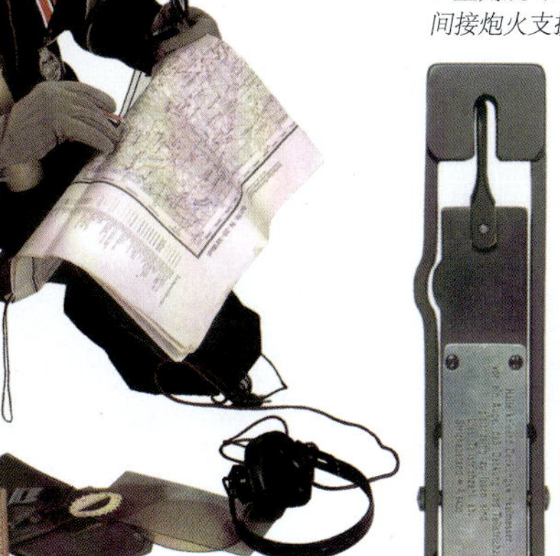

▲生产标记。

▼量角规的使用说明。

▼ 量角规上的小透镜，使用时要竖立起来。

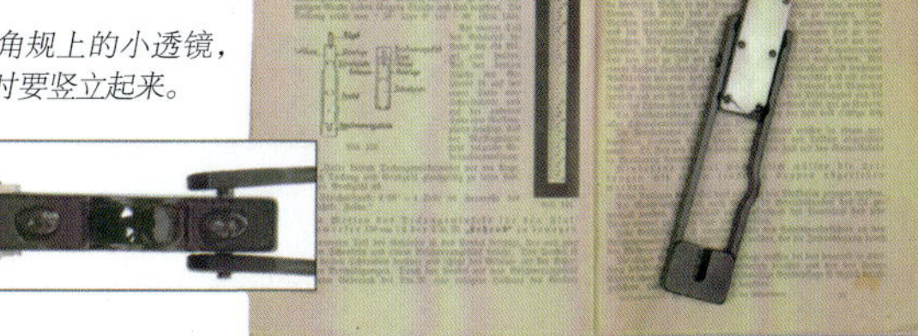

◀“K.W.27”可能是“Karten Wlinkelmesser 27”的缩写，即地图量角尺，用来解算火炮弹道轨迹，可以在地图包内携带。

▶带有“K.W.27”标记的地图包。

▶军队验收印记的细节。

◀里程计(Kurvenmesser)是用于地图测量的一种经典仪器，可以沿曲线测量出地图上两点之间的实际距离。用里程计量读图上距离时，先将指针归零，然后平持仪器并把里程计滚轮轻放在起点上，沿所量取的路线向前滚动至终点，然后根据指针在对应地图比例尺上所指的刻线再经过换算，即可直接读出相应的实地距离。

◀一些半圆规和尺子等物品，是K.W.27地图量角器的组成部分，可以用来计算火炮弹道的轨迹。如果测量有误，对寻求炮火支援的部队来说就非常糟糕了。

▼这个尺子上的标记是1941年的。

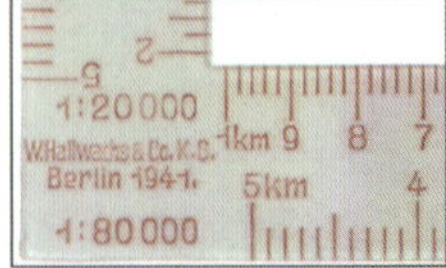

▲一个代码未知的生产商生产的尺子，上面带有军方验收标记和生产年份标记。

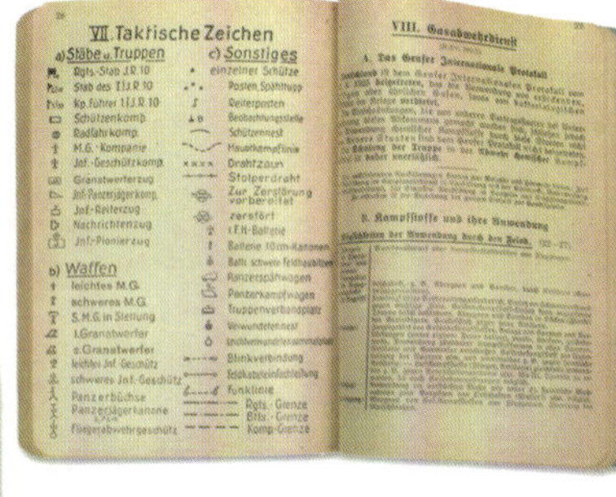

▲一本士兵手册上关于地图的解说，它解释了如何去读取地图以及军用地图上不同符号代表的含义。

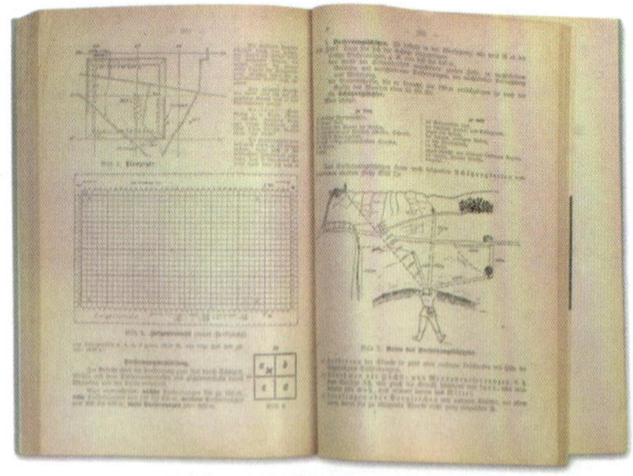

◀军队手册内关于使用KW27的指示说明。

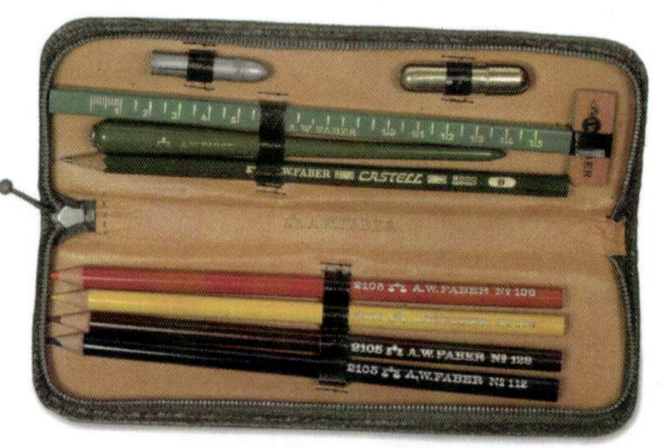

▲当时，使用民用铅笔的现象也非常普遍，因为这种铅笔更容易在地图上做出必要的标注。正常情况下这种铅笔都是用于学习时使用的，但也有一些由法贝尔—卡斯特尔铅笔制造公司（A.W.Faer Castell）生产的外形美观的铅笔，常能在前线发现其使用情况。

◀▲这种做工粗糙的铅笔在德军部队中也有人使用。铅笔包采用一整块皮革制成，在部队中这种铅笔实际上并不罕见。

地图

▶ 军队不能使用模糊不清的半成品地图，地图中比较准确的是一些民用道路地图，也包括一些其他地图，比如著名的《米其林指南》（Michelin Guide）。因为这些地图更新快速且内容准确，其地图上标注的城市、村镇、道路等与实际情况几乎一致。

▼ 一些军用地图的实例。

▼ 组图：关于诺曼底及其相邻地区的地图——《米其林指南》。

▲ 1941年意大利道路地图的细节。

◀ 关于高加索（Caucasus）地区的军用地图。

▶ 士兵级人员使用的地图，实际上这些地图更多的只是具有宣传意义。

指南针

▶ 这是20世纪30年代早期生产的指南针，采用黄铜制造，外表被漆成黑色，指南针呈打开状态。除了这种配给班长的军用指南针，还存在大量可以在商店购买到的民用指南针，它们也作为“军用指南针”使用。这种普遍使用的小装备携带在列兵的口袋内。

▼ 闭合状态的指南针。

▼ 指南针的后视图，可以看到刻度的褶痕。

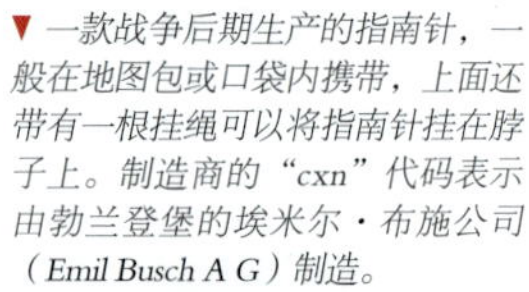

▼ 一款战争后期生产的指南针，一般在地图包或口袋内携带，上面还带有一根挂绳可以将指南针挂在脖子上。制造商的“cxn”代码表示由勃兰登堡的埃米尔·布施公司（Emil Busch A G）制造。

▲▼ 指南针及其操作手册。

▼ 胶木的指南底座上带有典型的制造推出孔痕迹。

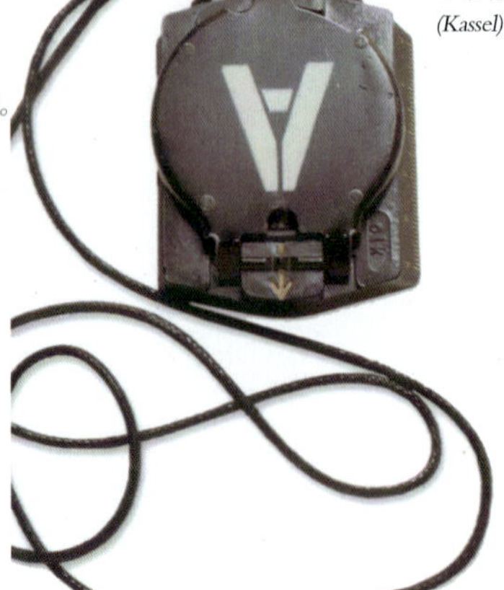

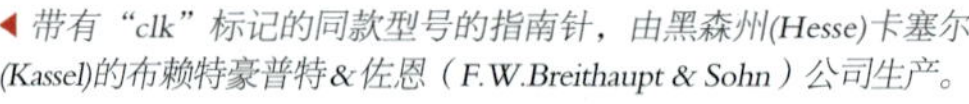

◀ 带有“clk”标记的同款型号的指南针，由黑森州(Hesse)卡塞尔(Kassel)的布赖特豪普特&佐恩（F.W.Breithaupt & Sohn）公司生产。

▼ 指南针操作手册的一张内页图，展示了指南针的不同部位。

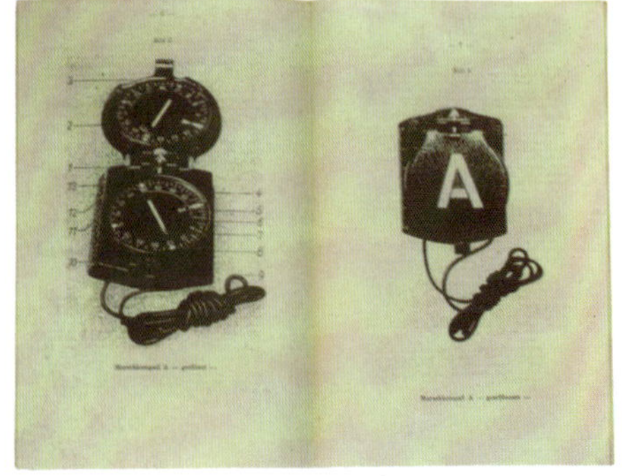

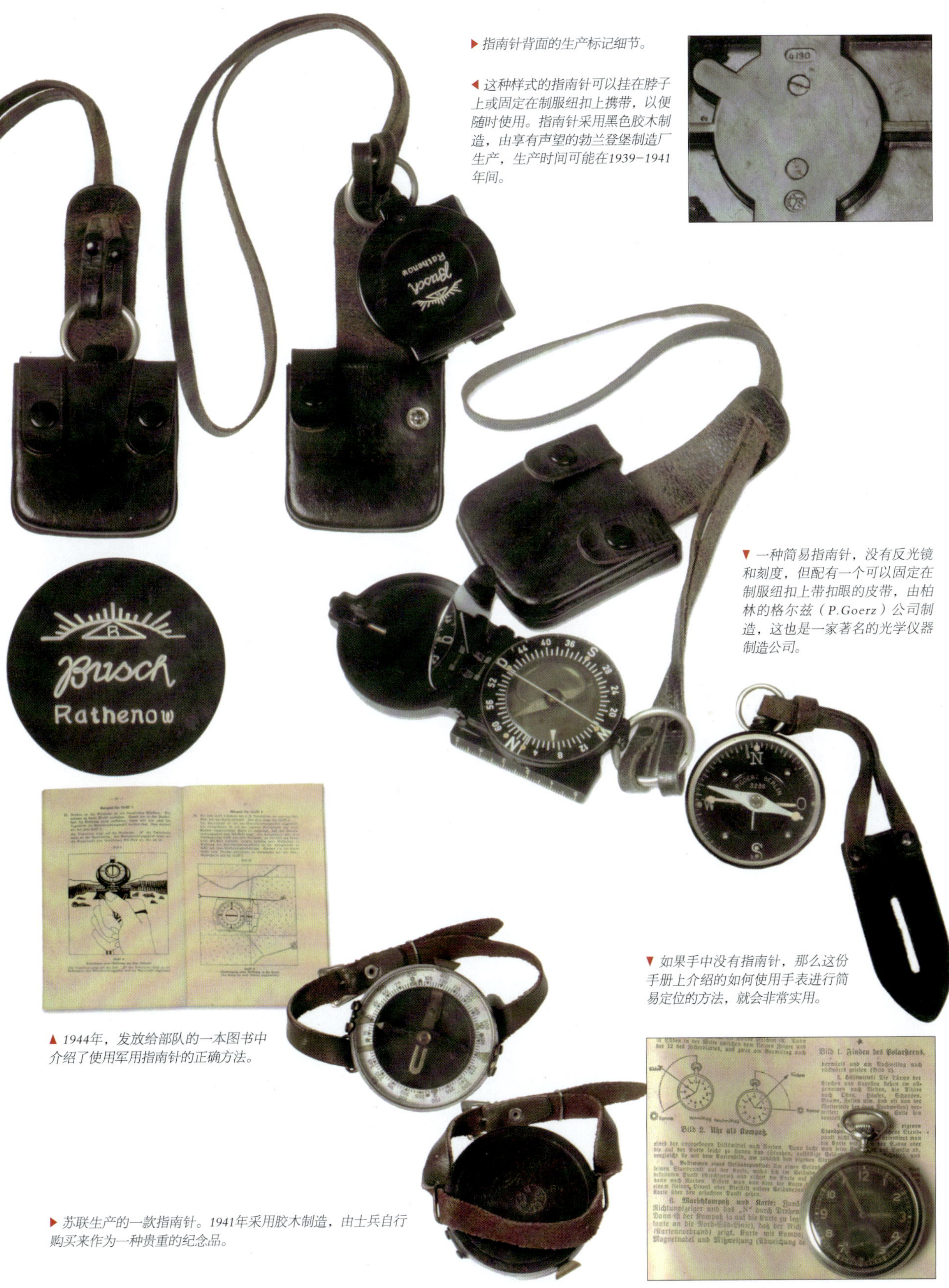

▶ 指南针背面的生产标记细节。

◀ 这种样式的指南针可以挂在脖子上或固定在制服纽扣上携带，以便随时使用。指南针采用黑色胶木制造，由享有声望的勃兰登堡制造厂生产，生产时间可能在1939–1941年间。

▼ 一种简易指南针，没有反光镜和刻度，但配有一个可以固定在制服纽扣上带扣眼的皮带，由柏林的格尔兹（P.Goerz）公司制造，这也是一家著名的光学仪器制造公司。

▲ 1944年，发放给部队的一本图书中介绍了使用军用指南针的正确方法。

▼ 如果手中没有指南针，那么这份手册上介绍的如何使用手表进行简易定位的方法，就会非常实用。

▶ 苏联生产的一款指南针。1941年采用胶木制造，由士兵自行购买来作为一种贵重的纪念品。

双筒望远镜

在德军中，双筒望远镜一般配给军官、某些军士、炮兵观测员、空中观测员等使用。双筒望远镜标准的倍率是6×30规格，通常配备一个望远镜盒来携带。望远镜盒采用黑色真皮或人造皮革等不同材料制造。

▼当时的一本手册内页，展示了6×30倍率的双筒望远镜的主要部位和零件。

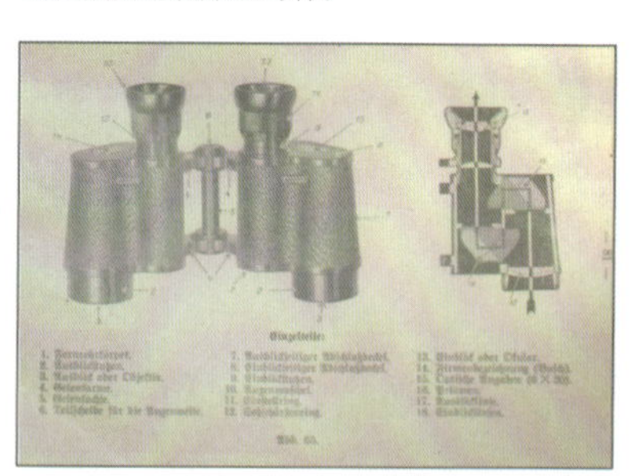

▶制造厂和生产年代的差异导致了双筒望远镜的很多变化。最初使用的是代价高昂的黄铜镜体，最后被铝合金所代替；镜体表面的饰皮，最后被漆纸甚至黑漆所代替。在20世纪30年代，由于德国成熟的军用望远镜制造技术，几乎所有的军用望远镜上的金属部件都开始用锌来制造，以节约宝贵的铜并减轻重量。然而直到二战爆发后，仍有相当数量的铜制望远镜被制造出来并在部队服役。后来，一种新的合金（镁铝合金）被开发出来，使望远镜的重重与以前的其他材质相比都有所减轻。望远镜的目镜保护罩采用胶木制造，这种原料制造的护罩非常的普遍。

▼在正常情况下，军队对这种双筒望远镜进行了大规模配发。尽管这款望远镜的右镜部分带有十字分划刻度，可以用来测算距离和射程，但在战争即将结束时，这项特征就被取消了，仅在士兵手册上配有正确使用分划测算距离的说明。

▶随着战争的进行，望远镜外表层使用的黑漆都难以保证供给，不得不用沙漠黄取代了黑漆，这同时也是一种标准的北非战场的伪装色。在非洲军团中，望远镜理所当然也是这种沙漠黄。战争期间，出于经济的原因，某些细节部分的生产被省略了，例如塑胶、硬橡胶和胶木材质的保护衬里，以及望远镜顶部关节等都逐渐被取消了。

▲望远镜盒有三种材质：天然皮革、胶木和人造皮革。这里展示的是最为普通的胶木望远镜盒。

▲采用棕褐色胶木制造的晚期望远镜盒。

▶望远镜盒带有一根可调节长短的背带，盒子的背面带有两个腰带环以便固定在腰带上。

▲采用天然皮革制造的第一种款式望远镜盒。

▲望远镜上盖处的制造商标记，上盖由铝、黄铜、金属板等材质制造。上面刻的“Dienstglas”表示其用于双筒望远镜，“6×30”为望远镜的倍率规格，还带有望远镜的序列编号。

▲望远镜另一边的标记，上面的蓝色小三角表明这个望远镜由于采用特殊的油脂和蜡密封，可适用于低温潮湿环境，H/6400表明此款望远镜带有分划刻度，可以协助测算高度和距离。在上盖处还带有光学制造厂商的3位数代码，如“cxn”代表拉特诺（Rathenow）的埃米尔·布施（Emil Busch）公司；“blc”代表德国耶拿的卡尔·蔡司（Carl Zeiss）公司；“cag”代表奥地利蒂罗尔的施华洛世奇(Swarovski)公司；“ddx”代表德国不伦瑞克的福伦达（Voigtlander）公司；“bpd”代表奥地利维也纳的格兹公司(Goerz)；“bmj”代表捷克布拉克的汉佐德(Hensoldt)公司；“eso”代表德国慕尼黑的罗登斯德(Rodenstock)公司等等。

▼望远镜制造商标记的细节，1942年生产。

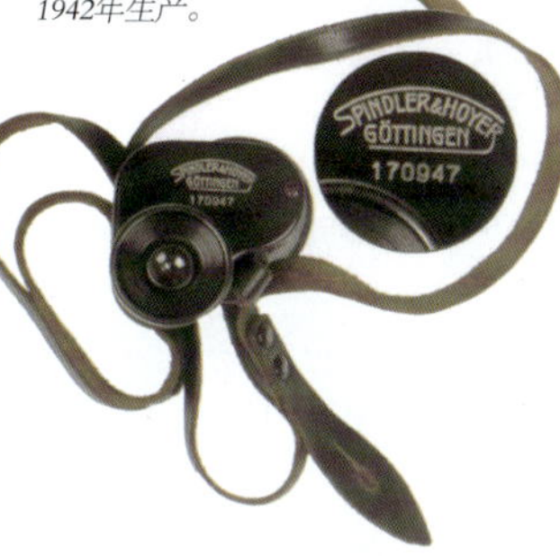

▼采用不同原料制造的目镜保护罩，如胶木、橡胶、皮革或合成纤维。

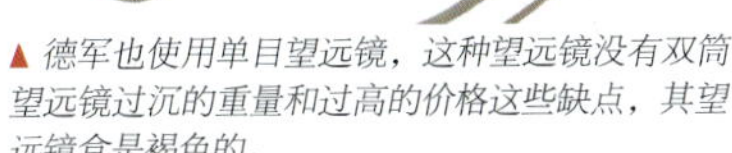

▲德军也使用单目望远镜，这种望远镜没有双筒望远镜过沉的重量和过高的价格这些缺点，其望远镜盒是褐色的。

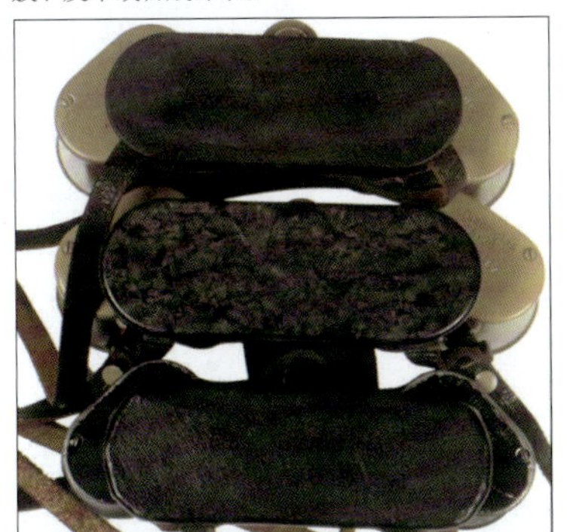

◀▶望远镜背带和目镜保护罩的位置。

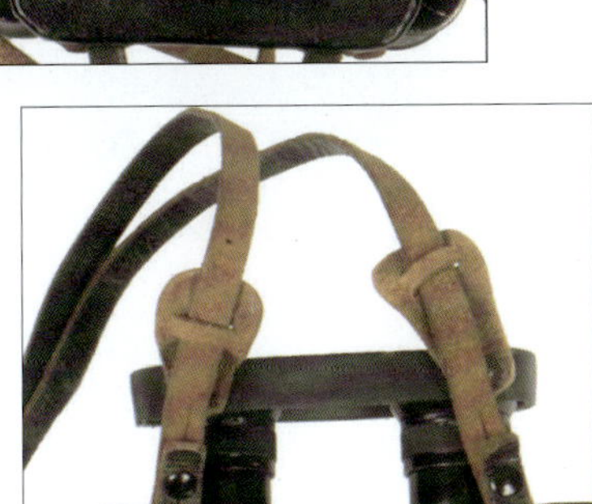

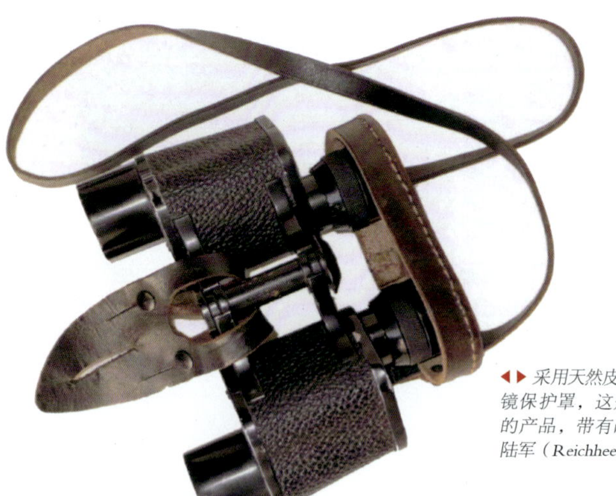

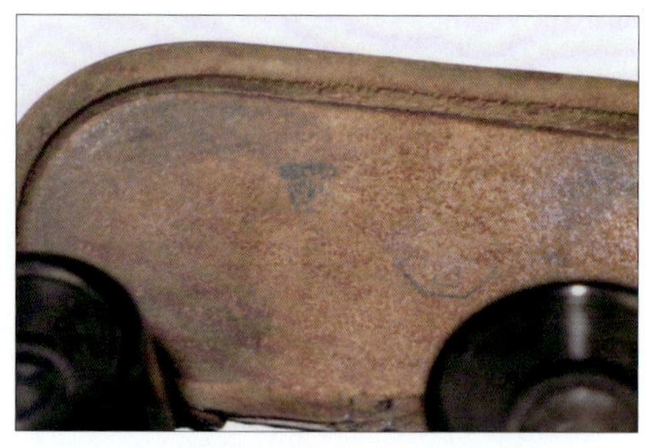

◀▶ 采用天然皮革制造的目镜保护罩，这是战争早期的产品，带有战前的帝国陆军（Reichheer）标记。

1

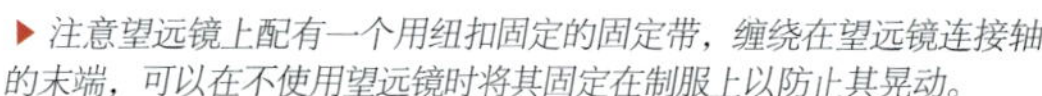

▶ 注意望远镜上配有一个用纽扣固定的固定带，缠绕在望远镜连接轴的末端，可以在不使用望远镜时将其固定在制服上以防止其晃动。

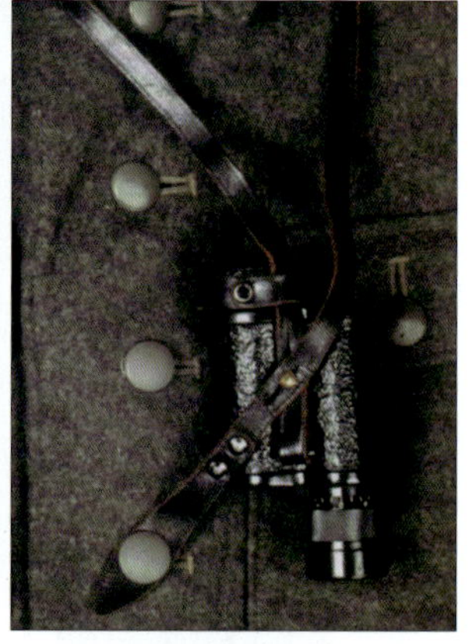

2

3

4

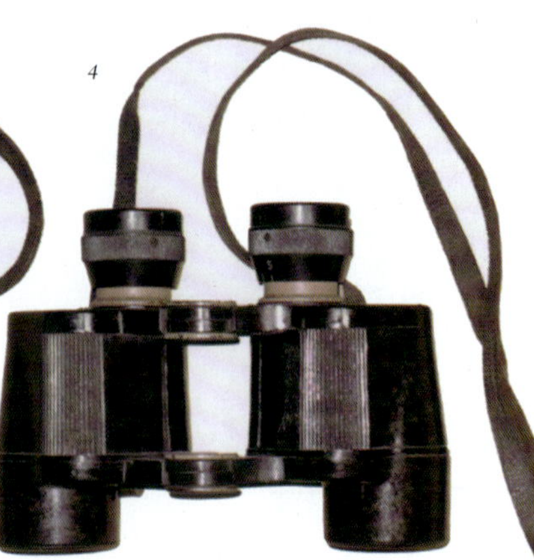

1~4. 采用胶木制造的望远镜，这是出于极其节省的原因而采取的措施。此外，金属部分被漆成了沙黄色，由拉特诺的埃米尔·布施公司制造。

信号枪

▶ 二战德军存在多种不同型号的信号枪。1928年装备的信号枪最初是用钢制，后来改用铝材或锌合金来制造。此外，德军在二战中还发展了使用信号枪来发射攻击性弹药，进一步拓展了信号枪的军事用途。德军的信号枪演变出了不同的版本，其中包括有M1942型信号枪。改进版的信号枪包括战斗手枪（Kampfpistole），其枪支上有一个为“z”的标记，枪管带有膛线，可以发射多种类型的弹药，如榴弹、发烟弹等等。除此之外，还有突击手枪（Sturmpistole），它配有折叠枪托和瞄准具，能够发射微型反坦克成型装药榴弹。与其他武器一样，德军除了自己的信号枪外也使用缴获的信号枪，以及一些一战留下来的老款信号枪。德军标准版的信号枪配有一个带翻盖的专用枪套，背面带有腰带环，同时还有皮制肩带，一根枪膛清洁杆可以固定在枪套上。通常情况下，信号枪均由班长携带，通过发射不同颜色的信号弹来传达出不同的信息，在前线这是一种可靠的沟通与协同手段。

这支信号枪由泽拉-梅利斯（Zella-Mehlis）的沃尔特公司于1928年研发制造，每次只允许发射1发信号弹。这种信号枪采用铝材制造，枪管口径为27毫米，装有5发信号弹的弹药盒及盒盖由胶木制造。

◀ 采用天然皮革制造的信号枪套，也存在合成皮革制成的信号枪套。此外，M1942型信号枪不配备枪套。

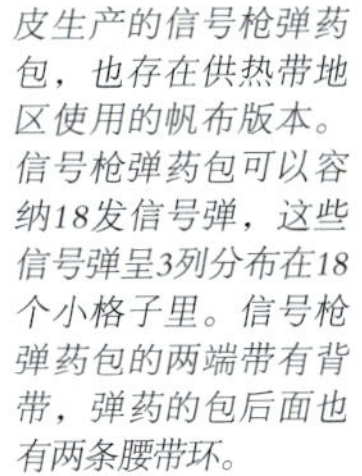

◀▶ 二战后期使用猪皮生产的信号枪弹药包，也存在供热带地区使用的帆布版本。信号枪弹药包可以容纳18发信号弹，这些信号弹呈3列分布在18个小格子里。信号枪弹药包的两端带有背带，弹药的包后面也有两条腰带环。

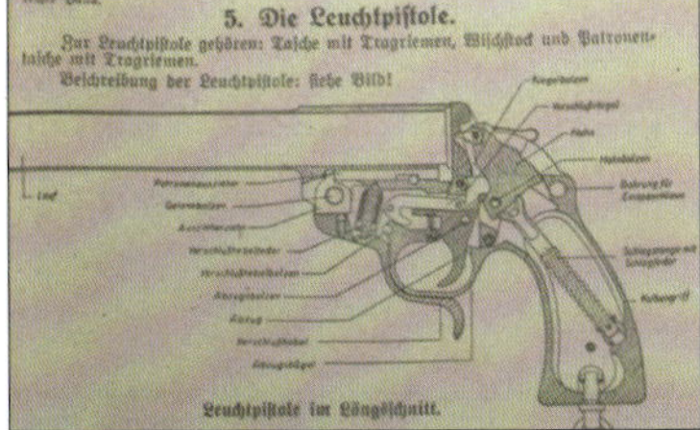

5. Die Leuchtpistole.

Zur Leuchtpistole gehören: Tasche mit Tragriemen, Wischstock und Patronentasche mit Tragriemen.

Beschreibung der Leuchtpistole: siehe Bild!

Leuchtpistole im Längsschnitt.

◀ 士兵手册中关于信号枪的介绍，这是一款战前型号的信号枪。

信号口哨

▶ 图中展示的是从1943年开始配发给步兵连队军官、军士和个别士兵的信号口哨。信号口哨采用赛璐珞或胶木制造，大约5厘米长的哨膛中还有一个木制小球。信号口哨经常被放置在右胸的口袋里，而哨绳的一端则被系在制服的第3颗纽扣上。信号口哨在前线是一种必备的通信工具，可以用于指挥战斗和进行敌我识别。

M1933型野战电话

在部队的各个指挥所以及不同位置之间进行良好的通信联络，对指挥作战来说是至关重要的。因为只有保持对部队的不间断指挥，才能充分应对战场上不同情况的变化。正是出于这种目的，在第一次世界大战期间，德军就装备了相应的通信工具。在20世纪20年代末，德军又对其进行了发展，并最终于1933年完成定型，这就是M1933型野战电话。这种电话完全采用胶木制造，再加上一个1.5伏的电池和一个磁力通话系统来完成其通话使命。在战斗中，通信兵不得不承担布设、伪装和维护电话线这种最困难、最危险的工作，因为电话线路经常会遭到破坏。

▲野战电话的摇把和携行带。

▶通话状态的电话，在其一边的接线插头附件可以连接其他通信装置。

▼野战电话操作面板的细节，上面带有接线柱和武器装备局（Waffenamt）验收码。

▲电话机内安放电池的位置。

▼在电话机盒的盒盖内部贴有电话机的电路图。

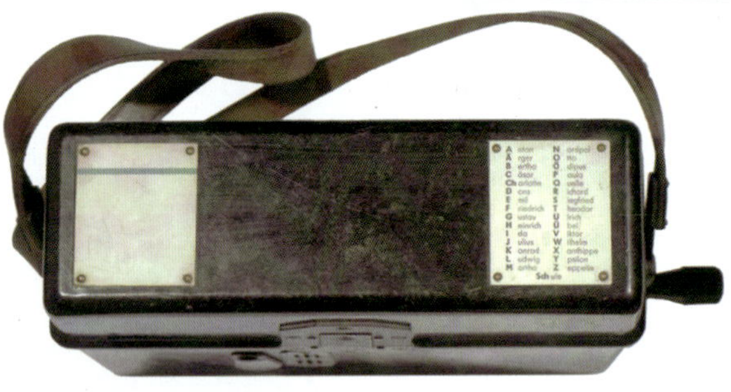

▲在电话机盒的盒盖上铆着的铭牌上带有一些通信代码，而另一端的空白信息板可以用来填写上其接获的最新消息。

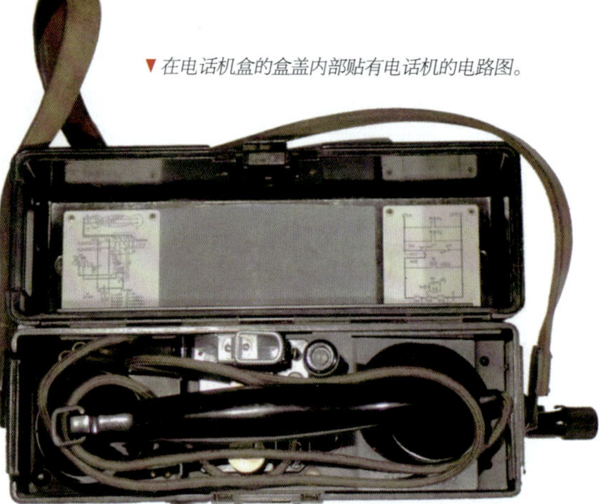

▼关于野战电话的详细指导手册，上面标有各主要部位的名称。

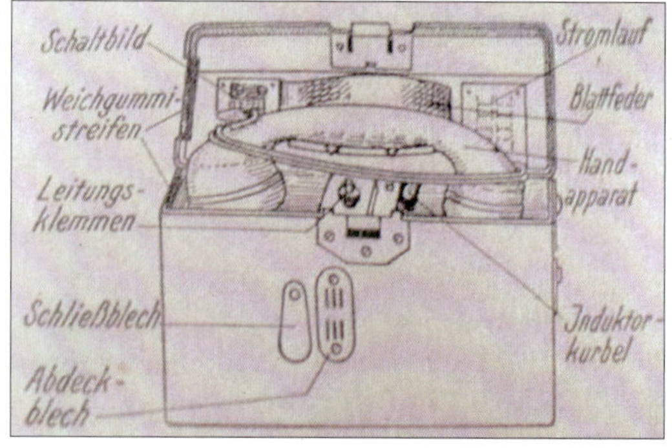

第八章

武器

战争爆发初期，德军之所以一度“不可战胜”，主要是因为拥有可供其依靠的巨大武器储备！德国工业界在20世纪20年代发展，使德国成为当时拥有先进武器的国家，德国武器也以其卓越的设计与一流的质量而世界闻名！这些曾经的杀人武器，也是战场上的艺术品，时至今日，二战德制武器也仍是收藏家们竞相追逐的目标。

当时德国士兵也可以说非常幸运，因为德国拥有当时世界最为先进的武器装备。德制武器在战前就在“商业器械”中得到了验证，并曾经在西班牙内战中进行了检验。德国武器通过这次实战验证，工业得以改进提高其武器装备的质量。但是隐藏在德国武器精良的外表下面，却有一个严重的缺点，那就是当战争需要大规模生产武器时，精密制造的德国武器与不断增长的武器需要之间将产生严重的冲突，其持续时间之长是纳粹政权没有想到也是不希望出现的。为了一点点的品质，德国多数武器都要进复杂的加工和制造，以及更多的配套零部件。在同样的产品上，各方面都比他们的敌人付出的要多得多。

1939年德国兼并捷克斯洛伐克后，迅速控制了其军火工业和武器储备。在战争早期阶段，无往不胜的“闪电战”也为德国带来了众多的战利品，并为德军提供了许多武器。虽然这些武器并没能装备一线部队，但还是普遍装备了二线部队和用于训练使用。由于1941年德国对部队进行了重组，前线士兵得以获得一些新式装备，出现了一批构造精密的或者完全新型的、革命性的武器装备。在多数情况下，这些德军的新式武器也指明了未来步兵武器的发展方向。

要想详细记录下德国士兵的所有轻武器，其内容要远远超出此书的容量，如果读者对这方面特别有兴趣，可以找到一些已经出版的国内外专著进行研究，我们这里介绍一些德国步兵的基本武器，也是一些二战迷比较熟悉的武器，这是德军前线士兵在每天的战斗生活中都要与之打交道的伙伴和保命的利器。

▼ *在所有这些武器中，毫无疑问，Kar 98k步枪是最为经典的轻武器。*

Kar 98k步枪

在第一次世界大战中，德国士兵使用Gewehr M1918型步枪进行战斗，这是一种制造了一百多万枝，多达26个国家所采用的毛瑟型步枪。这种1.25米长且配有刺刀的步枪适于阵地战，并在一战中发挥了非常重要的作用。尽管如此，对于德意志帝国要求高度机动性的战争而言，这种枪械由于过长而有些不合时宜了。

当1933年希特勒上台后，他随即批准了900亿马克去发展德国军火工业。翌年，陆军装备部（Heereswaffenamt，缩写HWA)正式成立。这个部门所做的第一个决定就是要为所有部队制造新的制式武器，著名的枪械制造商绍尔（Saber）兵工厂和毛瑟工厂被委托进行该项目的研发工作。1934年1月，毛瑟工厂成功地将他们的成果展示在HWA面前，这就是富于传奇的Karabiner 98 Kurz步枪，简称Kar 98k、K98k或直接简称为98k。注意数字“98”之前的“K”是代表卡宾枪的大写字母，而数字之后的小写字母“k”是kurz，是短的意思，表示它比98b式卡宾枪更短。这款步枪接近于一战时期的毛瑟步枪，只是尺寸缩短到了110厘米，以适于重新武装德军。步枪重量为4公斤，标尺射程为100~2000米（有效射程为800米），枪机尾部是保险装置。子弹呈双排交错排列的内置式弹仓，使用5发弹夹装填子弹，子弹通过机匣上方压入弹仓，也可以单发装填。

与许多其他的装备一样，随着战争的进行，98K步枪也受到了战时经济的影响，并且越来越严重。为此，工厂陆续采取了一系列简化措施，包括用冲压件和锻件代替原来的铸件和机加工件，以致最后省略某些部件，如通条、刺刀卡笋等。这些简化措施降低了步枪生产所需的时间和成本，简化后的步枪称之为Kar 98k战争型（德语为kriegsmodell）。在提供了一千多万枝Kar 98k步枪后，毛瑟公司于战争结束前不久的1945年4月停止了98k的生产，从此Kar 98k步枪进入了历史，但后来在不同的地区武装冲突中仍被其他国家使用。Kar 98k式卡宾枪在二战中并不算是一种性能突出的武器，虽然随着战争进程其质量越来越差，但凭着可靠的枪机和良好的精度，Kar 98k成了一代经典名枪。

▲▼一支制造于1941年的经典Kar 98k步枪。

◀本图展示了步枪生产年代的标记细节。这支卡宾枪是供应葡萄牙军队的。

◀制造商的标记，枪支编号和验收标记。

1
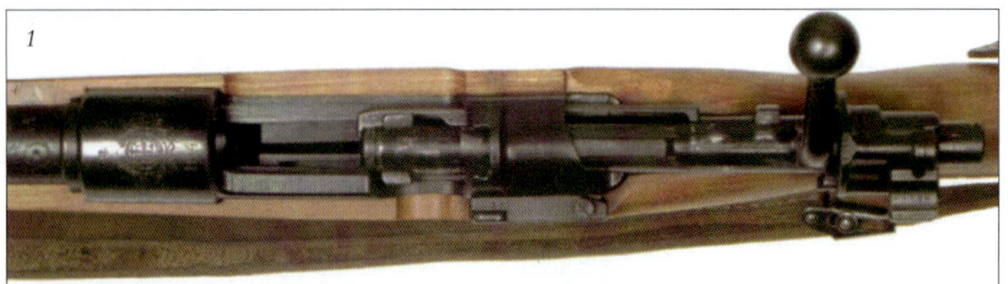

2
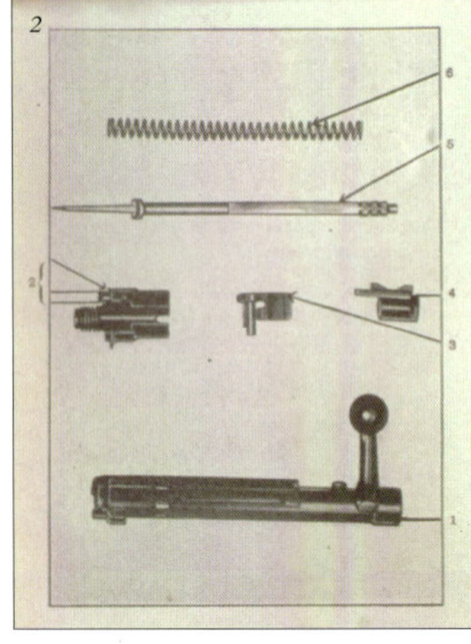

3
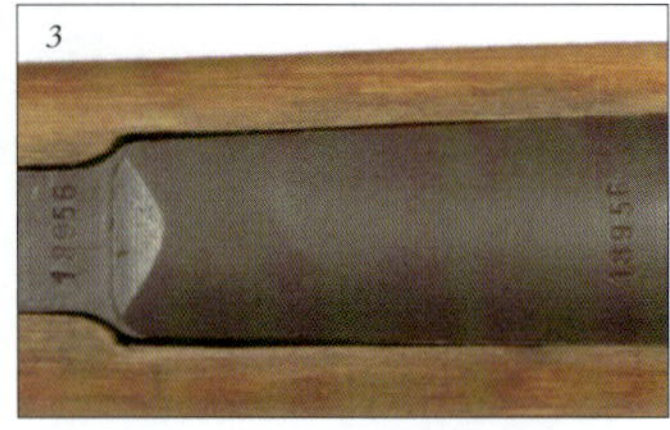

4

5

6

1. Kar 98k是旋转后拉式枪机步枪。这是枪机拉开时的位置，可以向弹仓内装填子弹。
2. 手册内页展示的毛瑟步枪核心枪机的各个部件。
3. 许多枪支上的部件都带有这样的编号，如这个弹仓底板。
4. 枪机后部的细节展示，保险杆位于枪机后上方，用右手拇指可以很容易地操作。保险杆有三个操作位置：当保险杆拨到右边时，会锁住击发阻铁和枪机体，此时步枪既不能射击，也不能打开枪机，为保险状态；当保险杆拨到中央位置（向上抬起）时，只是锁住阻铁，步枪不能击发，同时挡住瞄准线，但枪机可以打开，能进行装填或清空弹仓的操作，为拆卸状态；当保险杆拨到左边位置时，只要扣动扳机步枪就能发射，为射击状态。
5. 枪支背带上的缝纫线细节。
6. 枪托上的金属孔，清理枪支时用来分解枪机，而不会损伤击针。
7. 手册内页清楚地展示了用枪托上的金属枪机分解孔分解机枪的正确方法。

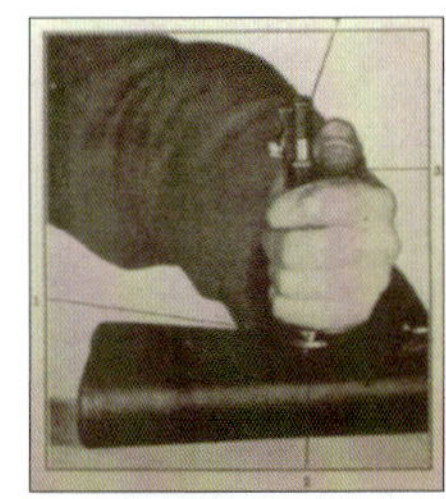

7

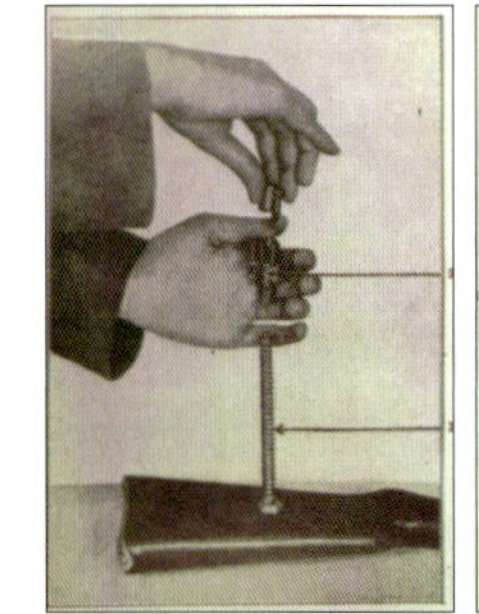

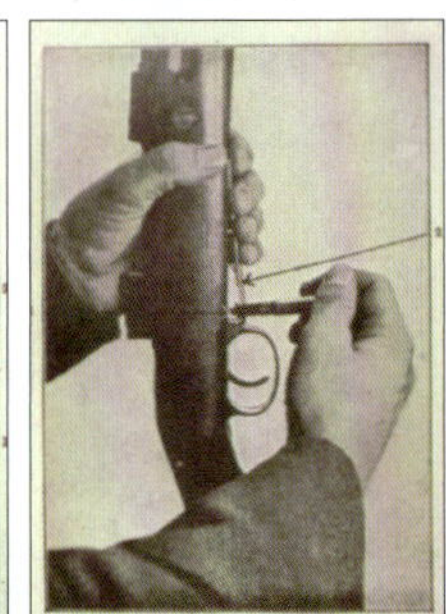

8. kar 98k步枪非常的精准、安全而可靠，但其射速比不过同时期的一些同类的武器，如李恩菲尔德式步枪，更比不过采用自动装填技术的美国伽兰德步枪。为了改变其射速缓慢的缺点以战胜对手，德国生产了半自动的Gewehr 41型步枪和后来的Gewehr 43型半自动步枪。尽管如此，部队对初期配发的这些新枪并没有感到满意，而宁可继续使用98K步枪。因为他们认为旧枪精度更高，可靠性更好，配备4 倍瞄准镜的98k狙击型更是一种利器。此外98K步枪可以安装枪榴弹发射器。发射的枪榴弹有两种，一种是把长尾杆直接插到枪管内发射，另一种是在枪口套上发射管，发射无尾杆的榴弹。二战期间，德军采用的枪榴弹发射器主要是42型，由于是一个长筒形状，因此又被称作发射筒（Schallpferen）。这是一根30口径、长250毫米的线膛发射管，重约750克，不仅可用于K98k，也可用于G43、Stg44、FG42等其他武器。这张照片展示了42型榴弹发射器的结构和全套配件，榴弹发射器可以装在一个榴弹发射器包内由士兵携带。
9. 安装好的42型榴弹发射器的位置。

9

8

▼在kar 98k步枪不同部位安装的榴弹发射器。

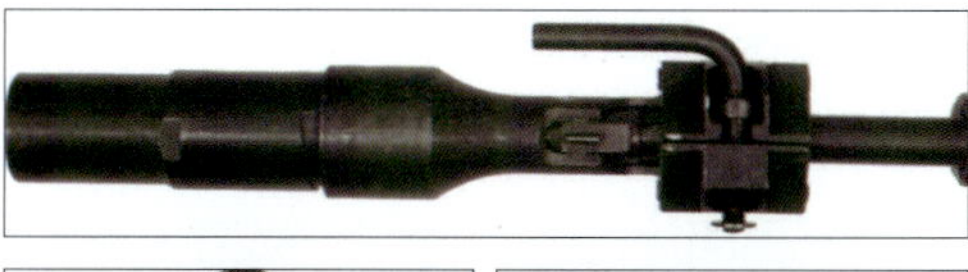

◀榴弹发射器包用来装载榴弹发射器配件，可以用背带携行也可以挂在腰带上。

▶在榴弹发射器包上可以看到生产年份、验收标记和制造商代码“dkk”，表明由弗里德里希·奥弗曼-泽内（Friderich Offermann u Soehne）工厂制造。

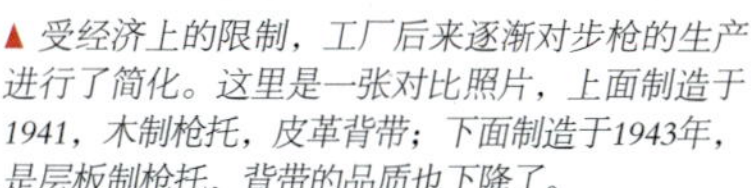

▲受经济上的限制，工厂后来逐渐对步枪的生产进行了简化。这里是一张对比照片，上面制造于1941，木制枪托，皮革背带；下面制造于1943年，是层板制枪托，背带的品质也下降了。

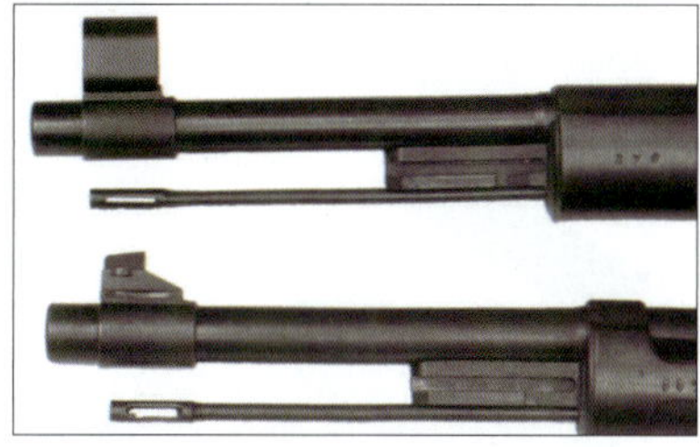

▲枪支也受到了战时经济紧缩的影响。下面是1941年型，上面是1943年型。

◀制造于1943年的kar 98k步枪。此时制造枪支的原材料质量已经开始下降，但还没有跌至谷底。

1. 枪支的俯视图。枪机处于闭锁状态，保险杆也处于射击状态。
2. 从图中可以清楚地看到生产年份和制造商代码“dou”标记，表明这支步枪由捷克斯洛伐克的布尔诺兵工厂（Bruenn）生产。
3. 从枪托右侧的细节，能够看到枪机分解孔。
4. 下弯式的拉机柄，结合护木上的凹槽可以防止拉机柄凸起钩挂士兵的制服。

▲ 不同于1941年型步枪，后来生产的许多部件上都没有部件系列编号。

◀ 以节省资源，1941年型之后的各种版的本步枪上的一些金属部件都被简化。

▶ 枪口配有防尘罩，起初为金属制造，后来改为廉价的橡胶。

▼ 维护工具盒上的制造商标记和生产年份。

◀ 枪支维护工具可以装在一个小金属盒中，包括膛刷、油壶等工具。

▲ 盖子内的武器装备局的验收标记细节。

▲ 维护工具盒有盖子，内部带有隔层，将工具盒分成上下两个隔舱，这样便于使用者使用最为常用的维护工具而不用把盒子内的所有工具都取出来。

▲ 维护工具上带有的制造标记。

◀ 战争中期的维护工具，也受到了经济紧缩的影响开始“偷工减料”。

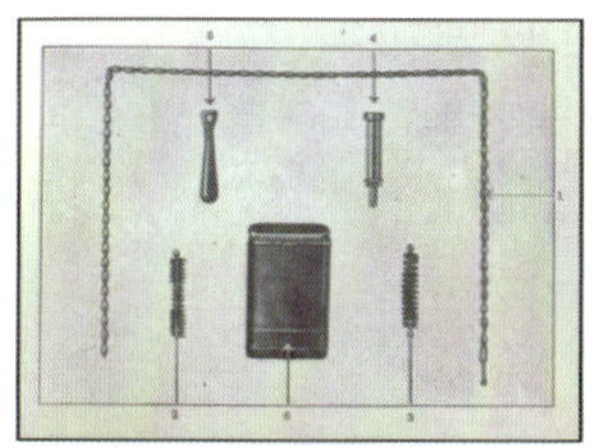
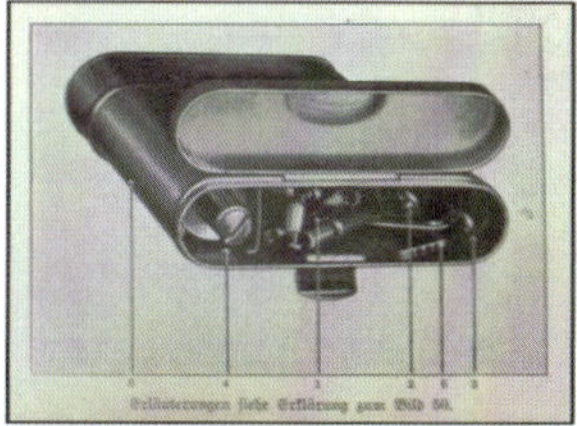
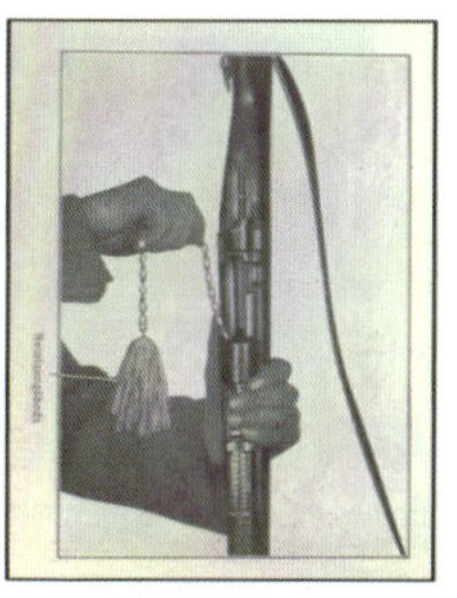

◀ 不同的手册内页向我们展示了如何使用枪支维护工具。

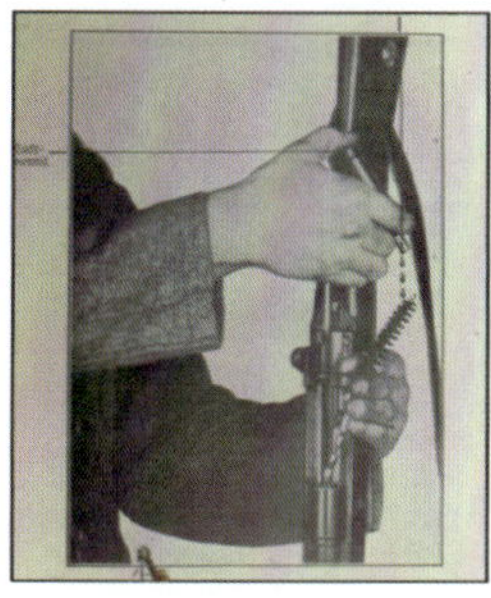

▶ 每个弹药小包装盒可以容纳15发子弹，然后这些小包装盒再装在一个大纸盒里。纸盒上的标签通常都带有一些必要的信息，如生产时间、弹药的型号等，例如这种在包装盒上带有“Lackierte Hulsen”字样的子弹包，或者标明寒冷地区使用的上漆弹等。

▼ 已经准备装填的kar 98K子弹夹。

▼ 不同生产商制造的kar 98k步枪子弹，左边由位于柏林的德国武器弹药制造公司（Deutsche Waffen-u. Munitionsfabriken，简称DWM）生产。

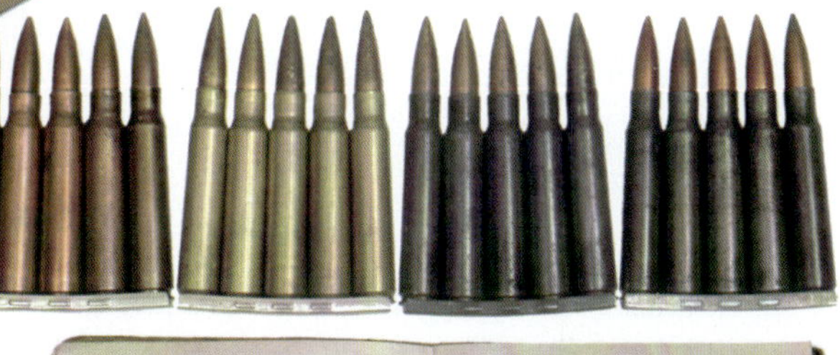

▲ 子弹装填是一个简单的动作，将子弹垂直放入枪膛，然后将子弹压入弹仓，弹夹留下来，子弹装填完毕，上膛闭锁，就可以准备射击了。

◀ 武器手册内清晰地展示了装填子弹的正确动作。

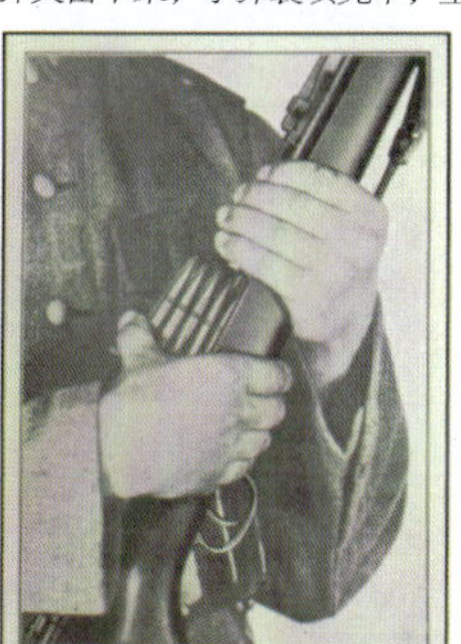
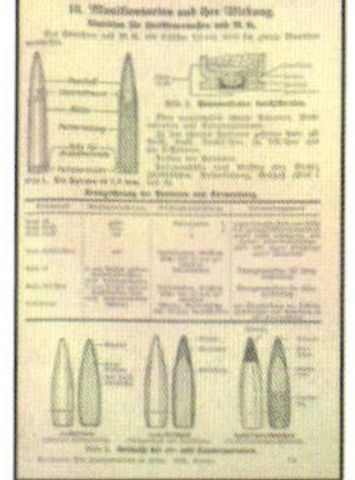

◀▼ 介绍步枪子弹的手册内页。

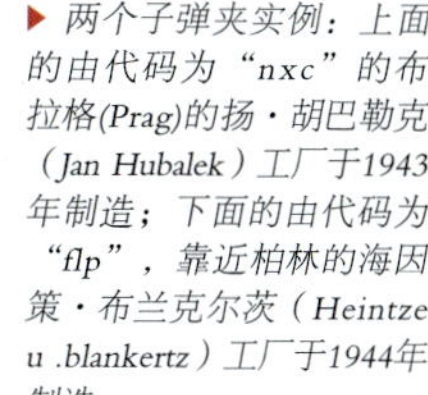

▲ 每个军人证上都有配备武器的记录，这里记录了某位士兵于1942年6月6日配发了编号为7412号的步枪和9192号的刺刀。

▶ 两个子弹夹实例：上面的由代码为“nxc”的布拉格(Prag)的扬·胡巴勒克（Jan Hubalek）工厂于1943年制造；下面的由代码为“flp”，靠近柏林的海因策·布兰克尔茨（Heintze u .blankertz）工厂于1944年制造。

组图：Kar 98K步枪的使用手册图例，包括步枪的使用与维护的照片。在这些照片中，我们能看到包括枪栓和准星等步枪的各个零部件，以及如何安装刺刀，在不同场合的射击，甚至如何在连队枪架或在野外架枪存放步枪。

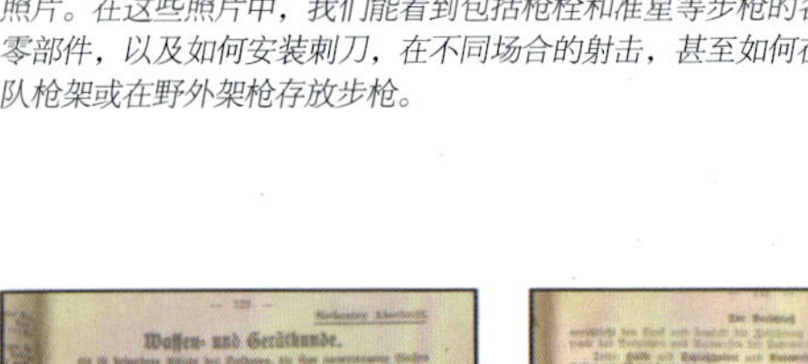

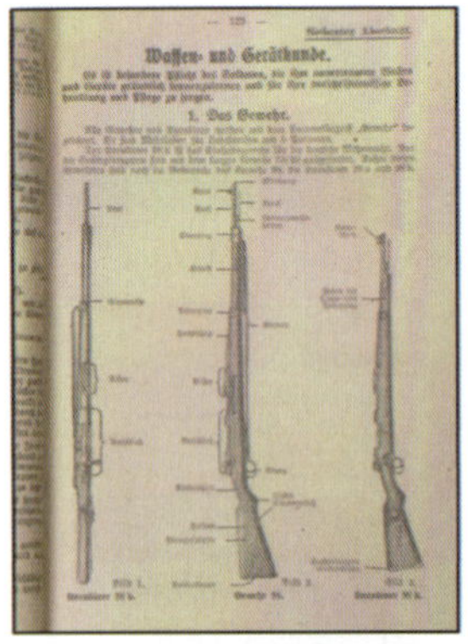

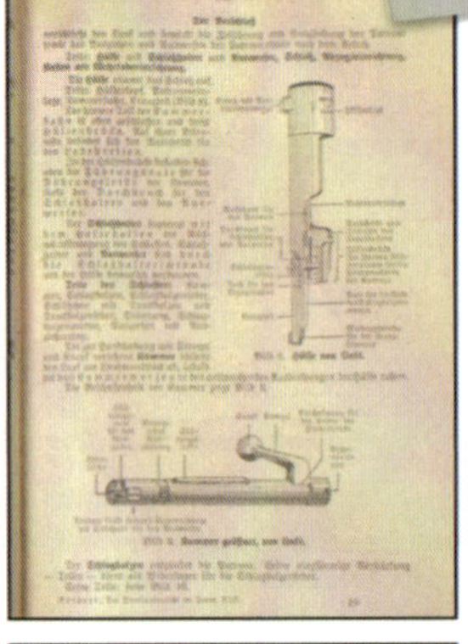

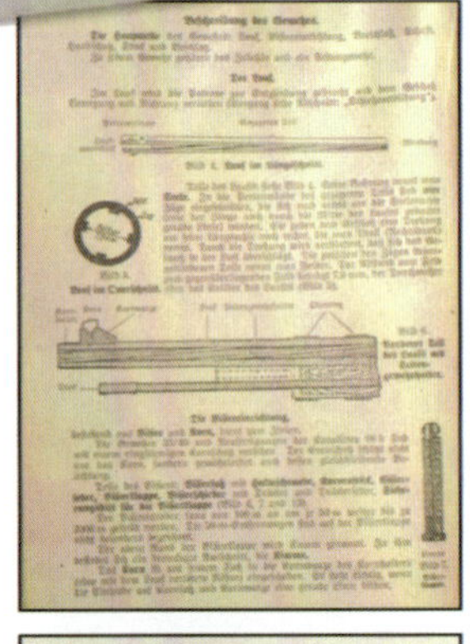

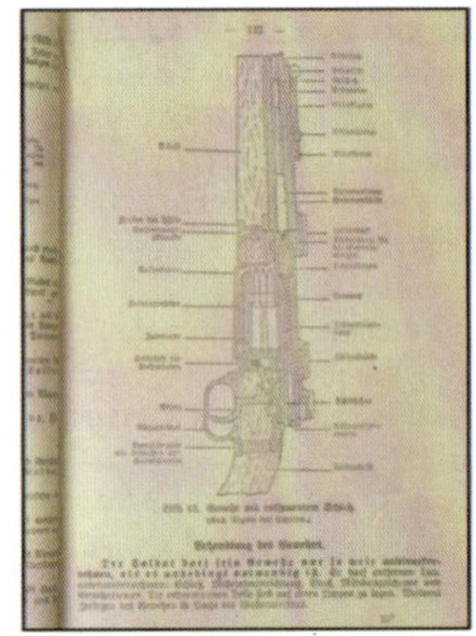

Bild 15.

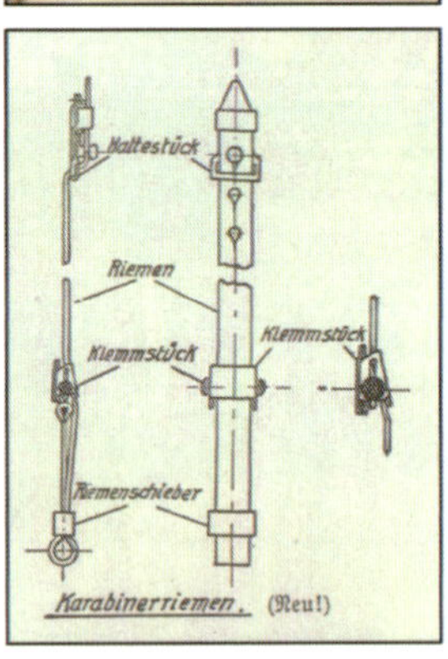

Karabinerriemen. (Neu!)

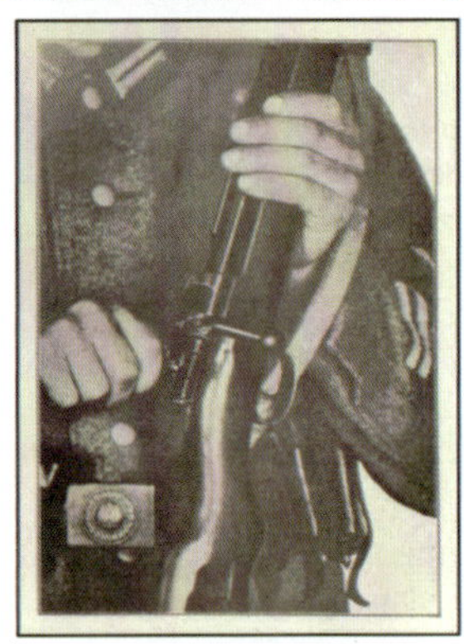

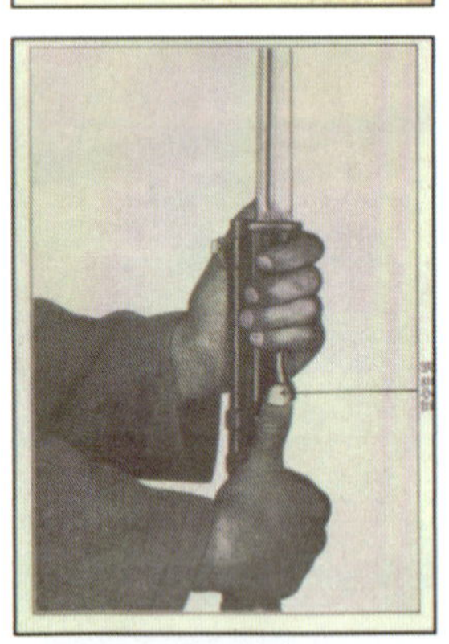

Hier Riemen lang, da Schäfte frisch gefirnißt!

MP40冲锋枪

在第一次世界大战时期，为了应对惨烈的堑壕战对猛烈火力的需求，多个国家都开发了冲锋枪这种武器，这其中就包括德国的MP18/I冲锋枪(Maschinnenpistole，简写为MP)。从此以后，冲锋枪这种武器在很大程度上改变了未来的步兵战术。

第一次世界大战之后，《凡尔赛和约》禁止德国军队装备冲锋枪，但魏玛国防军仍然支持德国制造商秘密研制这种武器，并发展了几种型号的冲锋枪，这些武器都将装备后来的德国国防军。1938年，由埃尔福特（Erfurt）的厄玛公司波索尔德·杰佩尔领导的小组研制的MP38型冲锋枪成功通过测试，这就是后来更为著名的MP40冲锋枪的前身，这两种冲锋枪都将成为二战德国军事行动的代表性武器。MP40冲锋枪射速低，后坐力小且易于控制射击精准度，在人机功效上也设计得恰到好处。MP40型冲锋枪简化了制造工艺，大规模使用冲压件，使其成本大大降低，制造简单而且造价低廉，因此更易于进行大批量生产，MP38/40冲锋枪的总产量达到了100多万支。

MP38/40冲锋枪通常被盟军称为希迈司（Schmeisserc）冲锋枪，而实际上枪械设计师希迈司与这种冲锋枪并没有多少关系。胡戈·希迈司(Hugo Schmeisserc)仅设计了后来的MP41冲锋枪，这种冲锋枪采用了木质枪托，并带有火力选择装置，但这种冲锋枪并不配发给德军部队。

MP40的主要弱点是直型的32发弹匣，弹匣容量过低，还有就是士兵常把弹匣当成了握柄而最终引发供弹问题。最初，MP40只装备空降兵以及步兵部队中的排长和班长。随着战争的进行，德军观察到苏军有整个单位都装备冲锋枪，在与德国人的巷战和近战中，冲锋枪密集的火力也为苏联人提供了一种独特的优势。随着MP40冲锋枪产量的不断扩大，德军开始将之普遍装备基层单位，成为深受作战部队喜爱的武器。尽管其装备比例也在不断地增加，但这种冲锋枪总是优先配发给一线作战部队。在战争后期，德国人甚至为整个突击排全部装备MP40冲锋枪。但由于原材料及劳动力的限制，MP40仍然供不应求。事实上，二战德军中的MP40并不像人们印象中的那样得到广泛使用，但MP40却成为二战德国士兵的象征，令人过目难忘。

▲不同角度的MP40冲锋枪，枪托成折叠和打开状态。

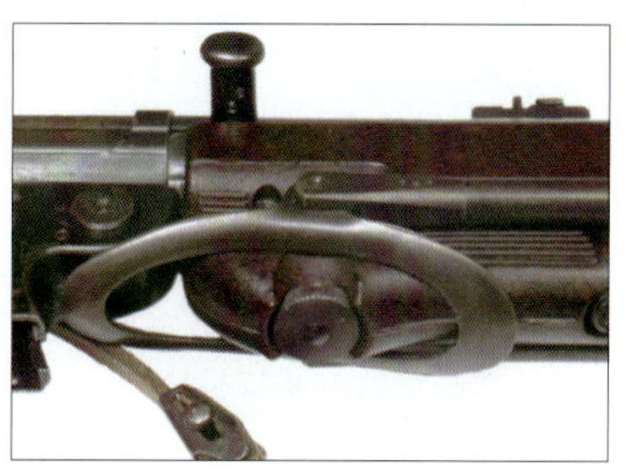

▶折叠枪托的细节。

▼带有正确标记的32发直形弹匣，注意上面带有表明弹匣容量的“32”标记。

▼MP40枪支手册内的两页，展示了正确更换弹匣的动作和枪支的各种部件。

◀▲制造商代码和生产年份，注意其枪身编号和武器局验收标记。

G43半自动步枪

Gewehr 43 或Karabiner 43（简称为Gew 43, Kar 43）是二战德国的一种著名的半自动步枪。在入侵苏联后，德国人失望地发现他们需要更强大的火力来对抗苏军巨大的数量优势，因此立即下达了初步命令给两个德国公司——沃尔特和毛瑟公司，要求设计一种装备10发弹匣的军用半自动步枪。最后发展的成果就是毛瑟工厂的半自动步枪型号G41(M)和沃尔特工厂的半自动步枪型号G41(W)，二者统称Gewehr 41型(简称G41)。但是，因为重量过重等缺陷，G41半自动步枪并不太受士兵的喜欢，最后这种造价150帝国马克的步枪总计只生产了122907支。苏德战争期间，在沃尔特G41(W) 步枪的基础上，利用苏联托卡列夫SVT40导气式自动系统改进后，并大量采用了G41(W)步枪的钢质冲压件，用冲压和铸造工艺部件代替了机加工件，大大缩短了枪支的制造工时，终于在短期内成功研制了G43型步枪，并以 Gewehr 43型号进入部队服役，后于1944年重新命名为Karabiner 43半自动步枪。尽管从其命名上，许多人认为K43步枪就是短型号的G43步枪，但是这不符合这支步枪的实际情况。1944年4月25日，德国改变了半自动步枪的命名方法，将G43重新命名为Karabiner 43，简称K43，K43成了二战时期德国最好的半自动步枪，总计生产了402713支，造就纳粹德国又一种著名而且性能优良的半自动步枪。

▲ 安装了Gw ZF4型4倍瞄准镜的Gew 43半自动狙击步枪。

▲ G43步枪采用的7.92毫米×57毫米步枪弹，此为其10发弹匣。

▼ G43步枪的侧视图。

▼ G43步枪的子弹装填方式。

StG44突击步枪

由德国人首创，并由希特勒亲自命名的1944型突击步枪(Sturmgewehr 44)简称StG44，是世界轻武器史上的第一支突击步枪，此后在世界上，这种枪型相继遍地开花。这种革命性的新武器使用7.92 毫米的“短弹”（Kurzpatrone）， 这种子弹是德国7.92毫米 × 57毫米标准步枪弹的缩小版，是在火力与精度之间妥协的新型7.93毫米 × 33毫米子弹。当时德军经过研究发现，大多数步兵的作战行动发生在400米的距离以内，因此需要比枪机式步枪更强的火力密度的新武器，以提供足够有效的火力压制。

StG44突击步枪一共生产了40多万支，实战证明这是一种非常有价值的武器，特别是在东线，这种武器可以提供比MP40冲锋枪远得多的射程，比kar 98k强大得多的火力密度，其提供的火力就像轻机枪一样，因此广受部队好评。StG44突击步枪的枪口初速是647米/秒，拥有远高于苏联冲锋枪的射程，射速又接近一样，在有效射程内其火力的准确性令人惊喜。即使在全自动状态，枪支也易于控制，可以说，StG44是现代步兵轻武器史上划时代的成就之一！

▲ StG44突击步枪和其使用的7.93毫米 × 33毫米短弹。

▼ 突击步枪的标尺细节。

▲ StG44突击步枪的局部及其30发弹匣。

▲ 突击步枪的枪机。

▼ 已被分解的StG44突击步枪。

MG34型通用机枪

相信二战迷们对德国两种最为著名的机枪——MG34型和MG42型机枪耳熟能详。作为二战德军的两种主力机枪，它们被普遍使用，为德军步兵提供了重要的火力支援。Maschinengewehr 34，简称MG34轻机枪，被尊称为现代最早的通用机枪，它的诞生，标志着德国人的武器设计思想又一次走在了世界的前列。德国7.92毫米MG34轻机枪由设计师路易斯·斯坦格（Louis Stange）设计，这位设计师设计过MG13和MG29轻机枪，并在MG29的基础上发展了MG30轻机枪。其设计极为简洁，从枪口到枪托全部采用直线造型。后来，在MG30的基础上发展完成了MG34通用机枪。虽然军方于1934年批准定型装备部队，但直到1936年才开始进行生产。

MG34通用机枪采用枪管短后坐式工作原理的空冷式机枪，作轻机枪使用时，34型两脚架固定在机枪枪管套筒前箍上；做重机枪使用时，机枪安装在轻型Dreibein 34型三脚架或Zwillingsockellafette 36型高射双联托架式枪座以及折叠式高射支柱上，也可固定在较重的MG-Lafette 34型可调三脚架上。供弹有弹链或鞍形弹鼓两种供弹方式。弹链为开式金属弹链，作轻机枪使用时弹链容弹量为50发；作重机枪使用时用50发弹链彼此连接，容弹量250发；鞍形弹鼓的容弹量为75发，发射7.92毫米×57毫米毛瑟枪弹，射速900发/分钟，枪支全重11.42公斤。

这种优秀的机枪早在西班牙内战中便获得了实战检验，并立即获得了部队官兵的普遍喜爱，最终成为精密德制武器的代表。虽然这种机枪性能一流，但也太过完美了。由于零部件过多而且制造困难，使得造价过高。此外，如果不能很好地保养这种机枪，也容易在恶劣的战斗中发生卡壳和故障的情况。

为了克服这些缺点，德国开始寻求改进这种机枪，以使其更容易制造、性能更加出色的方法。MG34机枪的简化版实际上最早在1937年就开始进行测试，包括MG34S和后来的MG34/41，发展的最终结果就是MG42——又一种德国制造的传奇巅峰武器诞生了。MG42采用了大量的钢板冲压件，采用点焊和铆接的方式连接，机加工件被减至最少，其握把与枪托采用的是成型胶木，其他为锻件。除枪管与枪膛等必要的部件，金属和总体处理工艺被减少到最低，现在仍然有许多专家对MG42的结构和性能推崇有加。MG42机枪的理论射速每分钟最低1200发，最高1500发，而机枪射速超过每分钟1000发以后，据说人就无法分辨单个的枪声。盟军士兵对于MG42有着最为刻骨的印象，对他们来说这是一种可怕的武器，特别是它的枪声。MG42的射击声不是如同捷克式或者伯朗宁机枪的“哒哒哒”声，而是类似于高速转动的电锯的“嗤嗤嗤”声，也有盟军士兵形容像撕开大片亚麻布的声音。新兵对此还没有什么，盟军的老兵最不愿意听到的就是这种恶魔般的声音，对于他们来说，这个简直就是死神的声音！因为这种特有的声音，盟军士兵称其为“希特勒的拉链”。然而有意思的是，德军自己称其为“希特勒的锯子”“快速喷雾器”或“淋病注射器”。 MG42机枪组通常由三人构成，一名机枪手，一名观察员，一名装弹手。机枪手通常是一名下级军士，这种在战斗中价值极高的武器当然要由富有经验的人操控。MG42机枪在战后的发展完全可以写成一本专著，一些欧洲国家后来直接就把当作为自己军队的制式装备，由此可见其设计是多么的优秀！

▲▼MG34通用机枪的各个视角。

▼枪托螺纹的细节。

▲机枪上的序列编号和制造商标记。

◀机匣上标明了具体的生产商，这挺机枪是由著名的莱茵金属（Rheinmetall-Borsig）公司生产。这是德国一个相当著名的军工企业，在整个战争期间，这个公司生产了众多的各种武器，包括著名的FLAK41 88毫米型高射炮，以及Pak36、38和40型反坦克炮。

▲ MG34机枪的半月形扳机，扣压扳机上的凹槽（标注为E）时为单发射击；扣压扳机下凹槽（标注为D）或用两个手指扣压扳机时为连发射击。

▲ 可调整的标尺细节，距离分划调整范围为800米。

▲ 拆解下来的机枪消焰器。

▲ 复进簧的细节。

▲ 架设机枪的两脚架。

▲ 机枪侧面的受弹口。

◀ 背带上的验收戳记。

▲ 在脚架位置，枪管套筒上带有背带环。

▼ MG34机枪可以采用弹链或鞍形弹鼓供弹。图中展示了两个50发弹鼓采用M1934型弹鼓携行具一起携运。

▲ 弹鼓携行具上带有编号和生产年份（1943年）标记。

▶ 这张照片展示了如何打开弹鼓携行具获得子弹。

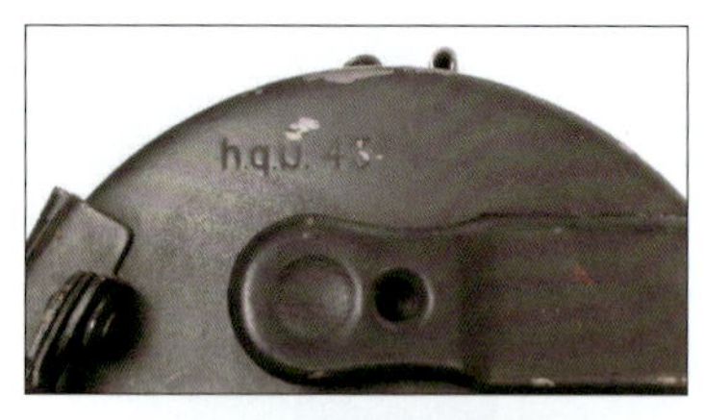

◀ 弹鼓上的制造商和生产年份标记。

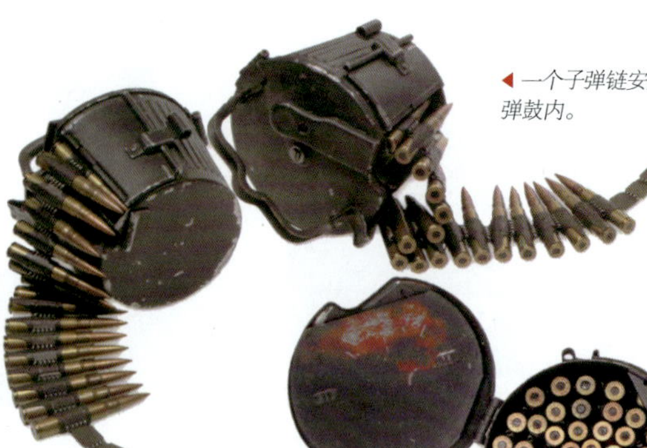

◀ 一个子弹链安放在弹鼓内。

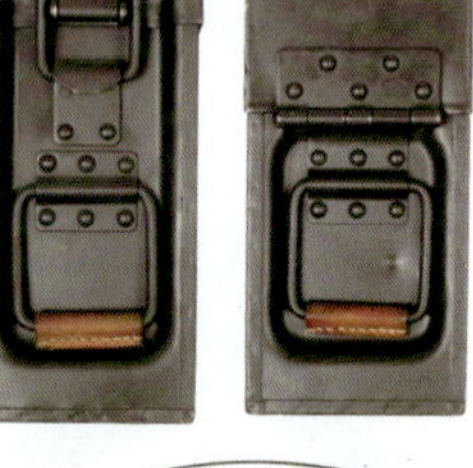

◀ 弹链箱，可以容纳装300发机枪子弹的弹链。

▲ 为了防止过紧又能充分利用弹鼓空间，这张照片展示了子弹链安放在弹鼓内的情形。

◀ 油壶设计可以使弹链箱便于运送。

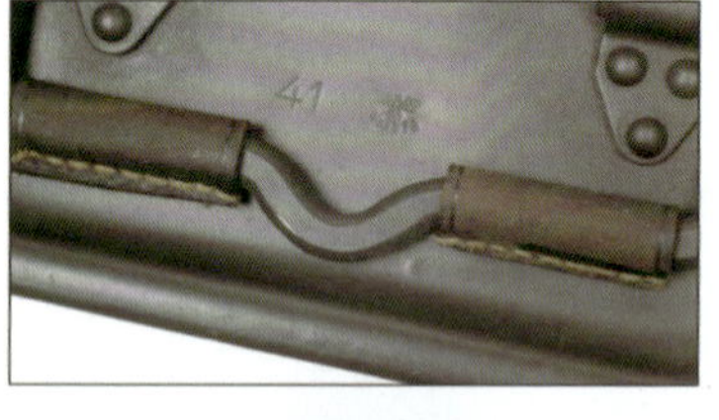

◀ 注意弹链箱上的验收和生产年份标记，表明其生产于1941年。

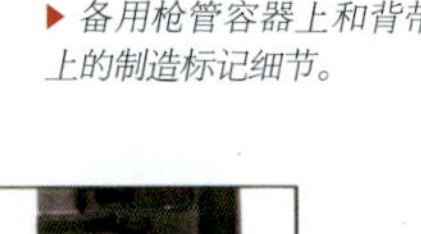

▶ 备用枪管容器上和背带上的制造标记细节。

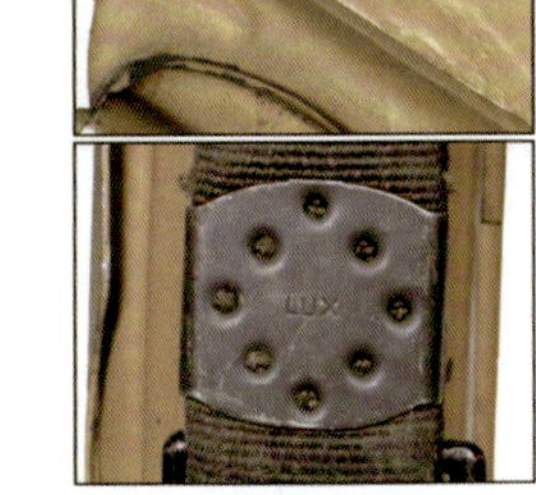

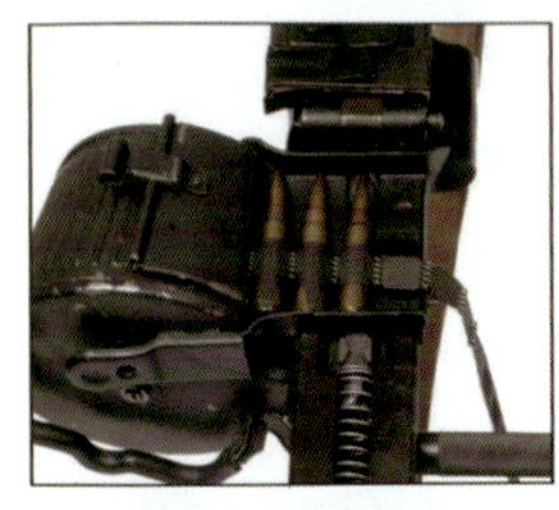

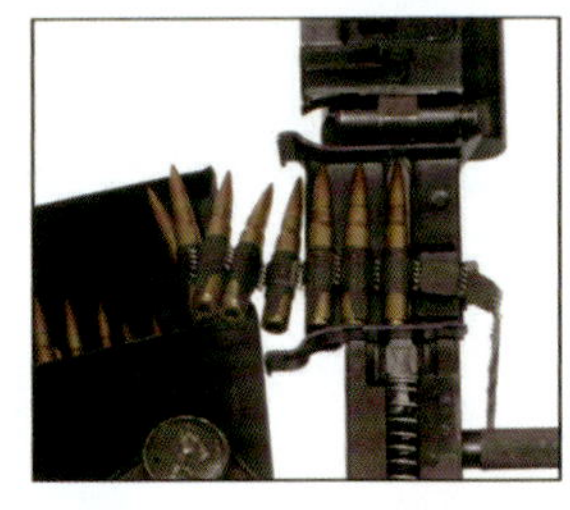

▲这里展示了弹鼓内弹链如何安装到拨弹板上。

▼ 包括机枪使用手册在内的机枪维护工具，注意对空射击环形瞄准仪。

◀机枪的M1934型备件包，内部携带机枪备件以及清理和维护工具，包括机油壶、小型扳手、拆卸工具、对空射击环形瞄准具，以及石棉垫等。

▼ 备用枪管的金属容器，上面带有用帆布或编织带制成的背带，一挺轻机枪通常配有两根备用枪管，一挺重机枪则有三根。

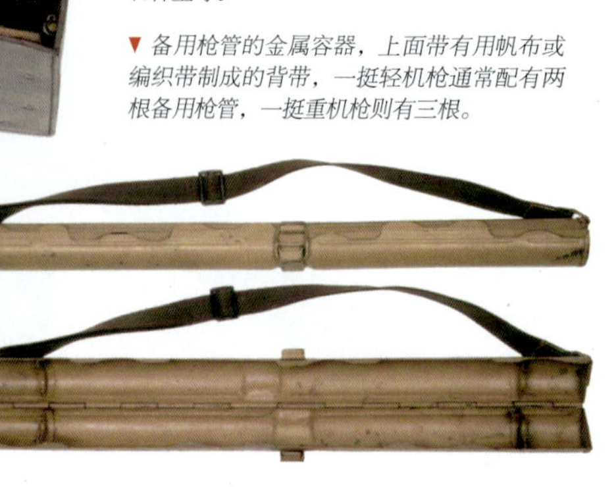

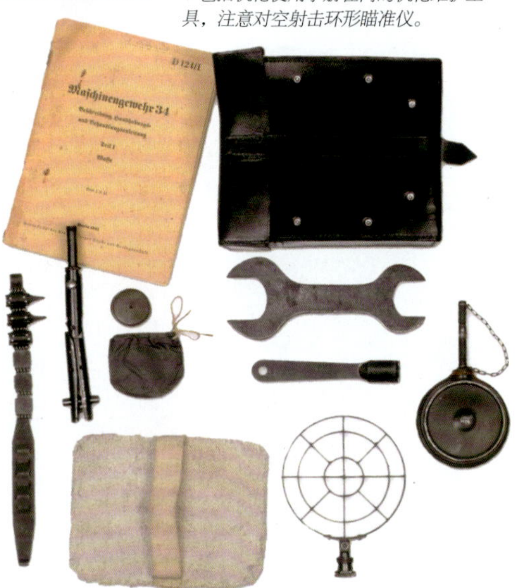

1. 像其他装备一样，备件包上也带有验收及产品编号标记。
2. 与Kar 98k步枪一样，所有的维护清洁工具上都带有清楚的标记。
3. MG34机枪手册的一些内页。

1

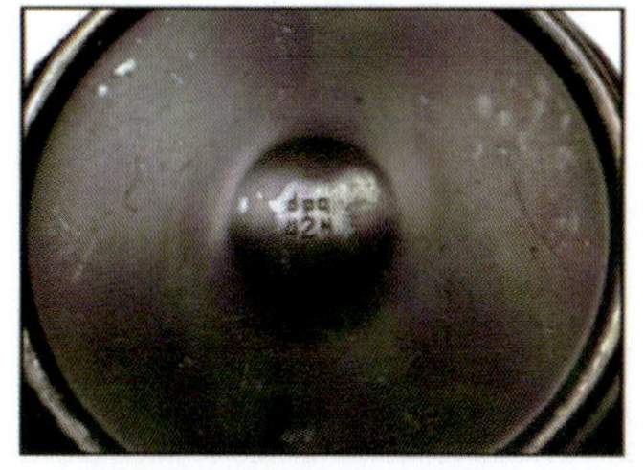

2

3

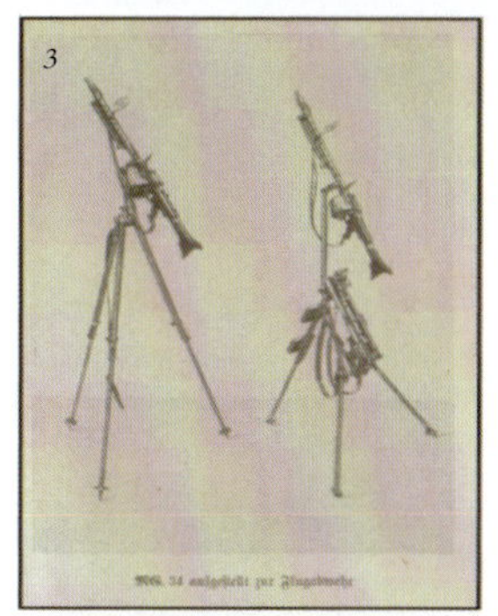

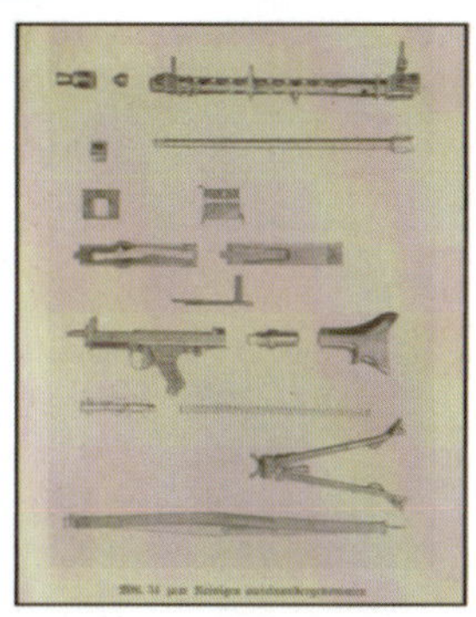

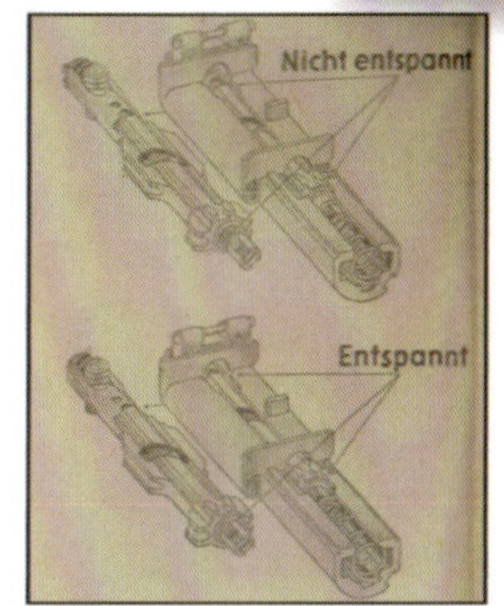

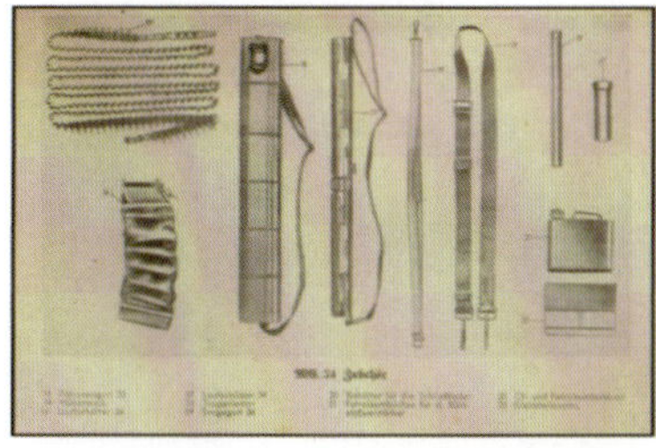

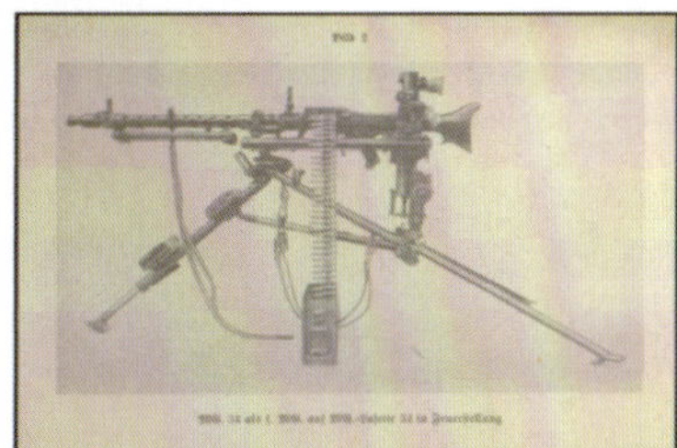

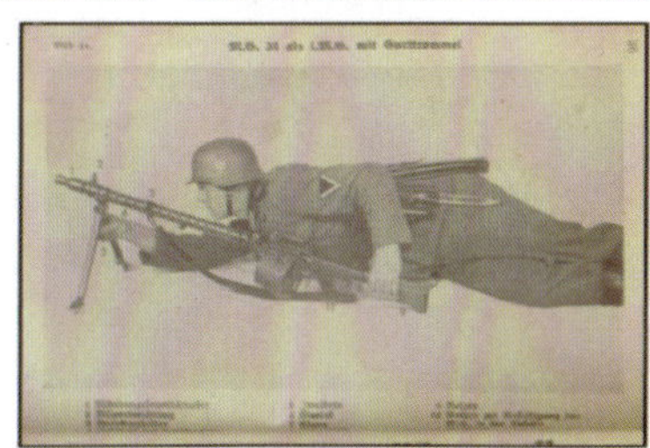

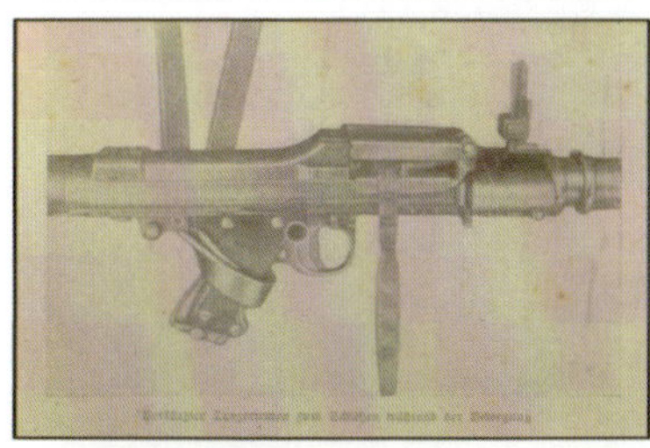

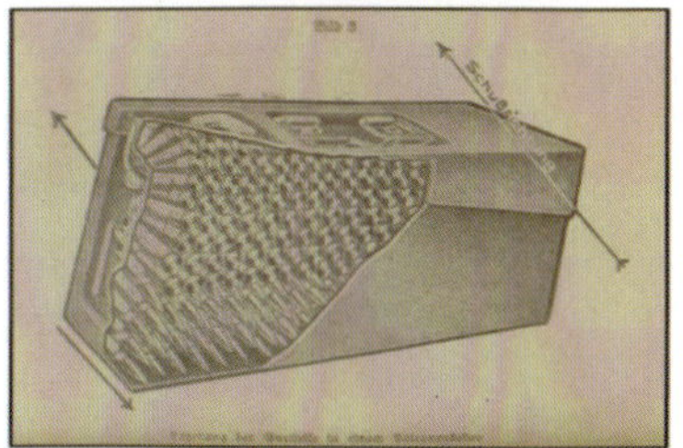

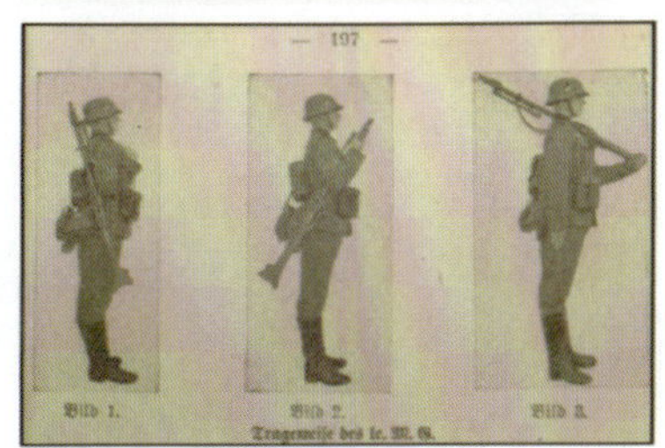

手枪

在军用武器中，手枪作为个人自卫武器，其魅力无疑是巨大的，也是一种个人权力与地位的象征。到了一战时期，自动手枪开始取代左轮手枪，德国军人在那时就表现出了对手枪这种武器的偏爱。早在1900年，自动手枪就以比左轮手枪具有更多的装弹量及更高的射速，而显示出了更强的战斗力。在理论上，手枪只能由军官和军士随身携带，但到了二战时期，德军手枪装备的范围急剧扩大，不仅在前线部队，在后方驻扎部队为了应对袭击及自卫的需要，也纷纷要求配发手枪，只要能搞得到，不少士兵都携带手枪以求自保。而且在第三帝国的各个政治机构，包括警察、纳粹党、内务部队及准军事组织也大量配备了各种手枪。德国军工企业从来就无法满足德军对手枪日益增长的需要，二战德军就装备了大量能搞到的各种各样的手枪，这里仅介绍几种具有一定代表性的德国军用手枪。

勃朗宁 HP35手枪

勃朗宁大威力自动手枪是世界上应用最广泛的手枪之一，弹匣容弹量达到了13发，差不多是同时代手枪弹容量的两倍，如鲁格和沃尔特手枪。这种手枪由效力于比利时FN公司的美国著名的轻武器设计师约翰·摩西·勃朗宁设计其原型。20世纪20年代初，比利时FN公司应法国陆军的要求，开始设计一种全新的军用手枪，此时的勃朗宁由于成功设计了柯尔特M1911型手枪而声名远播。尽管勃朗宁在M1911的基础上设计新型手枪，但新型手枪还没设计完成，他却于1926年去世。此后，比利时FN公司继续改进和完善其设计，于1935年将这种新手枪最终命名为M1935型手枪。比利时军队成为这种手枪的第一个正式用户，常将这种勃朗宁自动手枪归类为HP35型。

M1935型手枪是常规单动型军用自动手枪，采用枪管短后坐式工作原理，枪管偏移式闭锁机构，回转式击锤击发方式，并带有空仓挂机和手动保险机构，发射9毫米×19毫米派拉贝鲁姆枪弹。在二战中，这种手枪分别装备了对立的两大阵营，特别是比利时沦陷后，FN公司被德军接收，先后制造了约31万多支被重新命名为P640(b)的该种手枪，其中的“b ”表示比利时。

至今，勃朗宁大威力自动手枪也是世界上一款优秀的军用手枪，是一支著名的“长寿”武器，现在仍然在一些国家的部队服役。

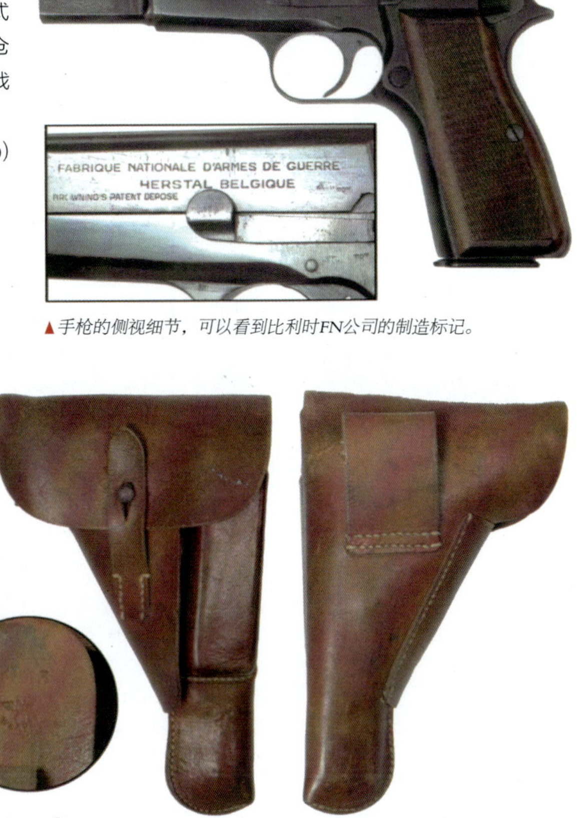

▲手枪的侧视细节，可以看到比利时FN公司的制造标记。

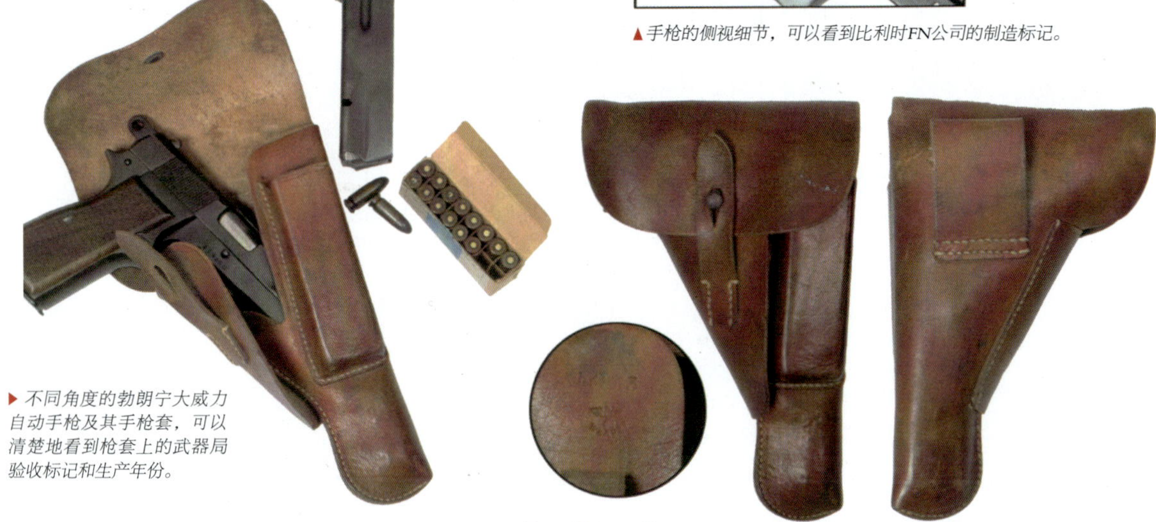

▶不同角度的勃朗宁大威力自动手枪及其手枪套，可以清楚地看到枪套上的武器局验收标记和生产年份。

鲁格P08手枪

鲁格手枪是德国手枪中最具代表性的武器，在世界轻武器史上占有独特的地位，甚至于使“鲁格”成为世界公认的著名商标。1893年，美籍德国人雨果·博查特(Hugo Borchardt)发明了世界上第一种自动手枪——7.65毫米C93式博查特手枪。1900年，乔治·鲁格又对这种手枪的结构进行了改进设计并最终定型。1900年即被瑞士采用为制式手枪，称为瑞士1900型。随后，鲁格继续进行改良并产生了1904年的新的鲁格手枪，包括新式的9毫米x19毫米子弹，并被德国海军采用。随后，1908年又被陆军采用并命名为Parabellum 08，作为制式自卫武器。在一战中，德军就发现其肘节式闭锁机构因受灰尘的污染易发生故障。在1918年战争结束后，德军仍然保留P08作为制式手枪，直到1927年军方要求对这种手枪进行必要的改进。尽管如此，鲁格P08手枪作为制式手枪仍服役于德军，直到P38手枪于1938年定型。在二战中，鲁格P08手枪由毛瑟工厂和克里格霍夫兵工厂（Krieghoff）生产。据估计，1938年鲁格P08手枪共交付了10万支，1939交付了13万支，但这些仍远远满足不了部队急剧扩充的需要——1939年德军是275万人，到了1941年就扩大到了700万人。

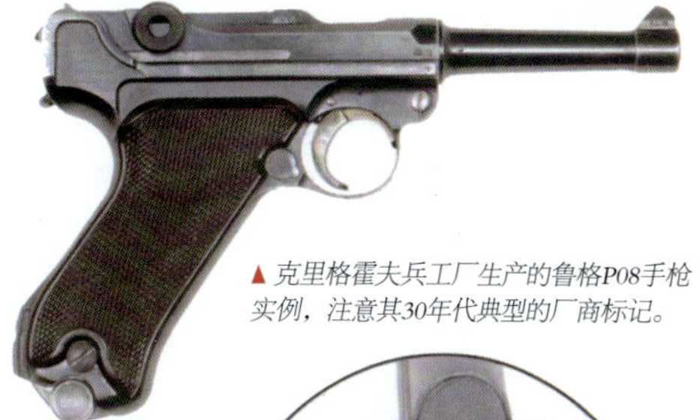

▲ 克里格霍夫兵工厂生产的鲁格P08手枪实例，注意其30年代典型的厂商标记。

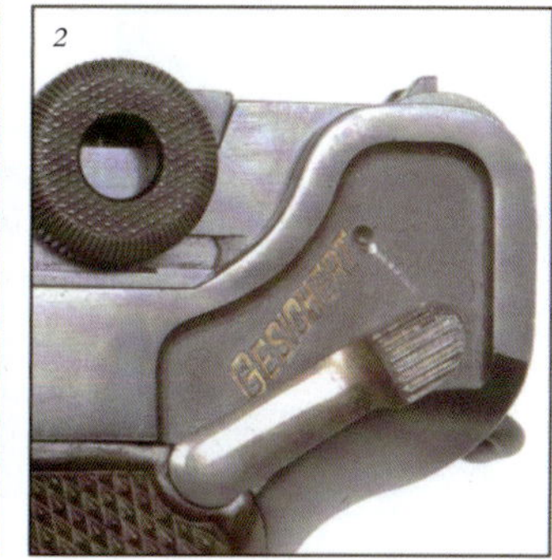

1. 克里格霍夫兵工厂的商标，相对于毛瑟的商标，克里格霍夫的要短一些。
2. 手动保险机柄处于保险锁定状态，此时不能射击。

▶ 手枪的原品铝制弹匣，注意上面相匹配的编号。

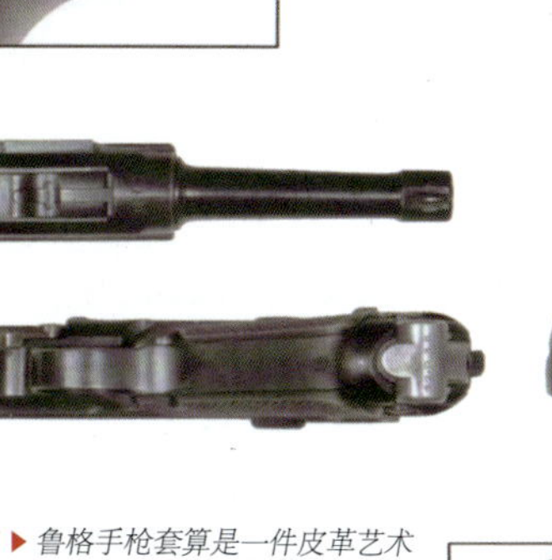

不同视角的鲁格P08手枪。

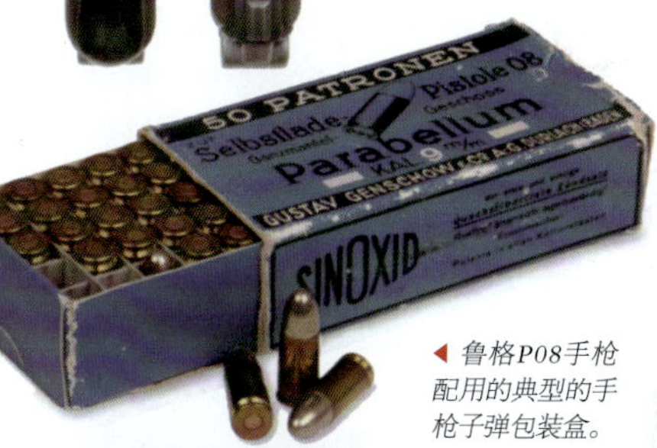

◀ 鲁格P08手枪配用的典型的手枪子弹包装盒。

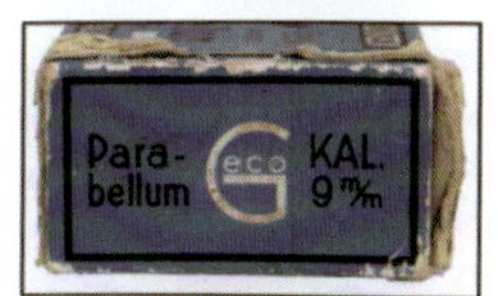

▼▶ 鲁格手枪套算是一件皮革艺术品！这种手枪套经过精心设计，可以使手枪免受灰尘及天气的影响。照片中的手枪套生产于1941年，属于高品质版本。注意皮革上的标记，表明其制造年份及适用的手枪型号。按照德军条例的规定，手枪套应该佩戴在左面以易于取枪，但实战中也有佩戴在右面的。

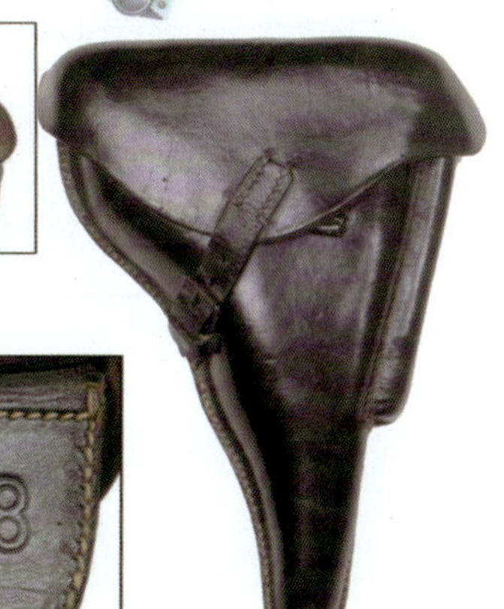

沃尔特P38手枪

第三帝国成立后，德国国防军最高统帅部（OKW）要求武器办公室寻找合适的手枪以替换鲁格P08手枪，包括沃尔特手枪在内的一些手枪均在军队进行了测试。后来，沃尔特按军方要求对原型枪经过一些改进后，于1938年沃尔特手枪才被德军正式选定为制式手枪。P38型手枪采用枪管短后坐式工作原理，此外该枪还有一个安全可靠的双动系统，使其性能要强于鲁格P08手枪。经过实战检验后，P38手枪开始广受各部队官兵欢迎。这种枪结构坚固，性能可靠，可以说沃尔特P38继承并发展了鲁格P08手枪，从而也正式代替鲁格P08成为德军的标准制式手枪。但是，P38手枪的生产仍然略显复杂，许多公司都参与了P38手枪零部件的生产，包括毛瑟工厂、FN公司等等。到1942年的时候，盟军士兵经常在前线遇到P38手枪并对其双动系统赞赏有加，作为战争纪念品来说，鲁格显然更抢手。

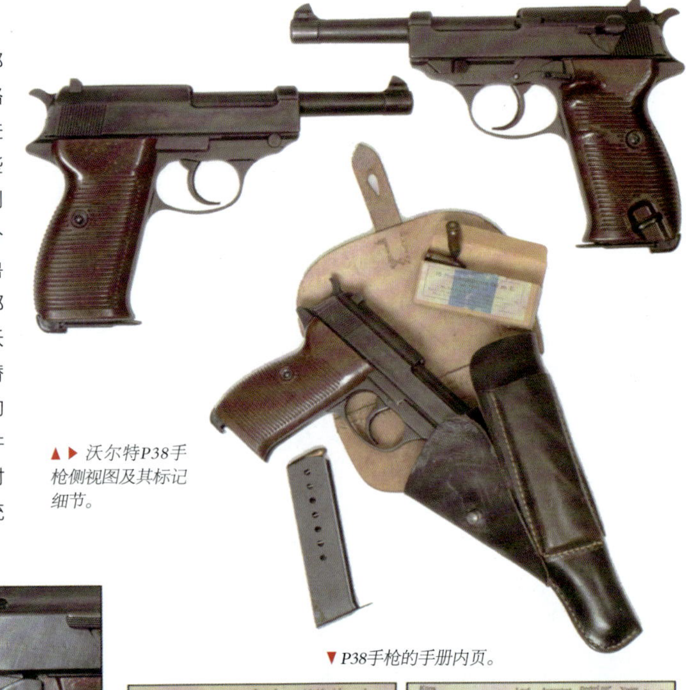

▲▶ 沃尔特P38手枪侧视图及其标记细节。

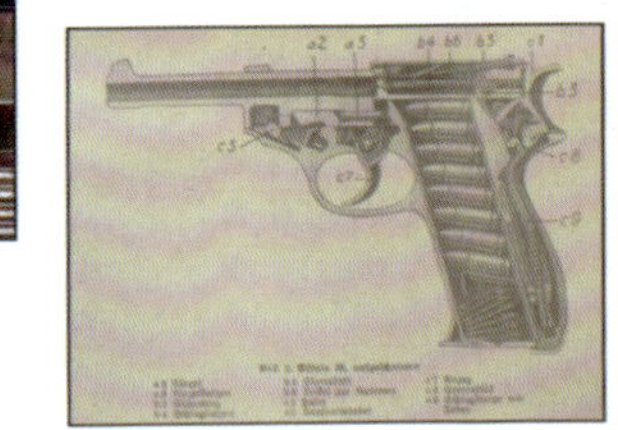

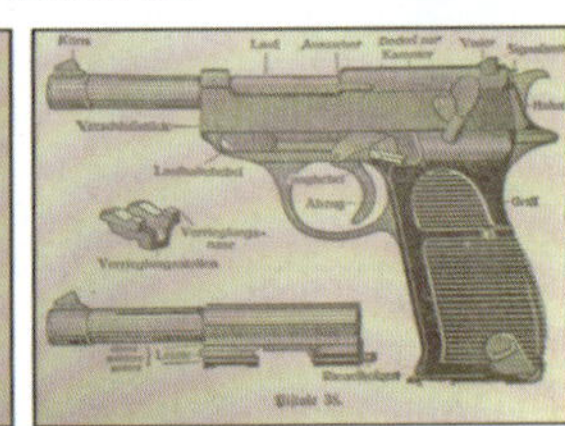

▼ P38手枪的手册内页。

▲ 阿斯特拉600/43手枪的侧视图。

▼ 阿斯特拉600/43手枪的制造商标记细节。

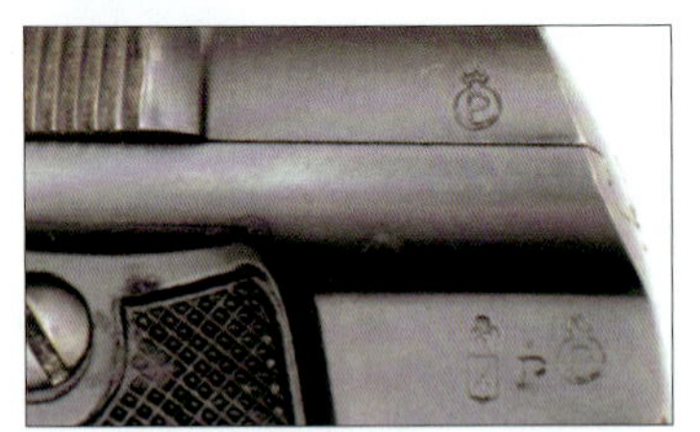

▼ 阿斯特拉系列手枪独特的套筒前端，呈圆柱形。

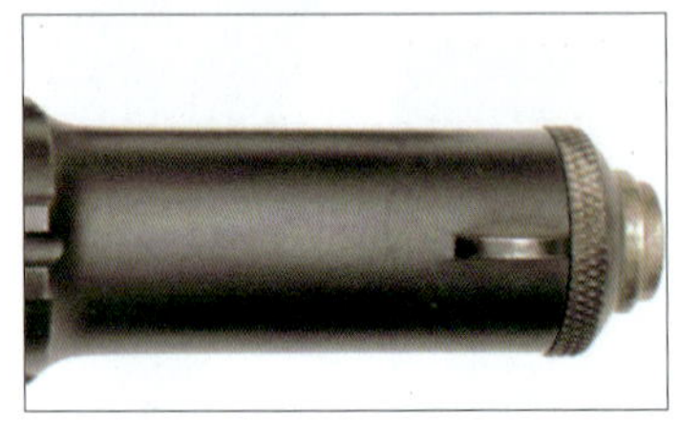

西班牙 阿斯特拉600/43手枪

在整个战争中，德军对手枪的需求越来越大。为了满足这种需要，除了增加本国手枪的生产，在被占领国继续生产，以及装备缴获的其他国家手枪外，德国还从意大利、西班牙等国购买手枪，这其中就包括西班牙阿斯特拉手枪。阿斯特拉系列手枪，因其套筒前端呈圆柱形，外观酷似雪茄烟，因而被冠以“雪茄手枪”之名。阿斯特拉（ASTRA）原本是位于西班牙格罗尼卡的安塞塔公司（全名 Societa Unceta and Compania）的注册商标，但由于该商标的知名度远远超过了公司本身，因此安塞塔公司索性将公司名也改为阿斯特拉。现在公司的正式名称是阿斯特拉-安塞塔公司，该公司以生产阿斯特拉手枪而被世人所熟知。德国购自西班牙的阿斯特拉手枪有M400型和M600/43型等，其中M600/43型属于M400的改进型，是应德国要求生产的德国型号，发射9毫米派拉贝鲁姆弹手枪弹。M600的正式交货始于1944年5月，到1944年7月为止共有10450支M600（序列号51～10500）交付给德军。这部分M600的枪身右侧后方均刻有德国陆军接收时的验收标记。后来，由于盟军在诺曼底登陆，以及在法国的占领区域越来越大，使得法西边界被迫关闭。然而此时，在西班牙仍有一些M600积压在仓库里等待交付。战争结束后，剩余部分则被出口至其他国家，后来由纳粹德国政府买单的那部分枪支被西班牙政府接收。1951年，在西方盟军扶植下的西德获准重建军警部队，当时选定的制式武器中就有M600，西班牙政府立刻将先前接收的31350支M600（序列号10501～41850）转卖给西德政府，这批德国定购的手枪重又回到德国人手里。

手榴弹

手榴弹是一种用手投掷的弹药武器，因17世纪、18世纪欧洲的榴弹外形和破片有些类似石榴和石榴子，故得此名。尽管现代手榴弹的外形有的是柱形，有的还带有手柄，其内部也很少装有石榴子形状的弹丸，但仍沿用了手榴弹的名称。在1939年战争开始的时候，德国士兵主要使用两种型号的手榴弹：M24式长柄手榴弹（Stielgranate 24）和M39式小型卵形手榴弹（Eigranate 39），这两种手榴弹都采用薄薄的金属冲压外壳，内装炸药，主要依靠内部炸药爆炸的威力而不是破片来进行杀伤。

▼ 由海因茨（Heinz D）出版的一本手册中，37张图片详细介绍了手榴弹的使用方法。

M24式长柄手榴弹

M24式长柄手榴弹在一战德国的M18式长柄手榴弹基础上，进行改进后于1924年定型。M24式的弹壳将原型的整体式铸铁弹体改为薄钢板冲压成型，弹体内填充TNT炸药，并将弹体安装在一个中空的木制手柄上。依据杠杆原理，M24式可以比卵形手榴弹投掷得更远。在二战各国士兵中，德国士兵以手持MP38冲锋枪，腰插M24木柄手榴弹成为二战德国士兵的经典形象。M24手榴弹体积较大，在战斗中德国士兵通常将其插在皮带上或插入长筒军靴中携带。

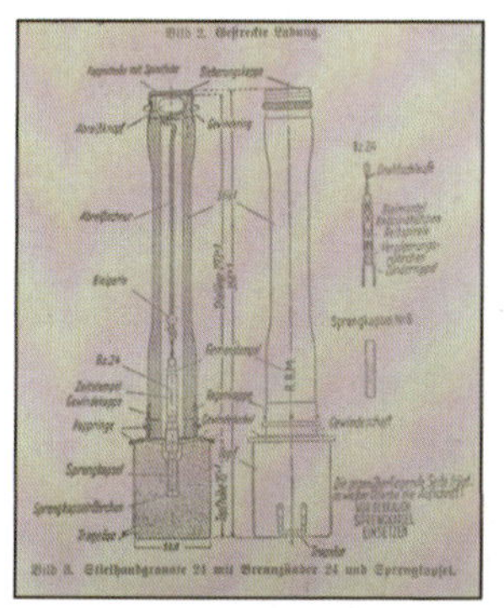

▲ 当时部队手册中关于手榴弹的剖视图，显示了手榴弹的各个组成部件，由保险盖、拉环、拉火绳、拉火管、引信、雷管、炸药、金属弹体等零部件组成。

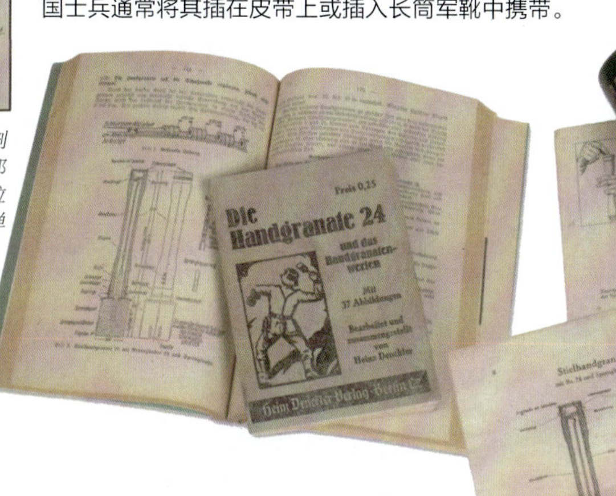

▼ 手榴弹的组成部分，包括内装TNT炸药的弹体、木柄和雷管，弹体上带有“使用前需装配”的说明。M24式手榴弹的拉发火管是一个独立的部件，由拉线、铅管、小铜套、摩擦线圈、延期药管／雷管套和雷管等零部件组成，靠摩擦发火引燃雷管。摩擦线圈放置在小铜套内，铜摩擦线穿过小铜套与延期药管相连，使用时旋开木柄尾部的金属盖，拧开后露出一段涂有瓷粉的拉火索，往外拽拉火线索，摩擦线与线圈摩擦发火，点燃延期药管，进而引爆雷管和主装药，使战斗部爆炸，整个过程约有4.5秒的延迟。

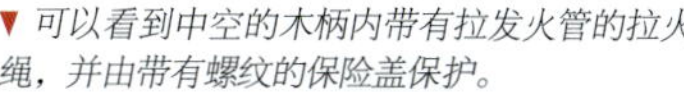

▶ 弹体上的制造商和生产年份（1940年）标记，以及武器装备局的验收印记。

▼ 可以看到中空的木柄内带有拉发火管的拉火绳，并由带有螺纹的保险盖保护。

M43式长柄手榴弹

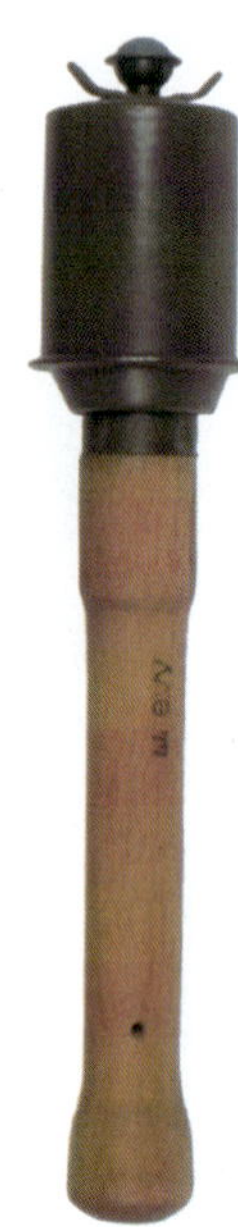

◀ 到了战争后期，由于战争物资匮乏，德国的长柄手榴弹出现了许多不同形式的简化以利于大批量生产，由此产生成了M24型手榴弹不同的变形，包括M43型手榴弹。到战争最后的岁月，德国的物资已尽枯竭，以至出现了混凝土或木头代替金属弹体的"人民手榴弹"。这里就是简化版本手榴弹之一的M43型长柄手榴弹。此型最显著的外观和结构特征就是把拉发装置移到了弹体顶部，这样手柄就只是简单的一根实心的木柄，不需要像M24的手柄那样掏空，从而大大简化了生产工艺，缩短了生产周期。M43的发火装置参照M39卵型手榴弹，有一个外露的圆形金属帽，旋开后拉动金属环摩擦点燃导火索。

◀ 手榴弹拉发装置。

◀ M43型手榴弹弹体的俯视图，可以看到在拉火管上带有生产年代和制造商"evy"印记，也能看到一些手榴弹的弹体涂成了沙黄色。

◀ M24和M43两种型号的手榴弹拉火绳的对比。

▲ 一个金属的破片套可以套在手榴弹的弹体上，以增加弹体爆炸时的破片数量，从而提高手榴弹的杀伤力。存在两种样式的破片套，一种是光滑的破片套，一种是带有预制破片槽的钢质破片套。

▼ 一本手册的内页指示如何使用手榴弹制作集束手榴弹和破障爆炸物。

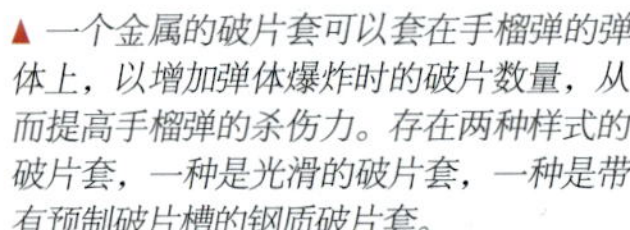

M39式卵形手榴弹

▼ M39型卵形手榴弹的弹体内装有112克TNT炸药。此外，早期的手榴弹弹体上带有携行环，而战争后期制造的则没有携行环。

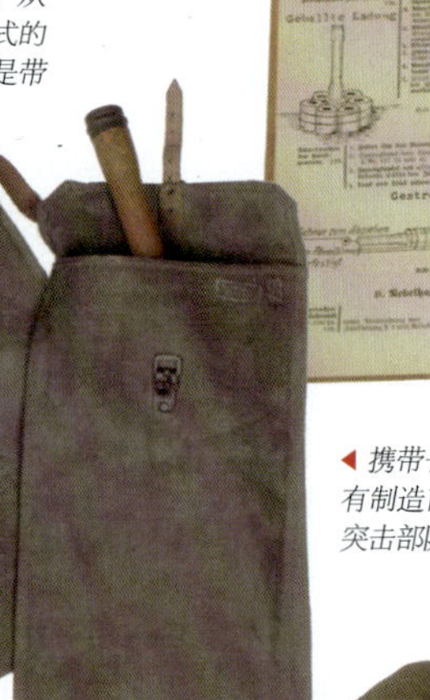

◀ 携带长柄手榴弹使用的携行袋，上面带有制造商和武器装备局的验收印记。通常突击部队和工兵使用这种携行袋。

▶ 已经分解的M39卵形手榴弹。

◀ M39卵形手榴弹的携带方式之一就是可以利用挂环挂在弹夹包上。

▶ 由于M39卵形手榴弹体积小，可以放在制服口袋和食品袋中携带。

反人员高爆弹

▲ 用手拉的方式激活弹药。

▲ 尽管手榴弹主要用手投掷，德国手榴弹也可以采用配有发射器的Kar 98k步枪来发射，包括一些变型，如发烟弹、反坦克弹等，在照片上我们能看到两种反人员高爆弹。

▶ 这张图片展示了手榴弹如何安装在枪口的发射筒内。

43型玻璃雷

▼ 43型玻璃雷（Glasmine 43）由德国下萨克森州的众多玻璃制品厂制造，这样不会占用太多军工资源。由于这种玻璃雷采用玻璃制造，非常难以探测与排除，因此在诺曼底地区造成了很多盟军士兵伤亡。

▲ 内部的TNT装药，当炸药爆炸时，粉碎的玻璃碎片具有非常大的杀伤力。

▲ 用于人员杀伤地雷的不同引信，这种于1940年采用黄铜制造的引信型号是Z42型（Zunder 42）。

42型木盒反步兵雷

▼ 这种Schutzenmine 42型木盒反步兵雷或称“鞋雷”，是二战德军列装的第一种木盒地雷。这种地雷是根据苏军PMD系列木盒地雷而仿制的，采用普通木板、刨花板和压榨纸板木板制造地雷外壳。因此，这种地雷结构简单，成本低廉，而且更加难以探测。这种地雷通常作为反人员地雷使用，但没有玻璃地雷那么有效。

▶ 地雷内部装药，展示其如何动作的细节。

其他轻武器

德国的步兵还使用过许多其他轻武器，包括德国制造的迫击炮、战车噩梦、铁拳、反坦克枪等等。德军装备的武器还包括许多被占领国家和敌国的武器，尤其在后方部队，看见德国士兵携带法国、捷克、波兰、意大利等国制造的武器是毫不奇怪的。另外在东线，使用苏制武器的现象也非常的普遍，其中最受德国士兵喜爱的是PPsh41冲锋枪，这种结构简单又皮实的武器比起98K步枪来，更适合激烈的近距拼杀。

▼ 铁拳（Panzerfaus）是一种便携式反坦克武器，其弹药为空心装药战斗部，发射筒使用后丢弃，属于一次性使用的消耗品。这些插图展示了如何使用铁拳，图解的方式显然更通俗易懂。

▼ 展示如何由炮组成员携运迫击炮的手册内页，迫击炮是50毫米的leGrW36型。

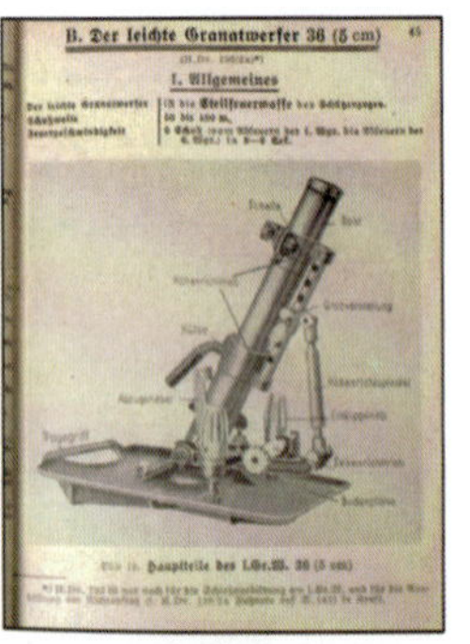
B. Der leichte Granatwerfer 36 (5 cm)

1. Allgemeines

Bild 18. Hauptteile des l.Gr.W. 36 (5 cm)

Der l.Gr.W.-Trupp mit verlastetem Werfer

Laden des l.Gr.W.

◀▲ 德军使用其他国家武器的一个实例，苏联的PPsh41冲锋枪及弹鼓包。

第九章

补充用品

随着19至20世纪强国之间的对抗和冲突不断激化，各强国对领土的贪婪、对资源的渴望，以及因为宗教、种族甚至传统不和，导致了各地区的紧张局势愈发严重。进入20世纪20年代，发生了极具破坏性的世界经济危机，对西方文明产生了重大而深远的影响。当时，大萧条造成的社会动荡使德国社会主义迅速崛起，纳粹德国的外交政策可以从以下两个政治口号中得到精辟的概括：一个是“扩张领土”，另外一个就是“征服生存空间”。后来，掌权的纳粹政权急于进行领土和工业扩张，以恢复德国制造在世界的影响力。接下来，德国一些大企业也开始支持这些扩张，垄断资产阶级渴望对外扩张和对内加强垄断统治，渴望以强大的武力支持重新走上争霸欧洲和世界的帝国主义角力的舞台。其中，包括今天依然在世界知名的公司，例如克虏伯康采恩、西门子电气公司(Siemens)、拜耳公司（Bayer）、法贝尔(Faber)、阿克发公司(Agfa)、徕卡(Leitz)、蔡司(Zeiss)、通用电气公司(AEG)、百利金（Pelikan）、博世公司(Bosch)、万宝龙(Montblanc)等等，当时这些企业都在德意志帝国专利（缩写DRP）的名义及保护下运营。

一位德国士兵在他的食品袋里携带的心爱的照相机。该相机是徕卡牌的，是当时最富代表性的照相机，其产品使“德国制造”成为高品质的代名词。

卡威高（Kaweco）的“迪雅”(Dia)钢笔及其原始包装。

军用笔

▶ 第一次世界大战对钢笔产生了巨大的影响，特别是在钢笔的设计上则要求采用更具有创新性，以及更加经济的材料来制造人们都买得起的钢笔，以应对今后一个时期可能的原材料短缺。随着橡胶与赛璐珞被现代的胶木制品所取代，钢笔从奢侈品变成了廉价、更受欢迎的产品。在德国，钢笔市场的蓬勃发展造就了一些具有名气的国产品牌，像万宝龙、百利金等。这些品牌的钢笔配备活塞来上墨，并带有一个透明的墨囊，可以方便检查剩墨情况。在战争期间，活塞通常采用软木制造，偶尔也用橡胶。虽然也有其他的颜色，但钢笔通常都是黑色的，并采用赛璐珞或胶木制造。此外，钢笔上的金属配件多为镀铬或镀金。

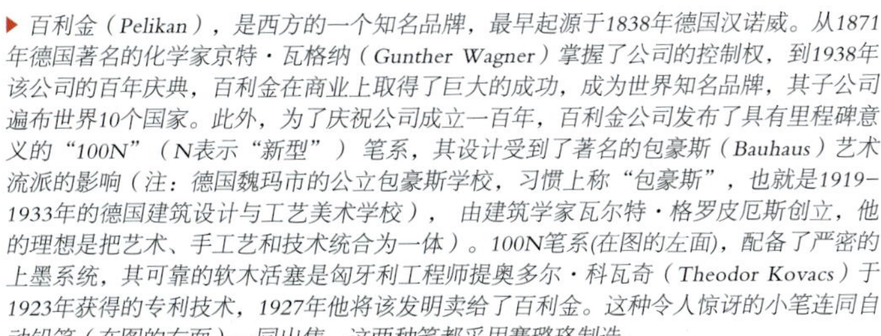

▶ 百利金（Pelikan），是西方的一个知名品牌，最早起源于1838年德国汉诺威。从1871年德国著名的化学家京特·瓦格纳（Gunther Wagner）掌握了公司的控制权，到1938年该公司的百年庆典，百利金在商业上取得了巨大的成功，成为世界知名品牌，其子公司遍布世界10个国家。此外，为了庆祝公司成立一百年，百利金公司发布了具有里程碑意义的"100N"（N表示"新型"）笔系，其设计受到了著名的包豪斯（Bauhaus）艺术流派的影响（注：德国魏玛市的公立包豪斯学校，习惯上称"包豪斯"，也就是1919-1933年的德国建筑设计与工艺美术学校），由建筑学家瓦尔特·格罗皮厄斯创立，他的理想是把艺术、手工艺和技术统合为一体）。100N笔系(在图的左面)，配备了严密的上墨系统，其可靠的软木活塞是匈牙利工程师提奥多尔·科瓦奇（Theodor Kovacs）于1923年获得的专利技术，1927年他将该发明卖给了百利金。这种令人惊讶的小笔连同自动铅笔（在图的右面）一同出售，这两种笔都采用赛璐珞制造。
照片中的产品是战前1939年生产的。1942年该产品采用了经过重新设计的更为实用的软木活塞取代了旧活塞，并采用合成材料制造。百利金工厂一直持续运营，直到二战末期。其工厂最后关门的原因至今仍不是太清楚，有可能是因为缺乏原材料，也可能是因为产品的销售问题。不论何种原因，1946年该工厂又得以重新恢复生产。百利金钢笔是一种非常好的纪念品，一些美国权贵就将这种钢笔带回了美国，现在的百利金仍然是世界知名的钢笔品牌，并仍在市场上销售。

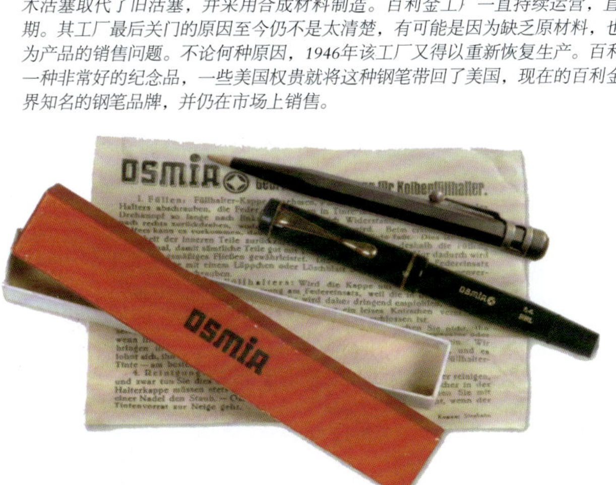

▲ 德国生产的带有原始包装盒的奥斯米亚（Osmia）钢笔，下面的说明介绍了军人如何在小卖部购得这种钢笔，上面是由同一厂家制造的胶木自动铅笔。在二三十年代，创立于1919年且富有名气的奥斯米亚也是一个著名的品牌，在1935年被另一个著名品牌辉柏嘉（Faber Castell法贝尔-卡斯泰，现译辉柏嘉)并购。

▼ 二战时期的卡威高钢笔的广告。卡威高公司于1883年在德国的海德尔堡成立，也是德国重要的钢笔制造商和零件工厂，现在这个公司依然存在并继续销售这种品牌的钢笔。本图展示的这支钢笔由赛璐珞和随着时间氧化变成了褐色的硬化橡胶制造，其白金笔尖上有德固赛（Degussa）商标，这支钢笔制造于战争期间。

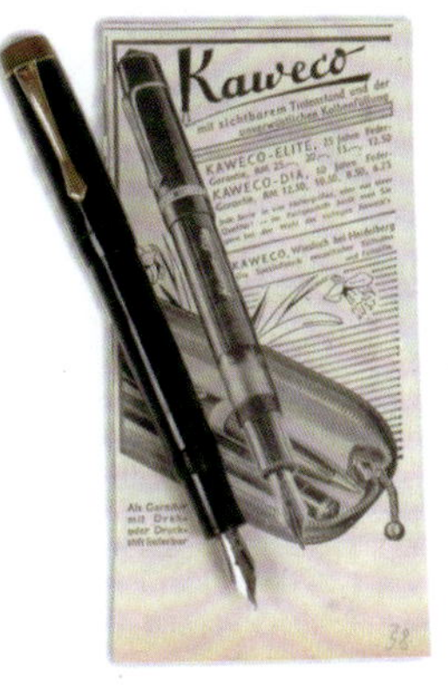

▲ 在战争期间，卡威高公司生产的带有其商标的钢笔尖。在战争爆发之前的1938年，纳粹政府在钢笔的生产上限制使用黄金，并强迫钢笔出口以确保资金的流动性，因此只有豪华版钢笔才能出口，而廉价的装有普通钢笔尖和镀铬配件的钢笔只用于国内市场。

◀ 当时流行的百利金钢笔墨水，注意在瓶盖上不存在任何厂商标识，这是受战时经济紧缩的影响，压缩生产成本的结果。

▶ 两瓶同时代的钢笔墨水，其中一瓶的制造厂商未知，另一瓶带有钢笔的钢笔墨水由百利金制造，带有一个金属制的瓶盖，这是典型的受战时经济影响的结果。

◀ 在这张报纸广告上，能清楚地在钢笔墨水瓶盖上看到百利金公司标识。

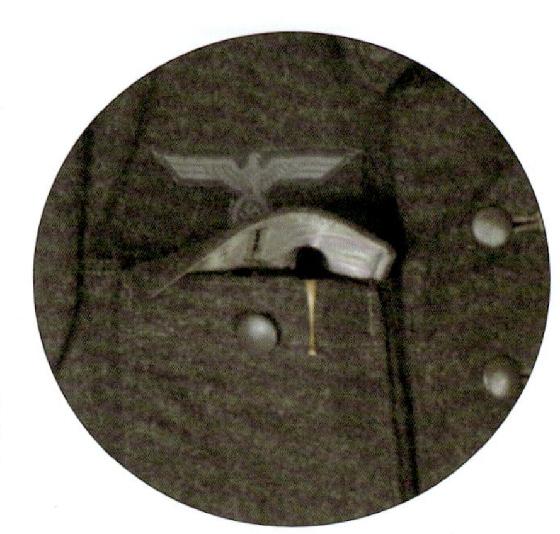

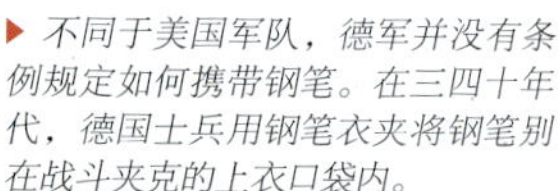

▶ 不同于美国军队，德军并没有条例规定如何携带钢笔。在三四十年代，德国士兵用钢笔衣夹将钢笔别在战斗夹克的上衣口袋内。

▼▶ 漂亮的笔迹与书写的工具，包括一支钢笔和一瓶墨水。这张照片展示了颇具现代艺术气息的胶木制造墨水瓶和一个橡胶油墨橡皮擦，边上的瓶子里装满了水，然后再向水内添加墨汁片或墨汁粉混合搅拌就可以制成书写用的墨水。

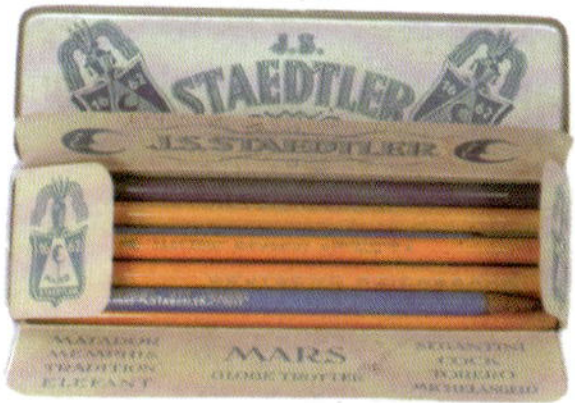

◀▼ 这些图样不同的铅笔盒都是当著名的品牌产品，有辉柏嘉、冯·戴克（Van Dyke）、施德楼（Staedtler）和约翰·法贝尔(Johan Faber)。约翰·法贝尔是法贝尔的弟弟，在1849年移居美国。德国辉柏嘉始创于1761年，从其小作坊里生产出世界上第一支铅笔起，到今天已有250多年的历史，是欧洲最古老的工业企业之一。德国的施德楼，于1835年创立，是当今欧洲最富影响力的文化办公用品生产商，也是世界文化用品销售排名位居前列的国际著名品牌。

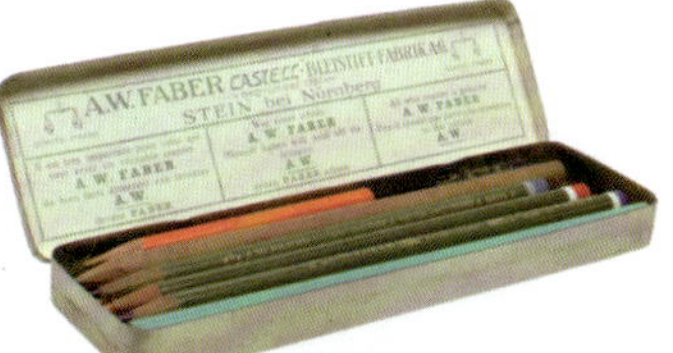

▲ 陆军财产标记“Heerseigentum”，上面带有武器装备局验收戳记。

▶ 一些军方发行的铅笔实物和一本由服役士兵使用的笔记本。

▼ 一个1939年生产的冯·戴克牌“战争老兵”纪念笔盒，内部通常带有其产品小册子，背面是一些不同的铅笔和墨水橡皮擦产品广告。

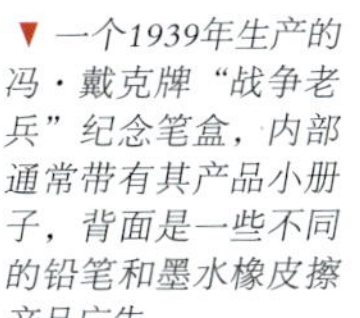

◀ 冯·戴克产品目录。

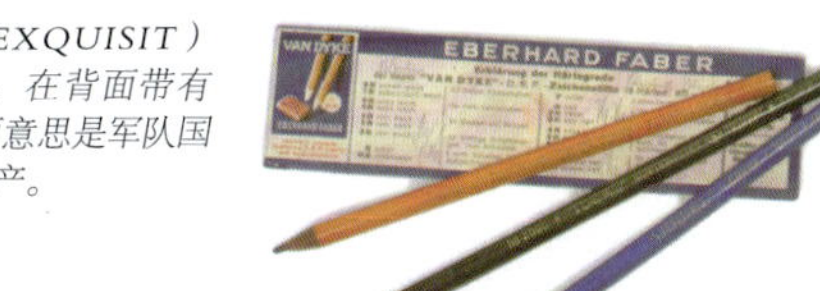

▼ 一套完整的“精品”（EXQUISIT）铅笔。这种铅笔供应陆军，在背面带有Wehrmacht-Eigentum（字面意思是军队国有）印记，表明属于军队财产。

▶ 一个小的胶木文具盒，用来盛装一些文具用品，如橡皮擦、邮票、削铅笔刀、笔尖等，这里展示的笔迹是部队在战场书写笔记的典型风格。

◀ 受到世人欢迎的冯·戴克品牌广告。

◀ 由法贝尔（A.W.Faber）制造的胶木削铅笔机。在部队训练期间以及官兵在住处，使用这种削铅笔机非常的普遍。

◀ 当时使用的由不同生产商制造的各类橡皮擦，有百利金、汉莎(Hansa)、埃贝哈德·法贝尔（Eberhard Faber）。

▶ 这是军队小卖部里一个极其普通的瓶子，橡皮擦被装在里面进行售卖，在这个瓶里装的是百利金橡皮擦。

▼ 在军队中，可以通过自己部队的军士获得免费的明信片。小卖部必须要有良好的供应保证，才有资格出售这些宣传明信片。

▲ 士兵可以在军队的小卖部购得书写用品，包括官方批准规格的信封和信纸。

◀ 通常从前线发出的书信不需要邮票，条件是不得超过35克，例如这里展示的一些实物。但大家通常的做法都是寄一些带有邮票的家信，以确保发件人能够收到回信。

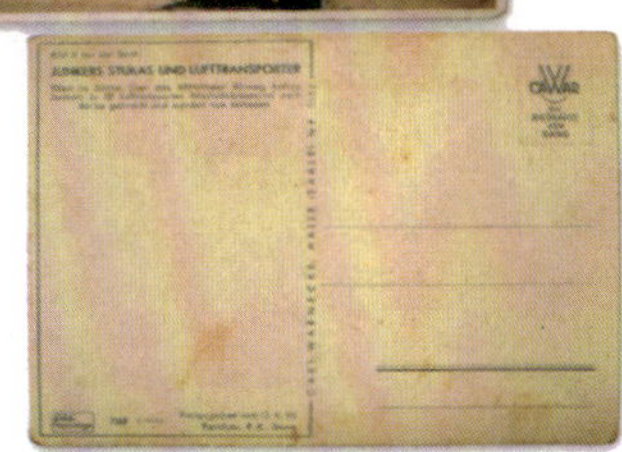

▲ 军人可以在军队的小卖店购买一些明信片，最后面的是一张写给母亲的明信片。

◀ 德意志帝国邮票，军人与平民可以用其来邮寄信件和包裹。尽管通常在战场上并不需要邮票，因为邮件是免费的。但在发送前，首先要经过军方检查员的检查，这样做是试图通过家信来提高军民士气，另外免费邮票也由部队进行发放。这里展示的邮票，第一排中间是1944年希特勒执政11周年纪念邮票；第二排左边是1943年慕尼黑啤酒馆政变20周年纪念邮票，第二排中间及右边两枚是1944年第七届射击锦标赛纪念邮票；最下面一排是1944年德国救济机构10周年纪念邮票。

1. 一张1942年7月发行的军用包裹邮票。当时，向前线或从前线邮寄小包裹使用的包裹通常是褐色的。这里的这张邮票是最后一种样式，为1944年圣诞节发行的绿色小尺寸邮票。这种邮票也进行了分发，最初每名士兵分发一枚，后来增加到两枚，直到1944年。但这以后就消失不见了。

2. 1940年纳粹军用航空邮票，图案为容克52运输机，用于从遥远的地点邮寄信件或包裹时使用，例如苏联或巴尔干半岛。最初部队每月供应每名官兵4枚这种邮票，从1943年开始增加到8枚。

3. 设计用于2公斤包裹邮寄的最后版本的包裹邮票，可以用来从家乡向前线部队士兵邮寄衣物等。

1

2

3

▶ 可能是非免费版的德意志帝国邮票。

军用钟表

在二战期间，军用手表在生产与使用方面都取得了重大的进步。军事科技的发展与进步使得军队变得越来越复杂，创新的“闪电战”战术也要求军人能够准确掌握时间，因为在闪电战进行的一小时之内，在战场上就有可能发生许多新情况。二战德国的军用钟表，主要是怀表和手表，用来配备给军官、军士，以及有业务需要的士兵。然而，由于战争期间德军的急速扩充，导致的结果就是钟表需求大大超出了陆军统帅部（OKH）和德国钟表生产商们的预料。因为对军用钟表的需求量太过庞大，包括汉哈特（Hanhart）、荣汉斯（Junghaus）和金茨勒（Kienzle）等德国钟表商，即使全部开足马力生产，也不能满足德国军方对钟表的数量以及不同规格标准的需要。

为了弥补这种产能与需求的巨大缺口，1942年瑞士浪琴（longines）公司成为首个德国军用手表的外国供应商。此后一些其他品牌，如阿帕那(Alpina)、马尔可(Mulco)、铁达时（Titus）、米纳瓦（Minerva）、鹅牌（Record）、真利时（Zenith）、赛尔维那（Silvana）和其他品牌也陆续成为德国军用钟表供应商。在二战时期，瑞士的制表公司也制造了大量的各种军用手表，来满足各个交战国家对军用手表不断增长的需求。最后，战争导致军用手表大规模发展的结果，就是同一种款式的手表可能在英国，也可能在德国都在进行生产，仅仅在钟表的标记上有些简单的变化罢了，而在手表上的时刻标记上，交战双方都是一样的。

▲ 黑色表身的民用型荣汉斯怀表，并采用了军队流行的白色表盘。这种怀表对于在战场上掌握哨兵换岗时间非常的有用，类似德国制造的怀表在底盖上还带有一个鹰徽和字母“M”。

▲ 底盖内带有调校时钟的控制部件。

▲ 荣汉斯制造的带有链条与保护罩的精密计时表，这种钟表对于协调炮兵行动是非常有用而不可缺少的。

▲ 一款品质较低却也是德国著名品牌的金茨勒怀表，这种怀表在基层部队非常受欢迎。

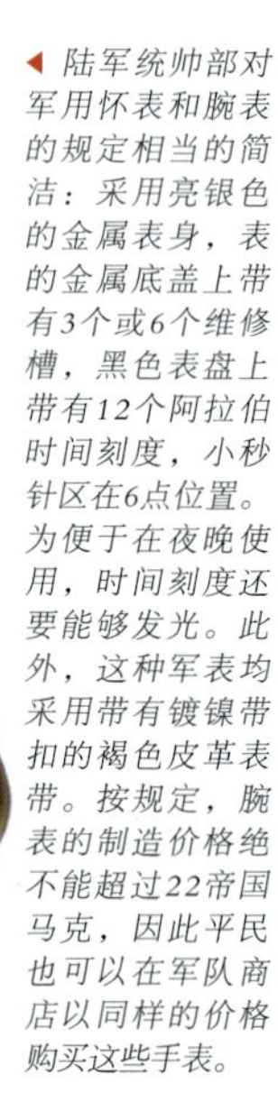

◀ 陆军统帅部对军用怀表和腕表的规定相当的简洁：采用亮银色的金属表身，表的金属底盖上带有3个或6个维修槽，黑色表盘上带有12个阿拉伯时间刻度，小秒针区在6点位置。为便于在夜晚使用，时间刻度还要能够发光。此外，这种军表均采用带有镀镍带扣的褐色皮革表带。按规定，腕表的制造价格绝不能超过22帝国马克，因此平民也可以在军队商店以同样的价格购买这些手表。

◀ 手表底盖上带有字母戳记“D H”与军队采购合同序号，上面的“STAHL BODEN”戳记表明为钢质表壳，“WASSERDICHT”表明这款手表防水。“D H”这两个字母的具体意义目前并不完全清楚，其中“D”可能表明是系列手表（Dienstuhr）或德国(Deutsches)之意，“H”可能代表陆军（Heeres）。

◀ 赛尔维那（Silvana）生产的30年代典型风格的腕表，并配有不符合军方规定的表带。

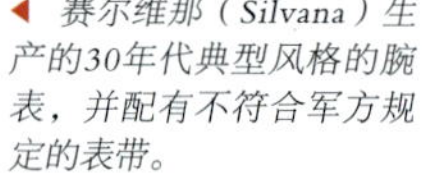

▼ 为了防止手表遗失，对这款手表的表带带耳进行了改造。

▲ 由瑞士著名的真利时公司生产的怀表，怀表序列号是“D 8413348 H”，并采用坚实的镍银金属制造，还带有抗震结构。此外表盘为黑色，在6点位置带有秒针区，这种不带有标记的怀表是出售给军队的型号。

▲ 底盖上带有3个凹槽，符合陆军统帅部对军用手表的要求。这里展示的是一款高品质的怀表实例。

▲ 在军队配发的长裤前面通常有一个表袋，从这张照片上我们能看到一个用来系怀表的表链金属环。

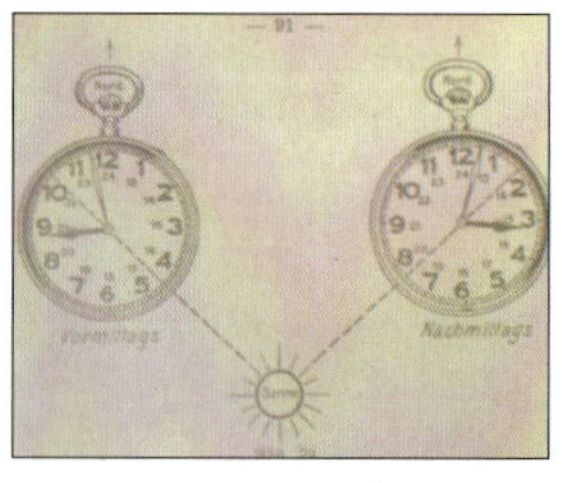

▲ 从这张图上可以看出，怀表也可以用作罗盘来指示方位。

军用眼镜

▶ 标准的眼镜由一种白金属制造。这种金属是一种铜镍合金，眼镜架的镜腿是一种弯曲的形状，挂在耳朵上可以防止眼镜遗失。这里展示的实例是军人证上的内页，记录着眼镜交付情况和眼睛的视力资料。

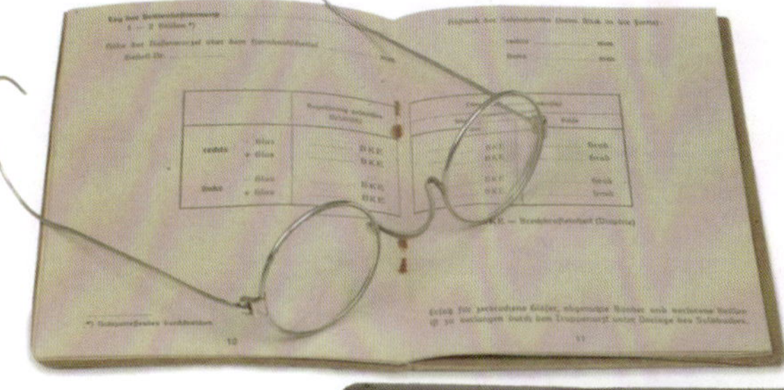

▼ 与其他国家的现代军队一样，德国士兵也存在视力问题。解决这一问题的选择之一就是军方发行的眼镜，即“Dienst - Brille”眼镜，采用一种珍珠灰色的金属眼镜盒。

▶ 装在眼镜盒内的眼镜，其专用的记录卡片还是空白的。

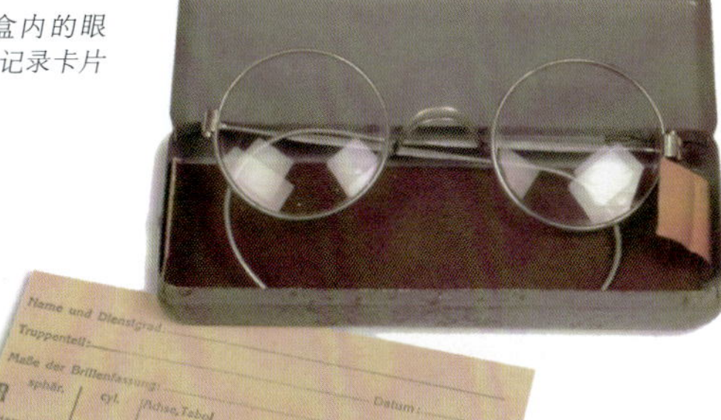

◀ 部队还需要一种特别的眼镜，以供佩戴防毒面具时使用。这种专用眼镜没有金属镜脚，改为采用一种松紧带的方式系在耳后，这样做不至于妨碍佩戴防毒面具。

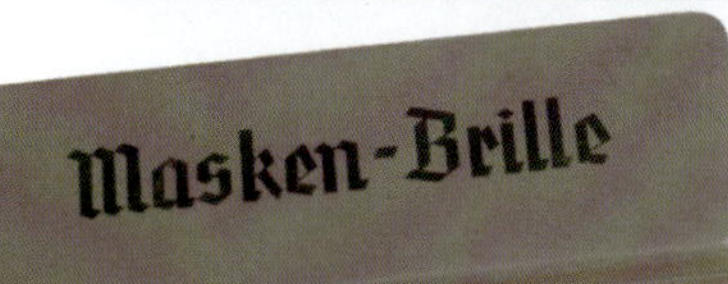

▼▶ 光学卡片上记录着眼镜镜片类型，和眼镜拥有者及佩戴士兵的身份。了解这些卡片在哪里生产也是一件特别有意思的事情，但现在已很难弄清楚这些情况了。

▲ 用于佩戴防毒面具时使用的眼镜及其镜盒，镜盒上带有“Masken-Brille”字样，表明这是专用于佩戴防毒面具时使用的专用眼镜。

▼ 关于如何系这种带子的使用说明，有些麻烦且勉强具有可操作性。

▲ 眼镜镜盒内带有眼镜使用说明。

▼ 在德军士兵的装备中，有时我们还能看到护目镜，其作用是防止阳光与灰尘等对眼睛造成伤害。德军的这些护目镜采用不同的玻璃制造，并首先制造了一批绿色版的护目镜以供摩托化部队使用。二战德国最普通的护目镜采用奥尔（AUER）玻璃与黑色橡胶制造。

▲ 采用奥尔玻璃制造的护目镜，及护目镜型号为Neofan的细节。

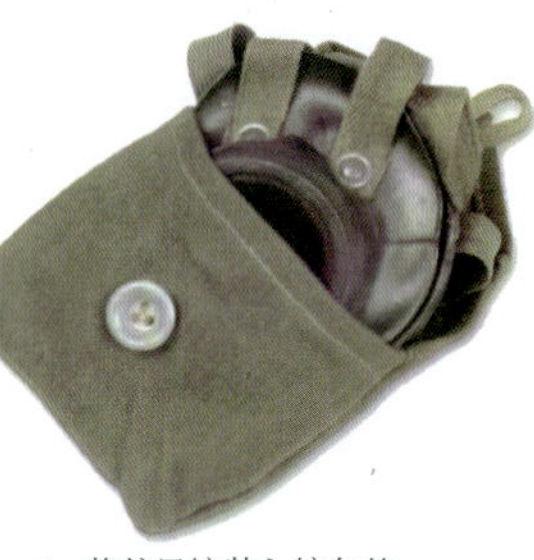

▲ 将护目镜装入镜包的正确方法。

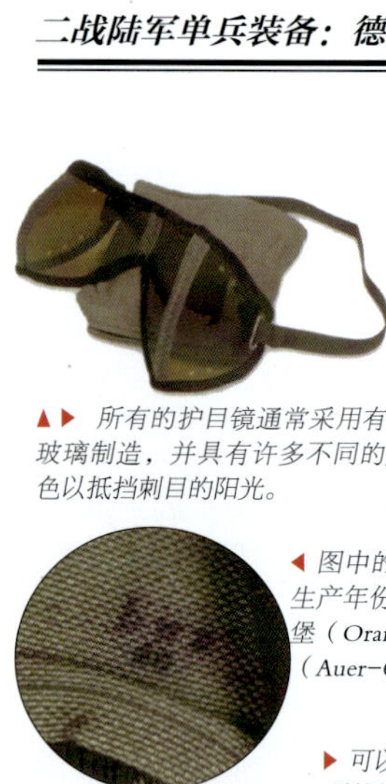

▲▶ 所有的护目镜通常采用有机玻璃制造，并具有许多不同的颜色以抵挡刺目的阳光。

◀ 德国在欧洲和非洲存有大量的英国护目镜，德军发放并使用了这些护目镜。通常情况下，这些护目镜非常容易与德国产的护目镜相混淆。

▶ 雪风镜的镜边采用皮革制造，为避免刺目的雪地反光，其镜片内部被涂成了黑色。

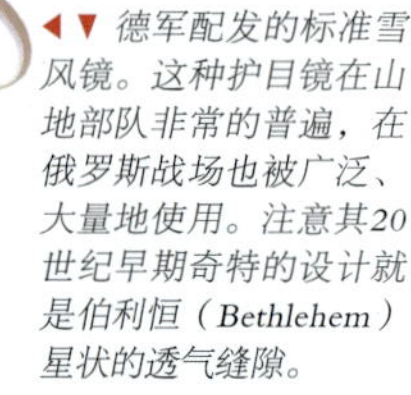

◀ 图中的制造商代码标记“bwz”和生产年份“1944年”，表明由奥拉宁堡（Oranienburg）的德国煤气灯公司（Auer-Gesellschaft AG）制造。

▶ 可以选用的这种护目镜的布质护垫的变型版本，甚至可以折叠起来保护护目镜的镜片。

◀▼ 德军配发的标准雪风镜。这种护目镜在山地部队非常的普遍，在俄罗斯战场也被广泛、大量地使用。注意其20世纪早期奇特的设计就是伯利恒（Bethlehem）星状的透气缝隙。

◀▲ 山地和摩托化部队的另一种版本的护目镜。这种护目镜的框体由灰色皮革制造，也有采用品质较差的由不同颜色的合成皮革制造的版本。护目镜不仅仅设计用作防护装备，也是战争初期的光学设备之一，其中的制造商之一就是特别著名的光学制造商卡尔·蔡司。这种特别设计的护目镜用来抵御阳光，这种型号的护目镜被称为“暗影”（Umbral）。

◀ 太阳镜和涂漆的金属镜盒，发行这种太阳镜对观察和射击来说是有必要的。

▼ 合成皮革的护目镜袋，其内部的印记表明了护目镜型号和防护等级（55度）。此外，一个制造商的小传单也包括在内，注意其可以扣合的RRYNM型摁扣。

▼ 民用眼镜。这种眼镜并没有提供给部队，但在部队中使用这种眼镜也非常普遍。

▼ 护目镜的内侧视图，注意其边框上的通风孔，可以用来防止内部水汽凝结。

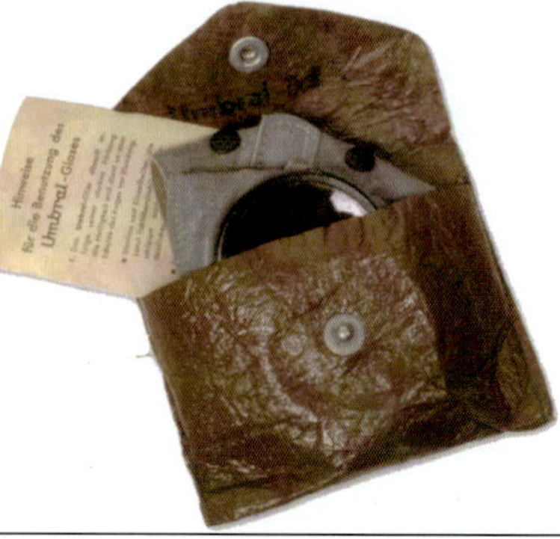

照相机

20世纪30年代，在大西洋两岸，照相机的生产呈现出一片繁荣景象。在欧洲，德国是一个传统的专业光学设备制造国，并且成功地生产了小型轻便、实用紧凑的35毫米胶卷的照相机。这些照相机总体上轻便而且易于操作，并且造价低廉，这样我们今天才得以看到几百万张由战斗人员拍摄的各种战地及生活照片。这些照片生动地记录下了在第二次世界大战的6年间，在世界各地不断上演的残酷而又多彩的战争景象。这些照片让历史定格，成为摄影的历史记忆与证词，同时照相机也就成了历史的眼睛。

▲ 徕卡相机的诞生，完全是出于偶然。徕茨（Leitz）公司由厄恩斯特·徕茨（Ernst Leitz Snr）创立于1869年，在显微镜的制造上享有很高的声誉，在当时的欧洲乃至全世界是仅次于蔡司公司的第二大光学公司。徕茨的儿子小徕茨具有非凡的才干，他开始通过多样化的生产拓展公司，甚至侵犯了其竞争对手著名卡尔·蔡司的设计。1911年奥斯卡·巴纳克（Oskar Barnck），一位很有才华的机械工程师，也是一个狂热的摄影“发烧友”，成为徕茨公司研究部主任。为了携带方便，巴纳克特意设计了一种使用35毫米电影胶片，可拍摄 24×36毫米规格底片的小型相机用来试拍，作为拍摄电影曝光时的参考。 不料这台相机非常好用，于是他开始考虑开发研制便于携带的新一代相机。于是他那台采用了42毫米镜头，以1/40秒快门速度，可以拍摄40张底片的“测光机”，成了世界上第一台135相机。巴纳克手工制造了几台原型样机，这些相机实际上仅仅是出于他自己的爱好和使用方便。徕茨公司的老板小徕茨对这个部下相当赏识，在一战结束之后便随即将这种相机投入了生产。1924年，徕卡I型相机推向市场，第一年就生产了接近800多台，从此揭开了著名的徕卡相机的历史。徕卡（Leica)这个名字，是从徕兹Leitz和相机camera两组英文词的字头组合而成（Lei—Ca)，曾按读音组成“LECA”（勒卡），发音容易与法国产的EKA（爱卡）相机相混淆，就改为了“Leica”（徕卡）。徕卡相机具有坚固、耐用、性能优异的特点，并在第二次世界大战期间得到充分体现。在战争中，除了装备德军使用之外，意大利、英国、美国、法国等其他国家的军队中也都有使用。在二战中，徕卡推出的军用相机型号相当之多，令人叹为观止，是当时军用相机的首选，是当时战地记者的重要拍摄工具。徕卡相机常常与战地摄影记者和军人相伴，在战火的洗礼中，也演绎出许多传奇故事。在战争中，徕卡相机不仅仅是摄影记者的眼睛和武器，也是军人喜爱的宠物。第二次世界大战中，在北非战场上，被称为“沙漠之狐”的德军元帅隆美尔，就是一个地道的徕卡相机“发烧友”。时至今日，徕卡相机仍然在不断推陈出新，并是当今世界上最为著名的照相机品牌。徕卡造就了世界相机中的神话，是相机中的永恒经典！

▶照相机上的制造商、序列号和帝国专利（D.R.P）印记。

◀▲ 当时纽伦堡相机经销商的宣传单。

▶相机宣传单的细节。

▶ 1940年，徕卡ⅢC型第一款相机推出，序列号为360.101。此款相机不同于以前的徕卡Ⅲ型、ⅢB型，实际上这是一款全新的产品。ⅢC型最主要的区别是机身变为一个整体，这使得相机更加坚固，经济性更好，机身长度比旧型号增加了3毫米，光圈盘也更加完善。这种非常受欢迎的机型在1940–1945年间，总计生产了大约28000台，最后下线的相机序列号是397.607。提供给德国国防军的军用版徕卡相机基于Ⅲ型系列，最为主要的是ⅢC型。在这张照片上，能够看到原始的40年代配有曝光表的徕卡相机包装纸盒。

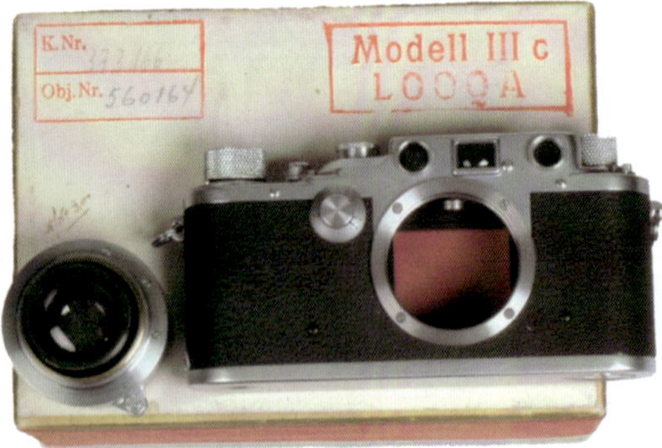

◀ 包装盒的背面，上面带有相机的机型和序列号图章印记，注意红色的焦平面帘幕快门，主要目的是防止热带地区强烈的阳光照射，同时也是由于战时原材料的短缺，这种款式只在战时才如此制造。

▶ 当时深受欢迎的德国徕卡相机的广告。

▲ 相机折叠后，可以很容易地放在口袋内携带。

◀ 徕卡ⅢC型相机华丽的50毫米1：1.2镜头细节，还佩有牢固紧密的原始镜头盖。

▶ 著名的光学仪器商蔡司公司不仅涉足照相机镜头制造，也制造相机。1926年蔡司依康公司（Zeiss Ikon AG）在德累斯顿成立，开始生产盒式相机。1932年开始进入35毫米相机市场，当时在这个相机市场的领军者当然是著名的徕卡。在19世纪30到40年代，蔡司伊康普及了著名的6×9耐特（Nettar）515折叠相机。这是一种坚固而可靠的相机，缺憾就是装胶卷操作时有些复杂，照片中是515/16型相机的开与关状态。蔡司依康出售的每一件产品都有对应的产品型号目录号，一般以一个分数形式表示，分子表示型号，分母表示画幅。耐特相机也生产过多种型号，主要区别是画面尺寸和胶卷不同，其中一种相机规格的快门速度为1/125秒，7.5厘米1：6.3镜头；另一种相机更为先进也更为昂贵，这种相机基于515相机，凯利（KLIO）快门速度有TB 1～1/175秒，1：4.5镜头。在 1939年至1941年期间，这两款蔡司依康相机都进行了生产，并且成为一种非常普遍的相机。

◀ 战前制造的比利(Billy)折叠相机，由爱克发－盖瓦尔特公司(Agfa-Gevaert Company)生产。该公司成立于1867年，是世界著名的感光材料和相机生产商。1926年，爱克发推出了8种照相机样机。1928年开始生产比利照相机，后在20世纪30年代相继生产了依索莱特(Isolette)照相机、摩弗克斯(Movex)摄影机和8毫米摩弗克托尔(Mocextor)放映机。1937年，他们还出产了第一台爱克发小型照相机，命名为卡拉特(Karat)。此外，当时的比利相机采用6×9cm胶卷，1：8.8镜头，因为价格低廉，比利相机也就有了"Record"(记录)的称呼，在民用和军用市场上大受欢迎。比利 Record 系列相机的生产时间跨度较长，从1932年直至1960年左右，现今的爱克发仍然是德国知名的影像产品品牌。

◀▲ 蔡司依康耐特相机已经打开，可以向暗仓内安装相卷。

◀ 蔡司依康耐特相机镜头细节。

◀ 1938年产的比利 Record折叠相机，带有皮革相机套。

▼ 相机的内部视图。

◀ 爱克发1937年出品的小型卡拉特相机，使用著名的35毫米胶卷。

▲ 卡拉特相机的内部，其胶卷的卷片机械结构相当的简洁，使用两个相同的胶卷轴用来定位安装胶卷，注意相机旁边空的"莱斯"（Leere）胶卷盒。

◀▼ 相机皮套分别呈打开与关闭状态。

▲ 卡拉特相机的俯视图，相机折叠机构呈展开状态。在照相机制造历史上，折叠相机曾经是一个大家族，折叠式照相机结构也是相机制造史上最古典的形式之一。在19世纪80年代至20世纪70年代前后曾盛极一时。经过百年来的发展，形成了皮腔伸缩折叠结构和金属、胶木材质的推拉折叠以及齿轮伸缩折叠三大类型。

▲ 卡拉特相机的设计受到装饰派艺术（Art Deco）运动的启发，有多种镜头可以选择：从50毫米1：6.6 镜头（照片左边）、50毫米1：2.8Xenar镜头到55毫米1：4.5Opper镜头。

▲ 瑞丁纳系列折叠相机俯视图。

伊斯曼柯达公司（Eastman Kodak Company），简称柯达公司，创建于1881年，原名伊斯曼干板公司，当时主要生产照相干板，1888年采用柯达作为公司商标。同年发明了将卤化银乳剂均匀涂布在明胶基片上的新型感光材料——胶卷，并推出了柯达1号照相机，这是世界上第一台胶卷照相机。1898年，他们开始生产柯达折叠式袖珍照相机。1927年，伊斯曼柯达公司实际上已垄断了美国摄影工业，并且是美国摄影工业中最大的公司之一。1931年，柯达公司买下一个从事相机设计与制造的工厂，并改名为德国柯达公司（Kodak A.G）。德国柯达于1934年开始制造柯达瑞丁纳（Retina）照相机，这是世界上第一种使用由美国伊斯曼柯达公司生产的编号为135的标准暗盒胶卷折叠式小型照相机，柯达瑞丁纳折叠相机因此又被称为“相机中的杜鹃”。当时徕卡和蔡司的相机比较昂贵，普通消费者难以负担，而瑞丁纳相机结构相对简单，同时轻巧且故障率低，还有就是诱人的价格。除此以外，这种相机还采用了柯达新型的一次性胶卷片盒，使得给相机装胶卷不再烦琐，普通人也能轻松地享受起摄影的乐趣。从这种照相机开始，使用135胶卷拍摄36张24×36毫米画幅底片的照相机便风靡世界，柯达也成了影像世界的巨人！

▶ 瑞丁纳系列折叠相机前视图。

◀▲ 左上为柯达瑞丁纳I 141型，于1937-1941年生产；右上为瑞丁纳II 142型，于1937-1941年间生产；下面是瑞丁纳I119型，于1934-1937年间生产。

◀ 瑞丁纳系列折叠相机的后视图，上面为II型，下面为I型。

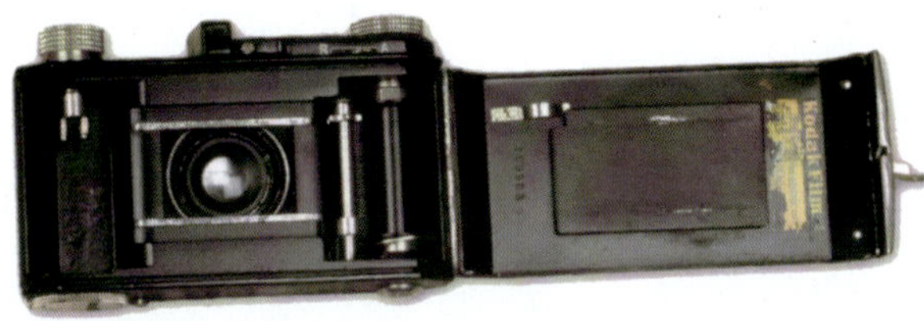

▲ 瑞丁纳 I M119型相机的内部，可以看到灵巧而方便的胶卷系统，相机序列号为 799.903。

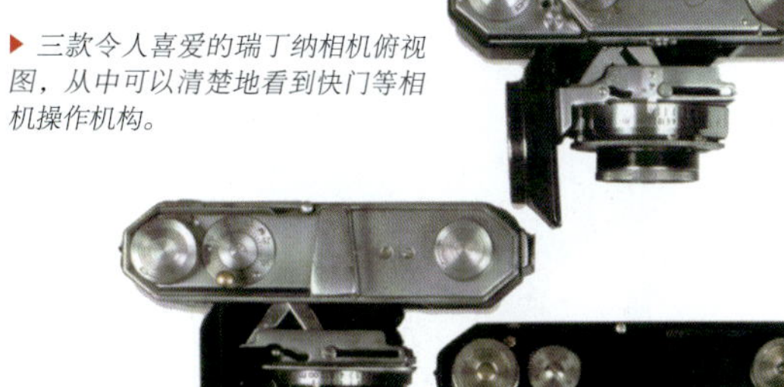

▶ 三款令人喜爱的瑞丁纳相机俯视图，从中可以清楚地看到快门等相机操作机构。

▼ 瑞丁纳II型相机的前部与顶部，以及一些相机辅助配件。

▼ 这张照片展示了士兵携带柯达瑞丁纳相机的方式。

▼ 相机皮套内带上的销售商店的地址印记的特殊版本。

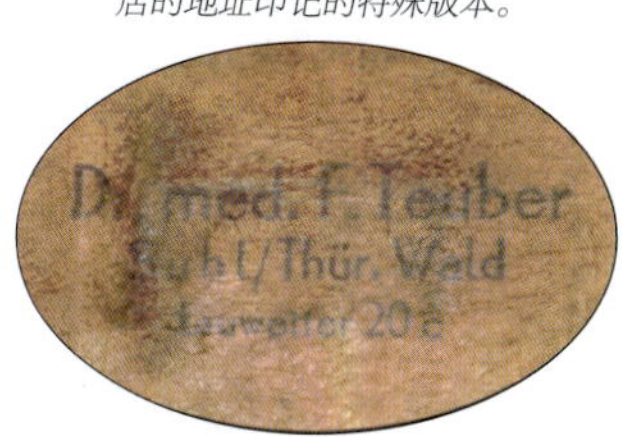

▶ 虽然从1912年4月起，依哈哥就开始生产相机，但让依哈哥真正在相机历史上留名的是1933年2月在莱比锡春季展览中推出的"爱克山泰袖珍"（Exakta Vest-Pocket简称VP Exakta）相机。爱克山泰袖珍相机是一款外形简单，但内部复杂的相机。依哈哥的工程师在1936年的莱比锡新年展览时推出了第二代爱克山泰Kine，即爱克山泰袖珍相机的135片幅改良版，这是世界上的第一部135底片的单反相机，因此依哈哥公司号称现代135单反相机的发明人，单反相机的鼻祖。这款相机带有上片扳手，这项功能要到二次大战后才在其他机型上出现。爱克山泰Kine采用的是腰平（或俯视）式取景器，因为1936年的时候，五棱镜还没出现，按下机身与观景窗之间的按钮就可以把观景窗四个叶片弹出来。该机型及以后的爱克山泰相机都有一个有趣的功能，那就是在机底处有一个小螺丝，把它转松后向外拉，就会带动一片小刀片把在相机内的底片切断。于是，没照完的部分留在片匣中，照完的部分到暗房中取出，这样就使得照完的部分就可以冲洗了。
照片中的这款相机生产于1938年，相机序列号是531724。它的取景器已经展开，旁边是相机配套的原配真皮套，注意相机上的爱克山泰商标与依哈哥厂牌。

◀ 1912年，移居的年轻荷兰人乔翰·斯藤贝格（Johan Steenbergen）在德雷斯顿创立了依哈哥（Ihagee）公司，主要生产胶卷。公司的名称是Industrie und Handels Gesellschaft m.b.h.，简称为IHG。因IHG德文发音的关系而写成Ihagee，也成为公司的正式名称，1919年公司名称又改成Ihagee Kamerawerk Steenbergen & Co.。关于Ihagee的读法，在英文中习惯是"依哈gay"，但不少德国人（比如依哈哥的前员工）却是念成"依哈gee"，所谓大家自己选择一个读法吧。
依哈哥公司生产了两种型号的爱克山泰（Exakta）相机，在镜头上部装有反射腰平式取景器，这在折叠相机中是非常受欢迎的。
1940年1月，德国政府颁布一项法律，敌对国家的公民不得在德国拥有公司和物产。虽然斯藤贝格成就不俗，却也受到这项法律的直接影响。由于斯藤贝格妻子的犹太血统和美国公民身份，致使他的所有财产在1941年被没收，其董事职位也被取消，德国人任命了一位纳粹党员成为工厂的新经理，后来这个工厂完全被德国政府控制用于生产战争物资。一年后，斯藤贝格全家离开了德国，再也没有回到德雷斯顿。1945年2月，许多美丽的德国城市都化成了废墟，其中也包括了斯藤贝格的工厂。二战后，依哈哥公司被划归东德，并生产了一些著名的单反相机，对单反相机的发展做出了巨大的贡献。
照片中展示了两个具有革新性设计的两款爱克山泰Kine相机的广告。

▼内装瑞丁纳M141相机，带有背带的相机皮套。

▲这里展示的是取景器口，注意上片扳手，一旦设定好后再想倒回来就得费一番功夫。快门速度是1000，胶卷计数器是36。对于20世纪30年代来说，这种相机是非常令人惊叹的产品。

▲35毫米胶卷的推进回卷结构，注意焦平面快门和后面的压板。

◀世界第一种配用于爱克山泰单镜头相机的是由梅耶（Meyer）制造的型号为Primoplan的1：195.8厘米，序列号为881653的镜头。德国镜头名厂梅耶，坐落于德国东部萨克森州的格尔利茨(Gorlitz)。在二战前，梅耶就为许多德国相机生产配套镜头，是德国历史悠久的独立镜头生产商，1951年梅耶并入潘太康集团。梅耶镜头的玻璃材质考究，出片画质细腻，尤其对高光的控制绝对一流，梅耶镜头被摄影爱好者们称为光控大师，备受推崇。

▲不同公司生产的胶卷，右边是爱克发、柯达和徕卡的35毫米胶卷。尽管彩色胶卷已经出现，但由于价格高昂，销售得并不多。

◀带有失效期的爱克发和豪夫（Hauff）黑白胶卷。

▼▶在部队中使用这种相册非常普遍，这些照片记录下了军人的真实生活片段，下面的小纸盒里装的是粘接片，粘住照片的四角，可以将照片固定在相册里。

◀当时的阿道斯（Adox）胶卷广告。阿道斯是德国老牌的胶片生产厂商，其历史可以追溯到1860年，现在仍然在生产高品质的黑白胶卷。

▼当时的望远镜三脚架皮革便携包。这种辅助配件对照片拍摄非常实用，尤其是在低光条件下，当时的胶卷也不同于现在的标准，感光标准格外的慢。

照明灯

在20世纪的30年代和40年代，当时夜晚的城镇与道路并没有今天这样明亮，居民们经常浸没在一片黑暗当中。限于当时发展的水平，各种各样的照明灯就大量出现了。那些设计并发放给部队的照明灯通过控制2种或3种红色、蓝色和绿色的有机玻璃来发出红、蓝、绿三种信号，通过控制相应颜色，有机玻璃的滑动钮就可以发出相应的莫尔斯信号。这里展示了照明灯配有的一个上盖，可以降低发光以防止被敌人发现。这些闪光照明灯的顶部和底部各有一个带有扣眼的皮制小挂环，可以将照明灯固定在制服上衣的纽扣上。

▶ 贝尔德利（Pertrix）是另一个生产军用照明灯的公司。

▲ 由戴萌公司生产并供应部队的泰克崔尔（Telkotril）闪光照明灯，比以前的型号的照明灯更加简单。

▶ 通常携带闪光照明灯的方法。

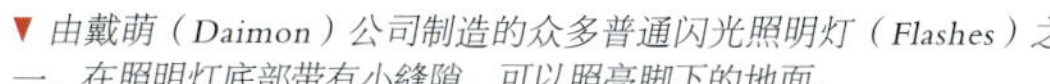

▼ 由戴萌（Daimon）公司制造的众多普通闪光照明灯（Flashes）之一，在照明灯底部带有小缝隙，可以照亮脚下的地面。

▲ 军用的其他型号的闪光信号灯，与戴萌和贝尔德利公司的产品一样符合军用规格。

▲ 4个闪光信号灯的侧面与背面。在20世纪30年代和40年代，德国国防军使用了将近100多种闪光信号灯。

▶ 一个闪光信号灯上的制造商标记及生产年份印记细节。

◀ 民用的手电筒，在漫漫长夜中，这种手电筒非常受欢迎。

▶ 军方发行的4.5伏电池，由VDE制造。VDE的全称是Prufstelle Testing and Certification Institute，即德国电气工程师协会。

▲ 为了照亮整个房间、碉堡等，就需要中型提灯。这些提灯也可以发送灯光信号，甚至可以发送莫尔斯电码消息。提灯三面开孔，还有盖子和提柄，使用的燃料为汽油、石油或者碳化物。我们看到的是一件战争后期，采用冲压与焊接制造的金属燃料提灯，其外表涂成了沙黄色，商标为未知的厂商编码“Ltf”。

▲ 提灯的后面带有一个挂钩，可以将提灯挂在门柱上。

◀ 完全采用胶木制造的碳化物提灯，不同于以往型号的提灯，上面采用薄钢片制成的孔盖，其中前孔盖带有两个圆孔，孔盖上的小孔开在大圆孔内，可以向指定方位发送莫尔斯电码灯光信号。提灯上带有两个小箱子，一个是后面的水箱，另一个是底下带有压力弹簧的碳化石箱，当碳化石与水混合发生化学反应，就可以水解生成可燃气体。

▲ 提灯的前后盖子可以拆卸。

◀ 在这张照片上能够看到提灯的提柄、水箱、调节阀、加注部分，拆下的孔盖可以存贮在里面。

▲ 分解的提灯，可以看到提灯的盖子和燃料罐。

▶ 完全分解的提灯。

◀ 由薄金属片焊接制造的碳化物提灯，注意提柄上的挂钩，可以将提灯挂在屋子等建筑的天花板上。

▲ 提灯底部碳化物箱上武器装备局的验收印记，以及提灯上的制造商题字。这种提灯在战争后期才得以使用。

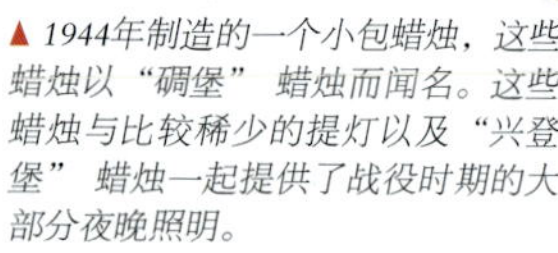

▲ 1944年制造的一个小包蜡烛，这些蜡烛以“碉堡”蜡烛而闻名。这些蜡烛与比较稀少的提灯以及“兴登堡”蜡烛一起提供了战役时期的大部分夜晚照明。

▲ 偶尔写材料也需要光源，为了解决这个问题，军队也发放了一些小蜡烛。其中，正确固定灯芯的方法清楚地印在了蜡烛的标签上。

▲ 官方发行的火柴和“兴登堡”蜡烛。这些蜡烛采用各种回收再利用的蜡制造，在照片右边就是这种兴登堡蜡烛，采用一种扁平的纸制容器盛放。

Deutsche Wehrmacht-Bunkerkerzen

▲ “碉堡”蜡烛的不同的包装盒以及盒子上不同的“陆军财产”标记。

▼▶ 无烟的火炉可以降低被敌人发现的概率，部队也非常认可这些火炉。这些火炉在前线非常的普通，多用在碉堡、交通工具和小房间内。毫不奇怪，军事手册内也有相应的火炉使用方面的指导。

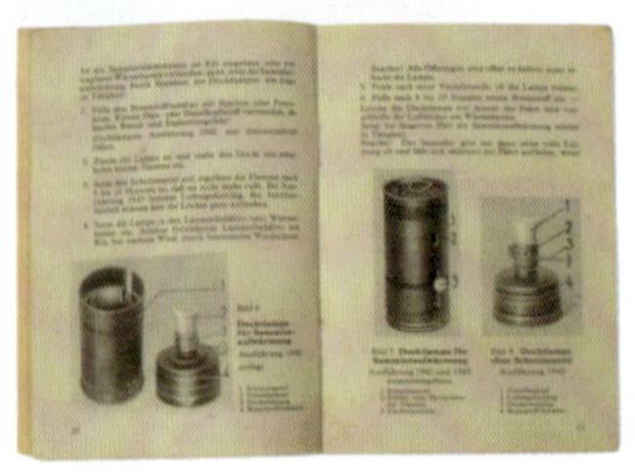

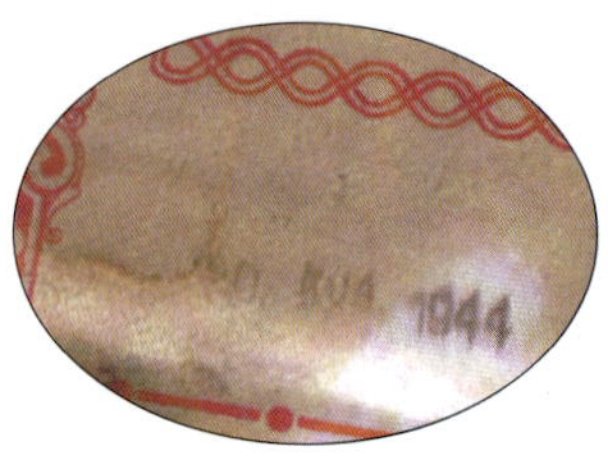

▶ 蜡烛包上印有制造年代的细节。

货币

战争时期的特殊境况对货币的供应和使用也产生了影响，在被德国占领的国家，德国国防军甚至都有自己的特定货币。在1945年5月战争即将结束的时候，德国的一些地区包括萨克森、格拉茨（Graz）、特伦兹（Lenz）、萨尔茨堡 （Salzburg）、西里西亚（Silesia）、苏台德（Sudetenland）和石勒苏益格-荷尔斯泰因（Schleswig-Holstein）都发行了各自的流通货币。

◀ 在军队商店，军人们可以持军人证，用包括钱币在内的财产来购买记事本、电话号码本等等。

▼ 在非德占领土上，使用的民用纸币。通常军人在服役时期不允许拥有民用货币。

◀▼ 当时典型的民用钱夹，令人好奇的是，在皮夹底下为部队印制的歌集书上有一个类似的皮夹图案。

▲ 在德国占领区内使用的由柏林帝国信贷基金（Reichskreditkasse）发行的50芬尼的民用纸币。

▼ 这些纸币于1942年制度化，成为德国军队内部专用的纸币。如果超过德国国防军范围使用，其纸币面值就要放大乘以10倍，这些纸币的图案仅在一面印制。

▼ 1942年的第一版纸币被1944年的第二版纸币所取代，这些纸币在德国国防军内部使用。

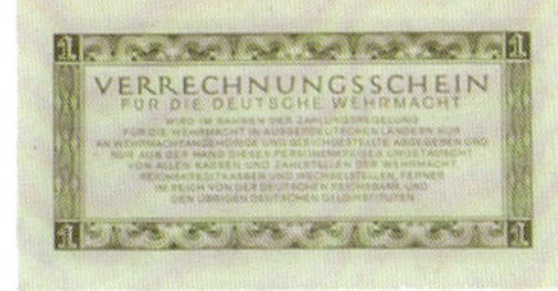

▲ 第二版纸币的背面。

▼ 集中营国防军分遣队人员专用的帝国纸币。

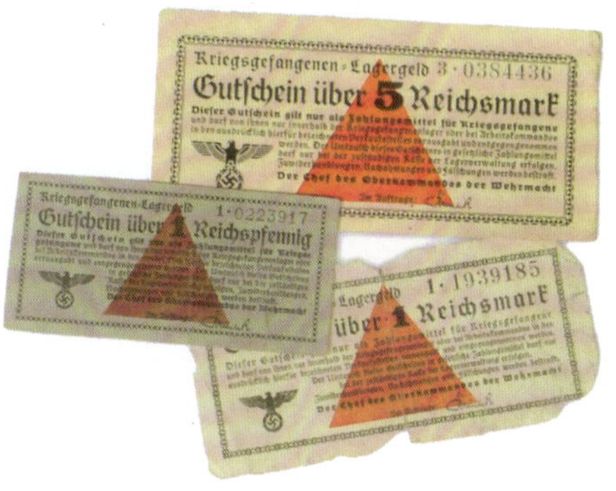

第十章

身份证件

任何隶属国家军队的士兵都会随身携带着相应的证件，以证明自己在某个军事单位服役，二战期间的德国军人自然也不例外。从1935年3月起，德国开始实施普通兵役制，所有年龄在17岁至25岁的德国青年都被要求登记服兵役。德国征兵制的特点就是以“防卫区（Wehrkreis）”为单位负责招募新兵，将德国划分为15个防卫区，每个防卫区下辖两到三个征兵区，而每个征兵区则辖数个分区，负责该区域内的征兵及新训任务。德国就是通过新兵征召与补充制度，保证了源源不断的兵源。征兵制从1939年二战爆发爆发维持到1945年战争结束，其征召的范围逐步扩大，士兵的素质也越来越低。德国士兵通过三种证件来表明其军事服役人员的身份：服役证（Wehrpass）、军人证（Soldbuch）和身份铭牌（Erkennungsmarken）。

每名符合兵役条件的德国年轻人都要到当地的征兵办公室登记，登记后征兵部门会给他们发放服役证。其中一种服役证规格为10.5厘米×14.5厘米，采用磨光纸制造，是一个有52页的小册子，封面带有陆军鹰徽，这种小册子专由柏林的梅滕（Metten）公司制造。在预征登记人员的数据里，包括了服志愿役或服义务役的记录，右侧照片里展示的就是装在平民衣服口袋内携带的服役证的第一页。

当这名预备兵员被正式征召后，由新兵提交的服役证就会换成军人证。与此同时，他以前的包括服役证在内的个人资料也将保存在其分配的团部里。此外，服役证的记录会不断更新，它会记录士兵的各种体检和从军生涯，包括津贴发放、调动情况、学习情况等。只有当一名士兵终止服役时才会将服役证交还给这名士兵。

军人证和服役证的尺寸相同，但军人证封面带有颜色，并印有“Soldbuch zugleich Personalausweis”字样，里面会记录着军人的全部个人信息和体检情况（虽然并不是所有军人证都这样详尽）。除了参与战斗时因有被俘虏的危险而不携带军人证外，士兵都会在制服的上衣左胸袋内随身携带着自己的军人证。根据1939年的命令，在发放军人证的同时，士兵会得到一个印有其个人信息的锌或铝制的金属身份牌，通常上面压印有士兵的编号，及其所属的单位番号。从1941年开始，其中一些金属身份牌上的信息也包括有士兵的血型数据。金属身份牌的上半部分带有两个孔洞，可以穿过一根可调节长短的细绳，将身份牌佩挂在脖子上。当士兵死亡时，身份牌一半会留在尸体上随所有者一起下葬，而带有一个孔眼的另一半则会交给其连队指挥官保存。

◀ 一件当时由士兵私下购买的证件夹。通常情况下，一名士兵用这种文件夹携带他的军人证和其他小物件，例如照片、信件和其他个人财物。

服役证

▶ 带有防水油布保护套的服役证，通常使用的保护套是内带厚纸板的信封式样。

▼ 服役证保护套的封盖可以用来装文件用。

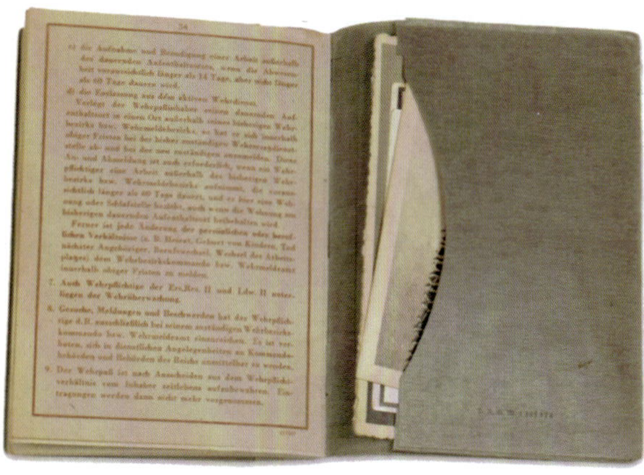

▼▶ 服役证的一些内页，上面记录着一名士兵的整个服役和战斗历程。

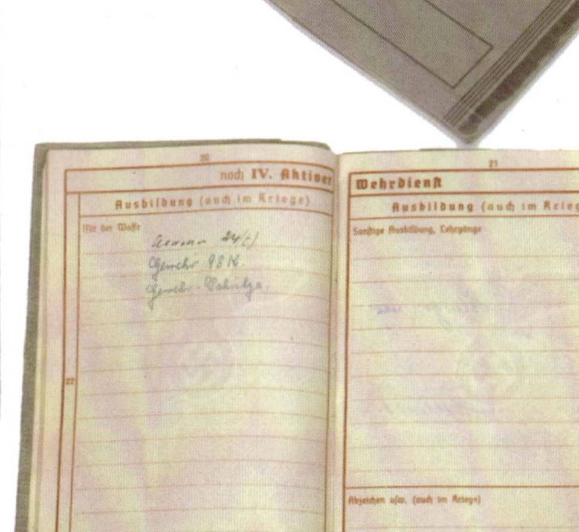

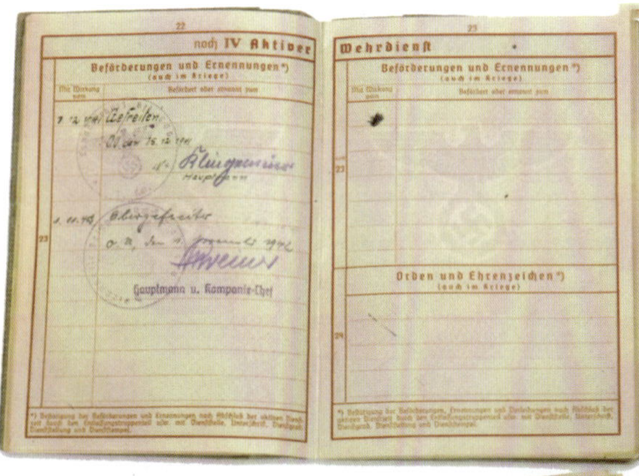

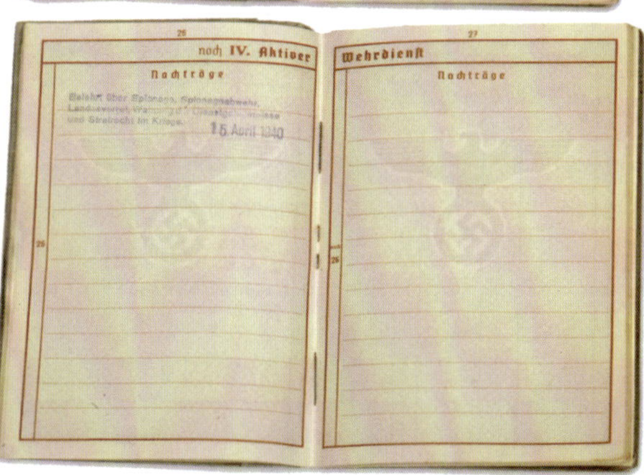

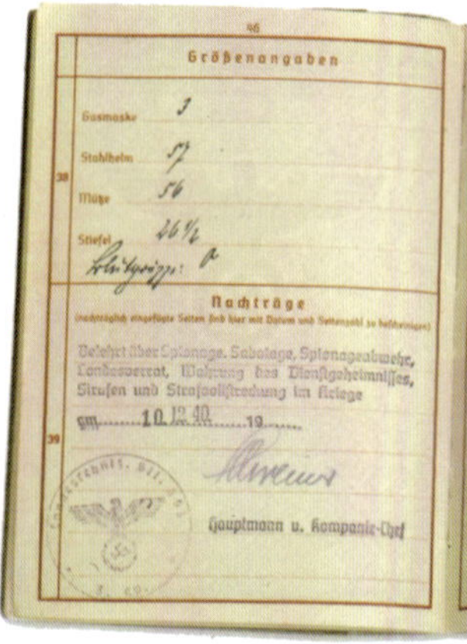

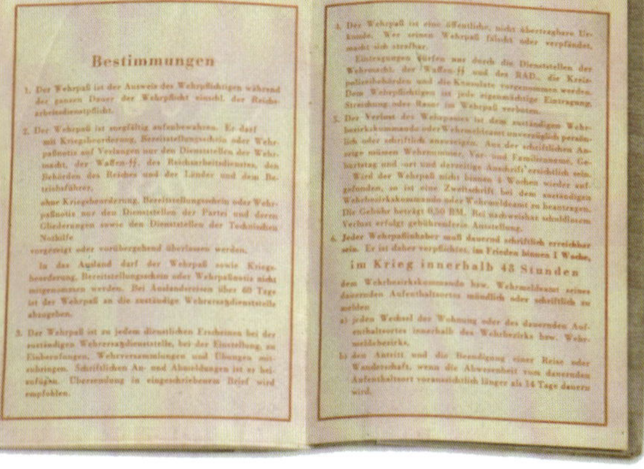

▼▶ 军人证的封面及首页。军人证记录着士兵的编号、军衔、姓名、获得勋章奖章的记录、血型、配用防毒面具的尺寸等信息。

1. 军人证的第2页和第3页。其中，第2页是带有签署的拥有者的个人情况说明，第3页记录着其晋升情况和学习情况。

2. 第4页记录着士兵在各战斗单位的调动情况，第5页记录着士兵亲属的情况。

3. 这些内页记录着士兵的制服变化情况或新准备的接收情况。

4. 第9页记录着士兵的疫苗接种情况。

5. 守备部队、连队、战地和后方医院都可以使用军人证的这张内页做记录。

6. 一名军人的牙齿报告。

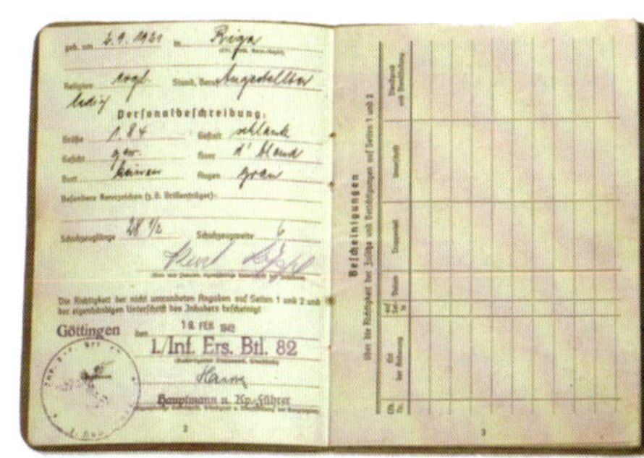

1

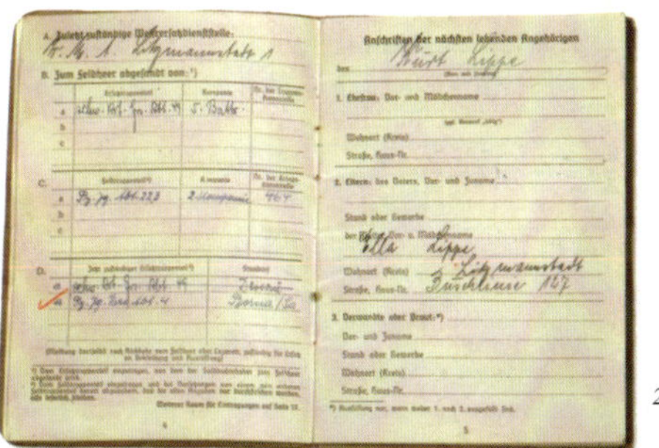

2

3

4

5

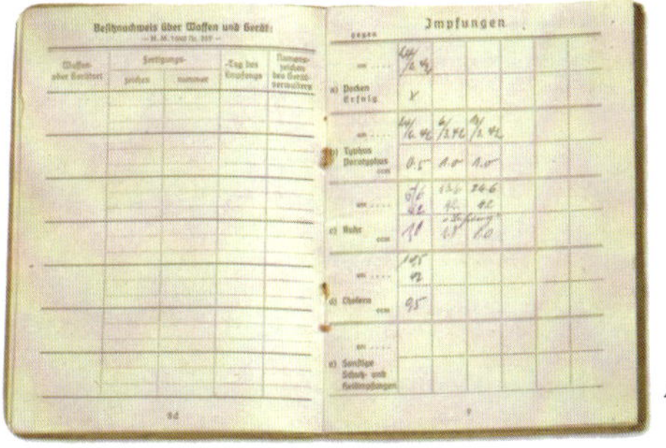

6

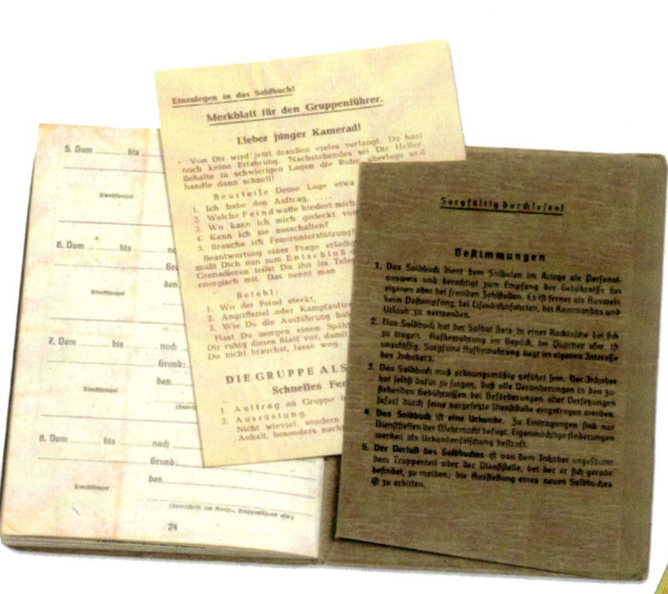
Einzulegen in das Soldbuch!

Merkblatt für den Gruppenführer.

Lieber junger Kamerad!

Sorgfältig durchlesen!

Bestimmungen

1. Das Soldbuch dient dem Soldaten im Kriege als Personalausweis und berechtigt zum Empfang der Gebührnisse bei eigenen oder bei fremden Zahlstellen. Es gilt ferner als Ausweis beim Postempfang, bei Eisenbahnfahrten, bei Kommandos und Urlaub zu verwenden.

2. Das Soldbuch hat der Soldat stets in einer Rocktasche bei sich zu tragen. Aufbewahrung im Gepäck, im Quartier usw. ist unzulässig. Sorgsame Aufbewahrung liegt im eigenen Interesse des Inhabers.

3. Das Soldbuch muß ordnungsmäßig geführt sein. Der Inhaber hat selbst dafür zu sorgen, daß alle Veränderungen in den zustehenden Gebührnissen bei Beförderungen oder Versetzungen sofort durch seine vorgesetzte Dienststelle eingetragen werden.

4. Das Soldbuch ist eine Urkunde. Zu Eintragungen sind nur Dienststellen der Wehrmacht befugt. Eigenmächtige Änderungen werden als Urkundenfälschung bestraft.

5. Der Verlust des Soldbuches ist von dem Inhaber ungesäumt dem Truppenteil oder der Dienststelle, bei der er sich gerade befindet, zu melden; die Ausstellung eines neuen Soldbuches ist zu erbitten.

▲ 这里展现的是军人证的封底部分。照片中展示了插在军人证内的卡片，各部队的指挥官可以用它来打印人员安排通知单。

◀▼ 印刷有官方通告的内页及其细节。

身份牌

▶ 在身份牌拥有者死亡后，身份牌上用细绳穿过的上半部分会佩戴在死者的脖子上，而下半部分则会掰来下，交给连队指挥官。通常士兵的身份牌会装在一个小皮革袋里，以避免冰冷的金属接触皮肤。

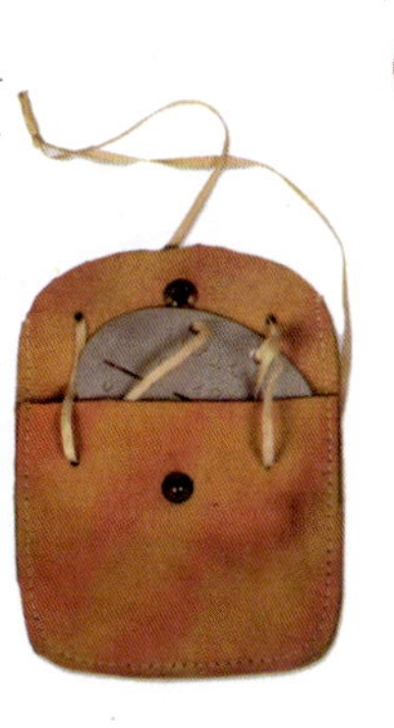

射击记录本

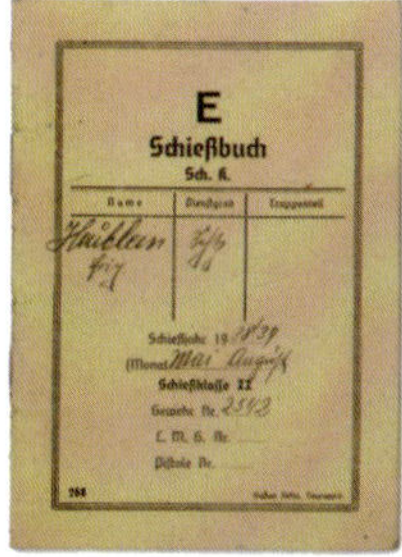

▲ 在军人证中也包括了射击记录本，上面列举了所有者使用不同武器以及武器配发的各种信息。

◀ 射击规定。

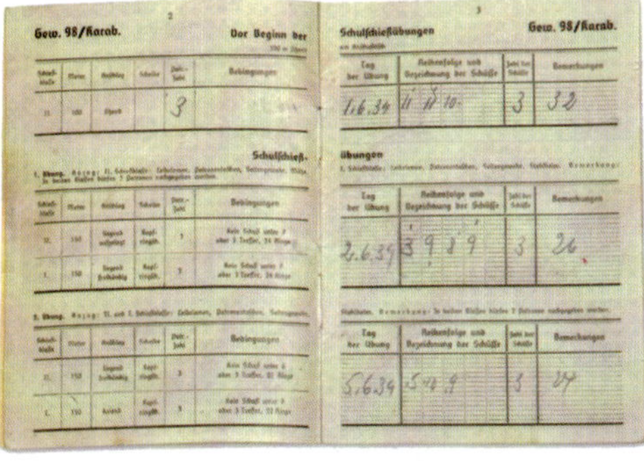

▲ 各种不同武器的射击记录，第一列是不同时期使用kar 98k步枪的射击成绩，第二列则是手枪。

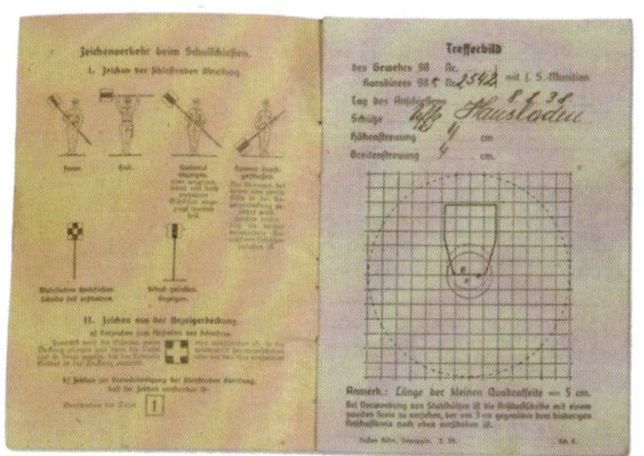

▲ 射击指示图、kar 98k步枪的准心视野，以及一组射击成绩记录。

军队驾驶证

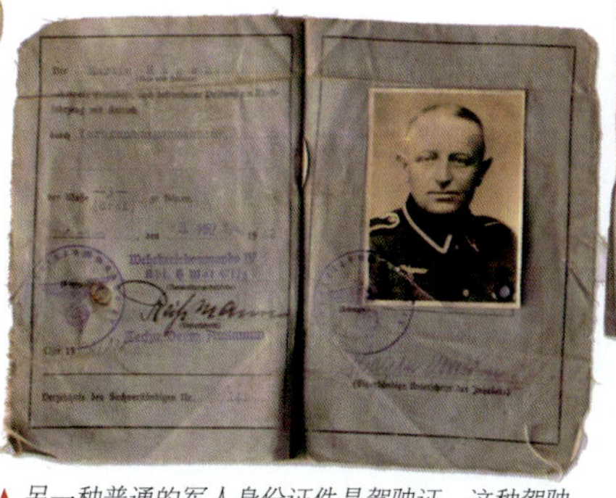

▲ 另一种普通的军人身份证件是驾驶证，这种驾驶证仅在军人于武装部队服役时有效。驾驶证采用亚麻布印制，上面包括军人的个人身份信息，驾驶证上的照片通常为着制服的正装照。

▶ 发给汽车驾驶兵的公路交通信号图书，以及装在口袋内的冬季驾驶手册。所有汽车驾驶兵在左袖口都带有一个表明其驾驶员身份的徽章。

▼ 不同的公路交通信号以及交通指挥手势信号的图书内页，展示了右侧道路具有优先通过权以及各种交通信号。

Oberkommando des Heeres
Heereswaffenamt
Amtsgruppe für Entwicklung und Prüfung
Im Auftrage
Holzhäuer

▲ 这本手册是属于德国陆军最高指挥部一个于1943年设立的特别部门。

军人证件夹

▼▶ 这种军人证件夹在部队中非常的受欢迎，通常由军人的恋人赠予，采用非常硬的羊皮纸制造。证件夹内带有一个可以装照片的透明袋，与笔记本、通信录和日历上的式样一致。

▼ 典型的军人证件夹制造商的印记，这种证件夹的价格是0.75帝国马克。

▶ 部队也使用其他类型的记录，如时间表和年鉴来发布一些通告。

第十一章

荣誉饰品

关于荣誉饰品的历史可以说非常的久远，古代埃及的法老们就曾使用过带有动物和昆虫图案下垂饰物的金项链来显示其高贵的地位。此外，古罗马军团也普遍使用手镯、项链、大奖章、项圈、旗帜等饰物来代表荣耀。在世界历史上，各国部队都有用代表荣誉的不同饰品来表彰军人勇敢的行为和忠诚的服务。为了表彰与颂扬德军纵横驰骋的赫赫战功，第三帝国当然也要充分利用这项已有了一千多年历史的军事传统——荣誉饰品。

荣誉饰品用以表彰个人，以褒奖其为国家提供的卓越服务，包括民事或军事功绩，是一种道德上和经济上的奖励。普鲁士军队当然也清楚地了解这些饰品在军事上的重要性。因此，为了培养军人的荣誉感，普鲁士陆续设立了各种勋章与奖章制度。在第二次世界大战中，纳粹德国的国防军继承和发扬了普鲁士军队的这一传统，在二战期间同样设立了众多的勋章和奖章，形成了一个分支众多、等级复杂的庞大体系，这里我们只摘取几个小片段来管窥一下帝国的勋饰世界。在这些纷杂的帝国勋饰当中，二战军迷们耳熟能详的，就包括了在纳粹德国最受欢迎的铁十字勋章。铁十字勋章不仅是第三帝国最具代表性的荣誉饰品，也是20世纪世界军事奖赏史上最具代表与象征性的勋饰。

铁十字勋章是德国最为著名的军事勋章，可以追溯到1813年由普鲁士国王威廉三世创立，此后在历经了1870年的普法战争和1914年的第一世界大战后才重新开始颁发。1939年9月1日，在德国入侵波兰的同一天，希特勒下令重新起用铁十字勋章，并对勋章图案进行了修改，将纳粹的万字标识融入具有悠久历史的德国铁十字勋章中，从而造就了二战最为著名的铁十字勋章——1939年版铁十字勋章。

1939年版铁十字勋章分为四个等级，即二级、一级、骑士和大铁十字，采取由低到高的顺序进行颁发。二战铁十字勋章的颁发持续到1945年5月，此后就再也没有颁发过。铁十字勋章只在战时颁发，和平时期不再颁发。铁十字勋章不仅授予军事人员，也可以授予为国防事业做出贡献的平民，例如获得一级铁十字勋章的德国著名女飞行员汉娜·莱契 。

◀ *二级铁十字勋章及其包装信封、勋章绶带。二级铁十字勋章的标准包装为纸质信封，勋章获得者可以自行订制比较高档的勋章纸盒。二战期间，一级铁十字勋章颁发了30万~57万枚，二级铁十字勋章颁发了500万枚，颁发对象涉及德国国防军和武装党卫军的所有官兵。*

◀一个勋章制造商的广告。

◀二级铁十字勋章及其包装信封，信封通常是蓝色的，也有棕色的。

▼▶ 采用厚纸板制成的勋章包装盒及其底衬，能在盒底发现勋章盒的生产商编号，以及和制造商标记“D&B”。

▼铁十字勋章的总体风格属于马耳他十字。1939年版二级和一级铁十字勋章尺寸均为44毫米，而骑士十字勋章则较大，尺寸为48毫米。二级铁十字勋章与骑士十字勋章的制造方法相同，由6个部分组成，边框为银制，内部通常为铁制，然后再手工焊接在一起，边框涂白，内部涂黑。两个边框采用通常被称为德国银的材料制造。德国银为铜、锌和镍的合金，随着时间的推移，德国银这种材质会氧化变暗，呈现暗灰色或褐色。

二级铁十字勋章的生产商标记在勋带环上，通常是制造商的数字编号，目前已知139个编号，但也有许多二级铁十字勋章不带有生产商标记。

◀正如照片中展示的那样，在部队中普遍的做法是将勋章弄弯，这也是普鲁士人流行的做法，这会使得勋章佩戴起来更加舒适。

▼照片中展示的是一级铁十字勋章，其制造工艺与二级铁十字勋章大体相同，由7个部分组成。一级铁十字勋章的包装比二级铁十字勋章要更加高档，大多数一级铁十字勋章装在一个称为“西班牙皮革”的高档皮制勋章盒中，还有一部分则装在普通的人造皮革制成的勋章盒中。

▶战争功勋十字勋章，设立于1939年10月18日。军事人员获得的勋章上佩有交叉的双剑，而民事人员的则没有双剑。该系列勋章包括战争功勋奖章和二级、一级及骑士战争十字勋章这四级。照片中展示的是二级战争功勋十字勋章、勋带及其纸质信封，信封上印有哥特体的勋章名称。

▶ 东线冬季作战奖章，习惯性称其为东线奖章（Ostmedaille）。该奖章设立于1942年5月26日，授予在1941年11月15日至1942年4月26日在东线前线作战，并符合一定条件的德军各级官兵。这个时间段正是德国人在苏联煎熬的第一个冬天！最低达到零下52度的严寒使德国人充分领教了苏联冬天的威力，这让德国人吃尽了苦头，这种奖章在德国士兵中甚至以“冻肉勋章”（Gefrierfleischorden）的绰号而闻名。照片中展示了用来装东线奖章的纸质信封（信封正面印有奖章的名称），以及获得该奖章的证明文件。

IM NAMEN DES FÜHRERS
UND
OBERSTEN BEFEHLSHABERS
DER WEHRMACHT
IST DEM
San.Obergefr. Willi Lutz
AM 26.8.1942
DIE MEDAILLE
WINTERSCHLACHT IM OSTEN
1941/42
(OSTMEDAILLE)
VERLIEHEN WORDEN.

▶ 德国的战伤章最早设立于1918年3月3日，分为三个级别。此后还相继衍生出西班牙战伤章、1939年战伤章，以及最为罕见的1944年7月20日战伤章。在1939年9月1日二战爆发时，希特勒重新设立了新的战伤章，依旧沿用黑色、银质、金质三个级别，根据受伤次数或伤残程度授予该奖章。1939年战伤章最初就是沿用了一战的战伤章式样，只在勋章的钢盔图案上印上万字符号。这里展示的是黑色战伤章，最初采用铜板冲压，后来改为钢板冲压，然后在表面涂上黑漆。

▶ 黑色战伤章的背面，采用冲压方法制造。用于受伤1次或2次、执行任务时冻伤时授予。

▼ 步兵是世界上最古老的兵种，被称为战争的女王。二战期间，对于完成最终占领任务的步兵，德国也设立了一些勋饰以表彰这些步兵出生入死的勇气。1939年12月20日，德国官方设立了银质步兵突击章（Infanterie September），以授予步兵连队和山地步兵连各级官兵，标准是在不同时间参加了至少3天的战斗行动。后来，又于1940年6月1日同时设立了铜质步兵突击章和普通突击章，其中铜质步兵突击章授予摩托化部队中的步兵。步兵突击章颁发数量很大，至战争结束时约有94万枚，这里展示的是3个步兵突击章实物。

◀ ▶ 银质战伤章，最初为黄铜镀银，1942年后改用镀锌铜板制造。授予标准为负伤3次或4次，及其他较重的战伤。金质战伤章授予受伤5次及以上，或其他严重伤残与阵亡，这里展示的是银质战伤奖章正背面。

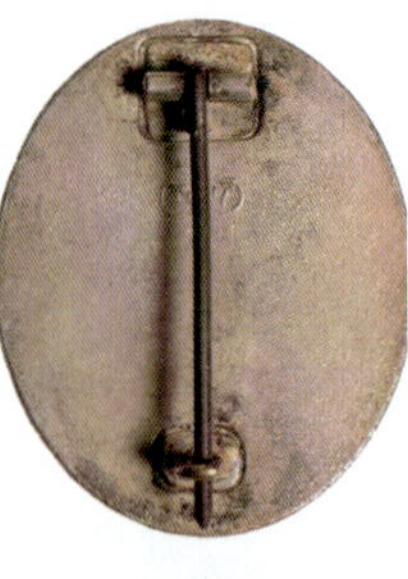

▲ 普通步兵突击章起初采用轻合金，后来改用锌铸造或冲压而成，由此产生铸造而成的背面实心版和冲压而成的背面凹陷的空心版，表面镀银或镀铜。本图为3枚步兵突击章的背面，很好地展示了这两种不同的版本。

▼ 二战时期的德国勋略，从左至右为：东线冬季作战奖章、佩剑战争功勋十字勋章和二级铁十字勋章的勋略。

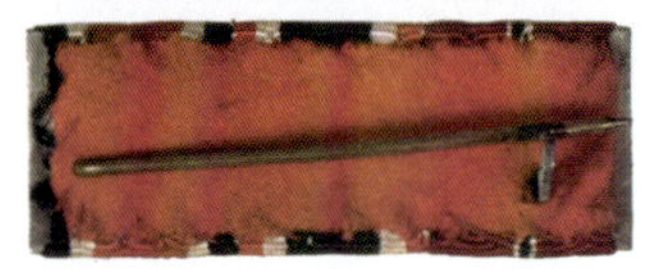

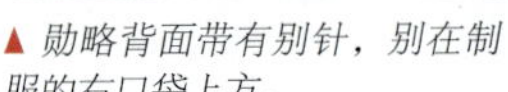

▲ 勋略背面带有别针，别在制服的右口袋上方。

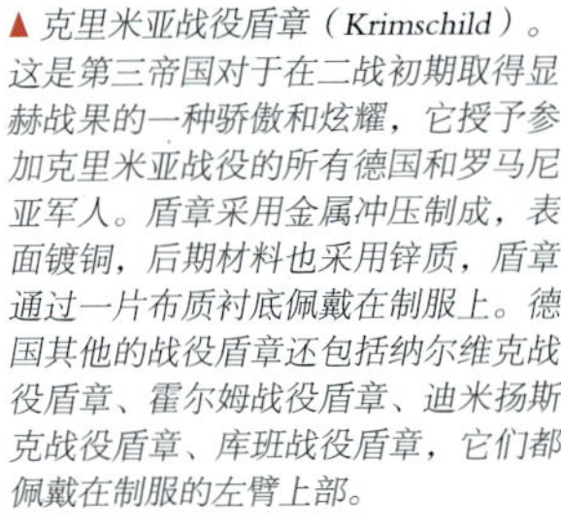

▲ 克里米亚战役盾章（Krimschild）。这是第三帝国对于在二战初期取得显赫战果的一种骄傲和炫耀，它授予参加克里米亚战役的所有德国和罗马尼亚军人。盾章采用金属冲压制成，表面镀铜，后期材料也采用锌质，盾章通过一片布质衬底佩戴在制服上。德国其他的战役盾章还包括纳尔维克战役盾章、霍尔姆战役盾章、迪米扬斯克战役盾章、库班战役盾章，它们都佩戴在制服的左臂上部。

▼ 在二战爆发前，德国实行领土扩张政策，为此也设立了一些纪念领土合并的奖章。例如为纪念1938年3月13日吞并奥地利而发行的合并奥地利纪念奖章；同年10月1日又设立了苏台德区合并奖章，纪念第三帝国合并捷克斯洛伐克的苏台德地区；1939年5月1日又设立了梅梅尔回归纪念奖章。这些合并纪念章都以1938年党代会纪念章为样板，在这张照片左边展示的就是合并奥地利纪念奖章的背面和正面。在规模庞大的二战中，德国人并不是单打独斗，他们有着众多的盟友和志愿者。照片右边为西班牙志愿者奖章，授予作为盟友参加对苏作战的西班牙第250步兵师即著名的“蓝色师”官兵。

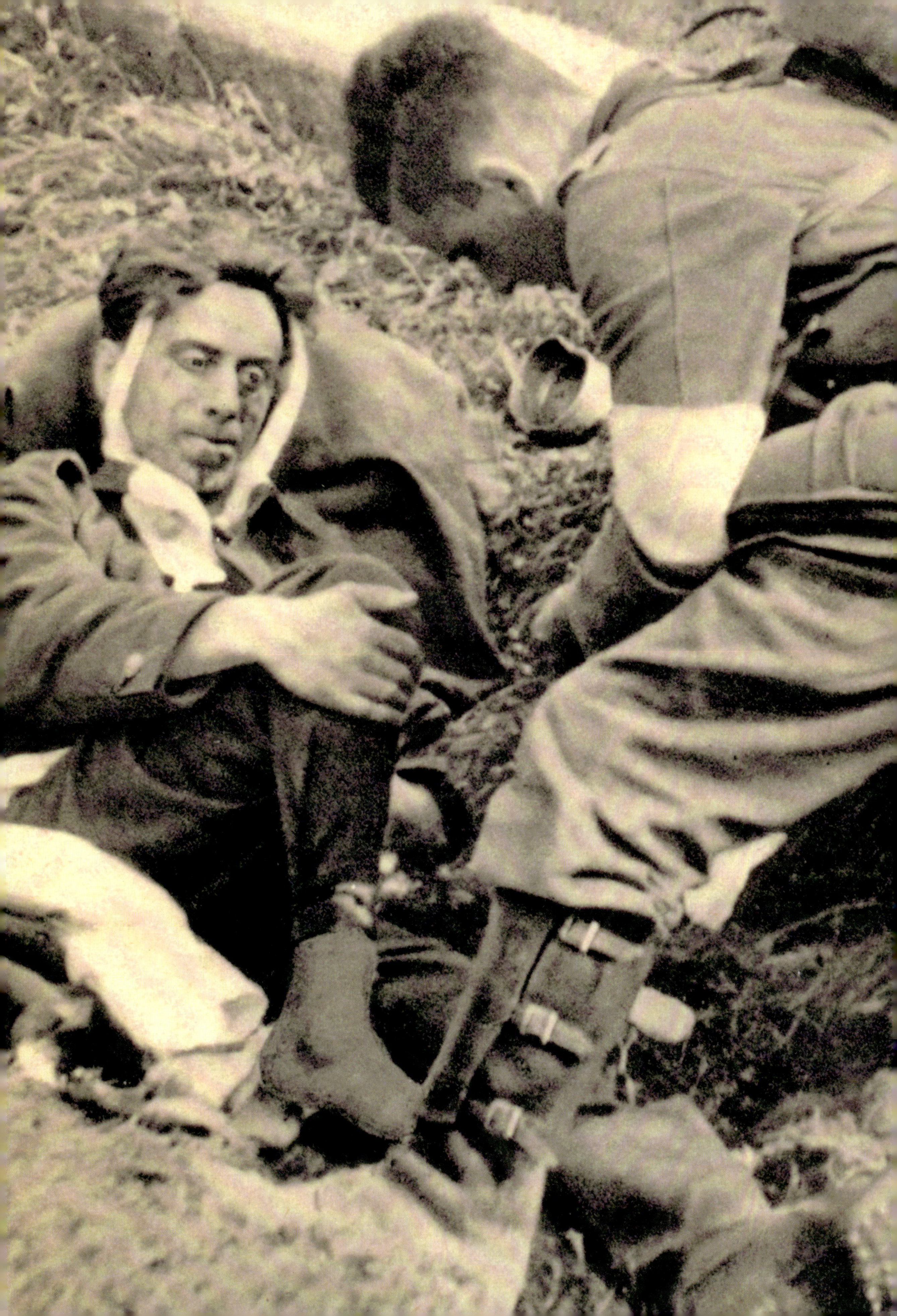

第十二章

健康与卫生

尽管在19世纪和20世纪，人类历史上出现了大量具有重大意义的科学发现，如1928年亚历山大·弗莱明发现了青霉素，它的成功研制大大增强了人类抵抗细菌性感染的能力。而与之相对的是，炸药的威力及破坏能力也在不断地增加，许多化学家致力于研制性能更好、威力更大的爆炸材料。1863年，由J·威尔勃兰德发明了梯恩梯（TNT）；1866年，后来被称为 “炸药之王”的诺贝尔发明了达纳炸药；1872年，诺贝尔又在硝化甘油中加入硝化纤维，制成了世界上第一种双基炸药——胶质达纳炸药。从此以后，性能更好的炸药如无烟火药、黑索今被不断推出，也许人类科技的进步就是这样一种矛盾的螺旋上升统一体。

有战争就会有伤亡，就会有疾病与痛苦，普鲁士军队对这些情况当然早就有所思考，因为在军队中最为昂贵的“项目”就是士兵的增补，“这个昂贵的项目至少需要20年的时间才能造就一名战士”。与此相比，大批量生产的步枪则只需要花费几个小时。因此，二战德国国防军及其医疗部队付出了很多的努力，并致力于维持其步兵处于最佳的状态。轻伤经过简单的治疗在几天内就可以痊愈。看似简单的绷带，在许多情况下却是最为有效的急救手段，它可以有效防止受伤后失血过多，保证伤兵能够存活。许多受伤士兵之所以丧命，绝大部分是因为等待救护的时间过长，而不是因为创伤本身。

战争期间，混乱且经常变换的前线，导致任何装备和补给都有可能缺乏，因为强行冲过混乱的战场去提供补给等后勤支援都是相当危险的。如果一名受伤的士兵经过最初的担架后送，接着被颠簸的救护车运送，随后再用火车转送到后方医院，那么这名受伤的士兵还有被治愈的希望，否则情况就可能糟糕了。

二战爆发后，前线的上百万德国步兵在可怕的境地中战斗，他们在潮湿而又阴冷、到处弥漫着恶臭的地堡里待命，再加上时不时的炮火轰击与激烈战斗，很难保证每个士兵都拥有健康的体魄。除了应对敌人的进攻，士兵们还要面对虱子与跳蚤肆虐的“第二前线”，对抗细菌和病毒可比对付敌人要困难得多。许多战线的状况都远离了人类文明，士兵们在经过长时间的高强度行军后，漫天的灰尘、泥泞的大地、厚重的积雪，使得必需的干净水源都难以获得。此时，多半可以利用的珍贵装备常常不是被弄脏污染了，就是被冰冻住了，如果此时还要想保持军容，去清洁洗涤衣物可是困难重重而且极其危险的。当时的德国士兵就在这种暗无天日的战斗生活里，健康慢慢受到不同程度的侵害，这种损害在部队中有时也会表现得非常明显。

根据德国陆军条例，部队有责任并且应该主动保护自己的设备与装备处于完好状态。虽然在艰苦而激烈的战斗情况下补给比较困难，部队也尽其所能地供应一些必需的日用品，但一些洗漱用品通常都是由士兵在小卖部自行购买或从家乡用包裹邮寄到前线。有时一支部队因丧失作战能力而被大批地消灭，并不仅仅只是因为敌人密集的子弹与炮火的伤害，食物与水的缺乏，各种病菌的侵害或者仅仅因为精疲力竭，都能对一支部队的战斗力造成严重的损害。与这些“敌人”做斗争，也是一项极为重要的工作。疾病有时比受伤还要危险，而大多数患者都对与这种敌人做斗争的战地军医的工作不满。患病对于一名战士来说可不是什么光彩的事，反而会让患者感到羞耻。士兵便经常掩藏一些病痛，直到病情加重不得不接受治疗或救治不及时而导致死亡的地步。在战争中，长时间被人所遗忘的，导致中世纪欧洲大规模死亡的伤寒和霍乱似乎又死灰复燃。杀虫剂、防蚊网、化学药品与干净的水，永远也战胜不了在脏兮兮的环境中像鬼火一样扩散的病菌所造成的伤害。

▼ *士兵的个人洗漱用品。*

▶ 1897年，德国化学家菲力克斯·霍夫曼(Felix Hoffmann)为解除父亲的风湿病之苦，将纯水杨酸制成乙酰水杨酸，这即是学名叫乙酰水杨酸，并至今仍在使用的阿司匹林——一种具有解热和镇痛等作用的药品。1899年，德国拜耳（Bayer）公司创立了以工业方法制造阿司匹林的工艺，并将其命名为Aspirin。1899年3月6日，拜耳获得了阿司匹林的注册商标，该商标后来成为全世界使用最广泛、知名度最高的药品品牌，被人们称为"世纪之药"。后来，拜耳公司大量生产阿司匹林，并畅销全球成为最常用的药物之一。在现代科技不断发展的今天，全球众多制药厂仍在生产阿司匹林，而且与当初从柳树皮中发现的具有解热镇痛作用的有效成分水杨酸，本质上并没有多大的区别。

作为解热与镇痛药品，这种20片包装的阿司匹林专用于德国本土销售。为了缓和极度的疲劳，在部队中也有将阿司匹林作为一种带有兴奋效果的药品在衣服口袋内携带，就像在部队中非常受欢迎的著名的麻黄碱一样。图中的文件是当时报刊上发布的药品广告，其生产商之一便是著名的拜耳公司，另一个为德克多·埃尼根（Dextro Energen）公司。拜耳公司是1863年由弗里德里希·拜耳（Friedrich Bayer）在乌珀塔尔（Wuppertal）创建的，当时主要生产用于纺织品的染色剂。1912年，该公司迁到德国莱茵河畔的勒沃库森（Leverkusen）。1925年，拜耳公司和德国其他几家大型化学公司合并建立法本化学工业集团（I.G. Farbenindustrie AG），即染料托拉斯。拜耳公司更是在后来资助了纳粹党和希特勒多比巨款，帮助其竞选并获得政权。今天的拜耳仍是德国最大的产业集团，也是世界500强企业之一，其分支机构几乎遍布世界各国。

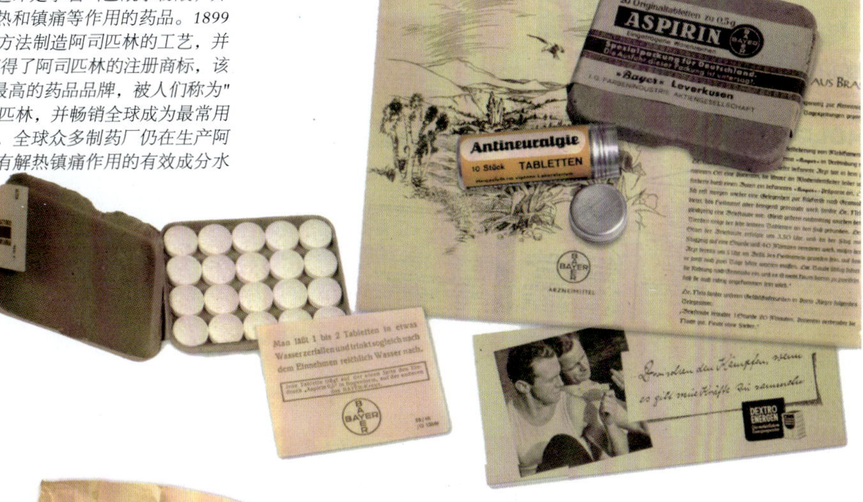

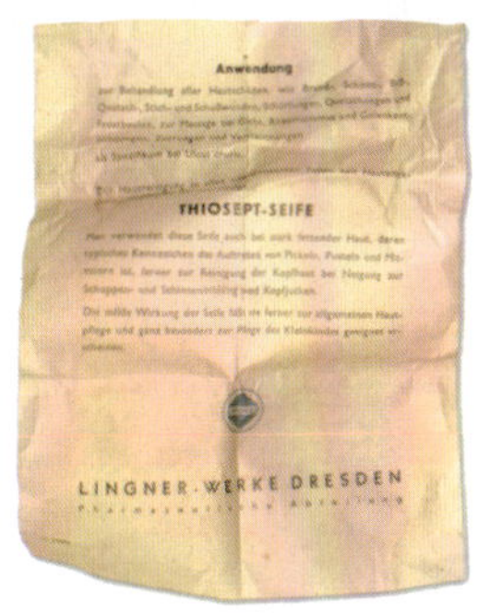

◀ 非军方发放，由士兵私人购买的用于创伤的消毒剂，通常存放在士兵的急救包中。图片中的背景是消毒剂使用说明书。

▼▶ 由凡士林公司制造的特殊军用足粉盒（Armee－packung），右边是凡士林公司的足粉广告。

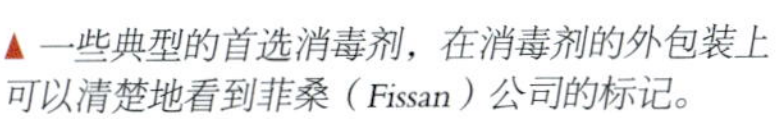

▲ 一些典型的首选消毒剂，在消毒剂的外包装上可以清楚地看到菲桑（Fissan）公司的标记。

◀ 用来装足粉的普通小盒，盖子上印有Haupt Sanitats Park的缩写“HSP”。

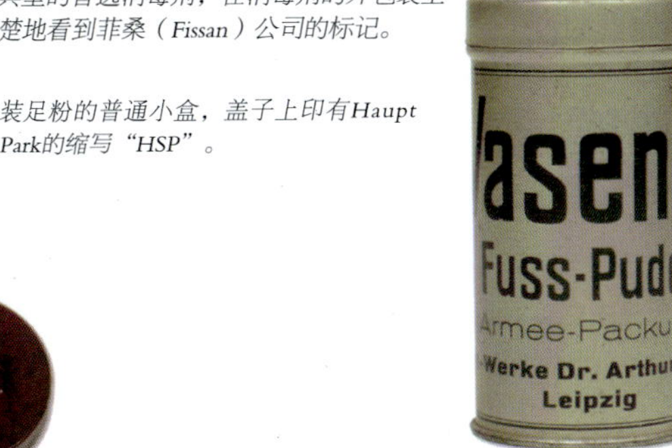

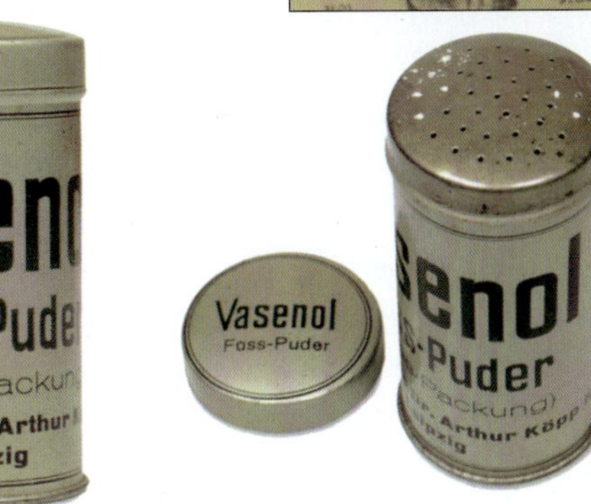

▼三种不同足粉的实例。其中凡士林（Vasenol）牌足粉可以在公开销售的市场上获得，另两种由公共卫生当局提供。军事专家极其关心士兵的健康，这些产品就是用来防止脚部不适的，因此，这些产品显得十分必要并由军队进行普遍供应。

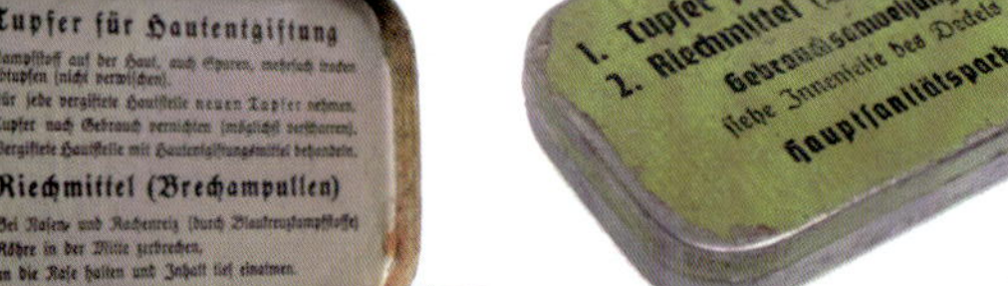

◀用来装一些治疗皮肤病或胃病药品的马口铁盒，由卫生管理中心提供。

▶由德国国防军医疗部队分发的冻伤膏。

◀用于治疗咳嗽的药品广告。

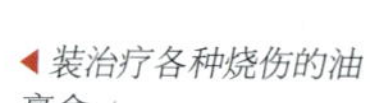

▶接种疫苗需要使用的皮下注射器。

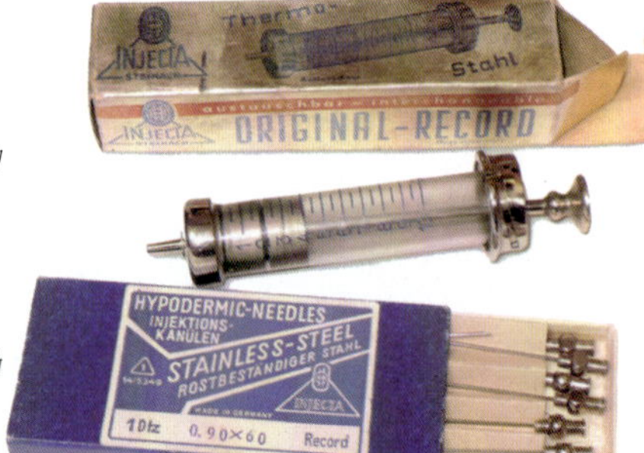

◀装治疗各种烧伤的油膏盒。

◀汉莎创可贴（Hansplast），这个品牌至今仍在生产销售。图片的盒子可以内装不同尺寸规格的创可贴。上面是该品牌创可贴的广告。

▼▶德国国防军使用的体温计，带有铬红色的纸盒。

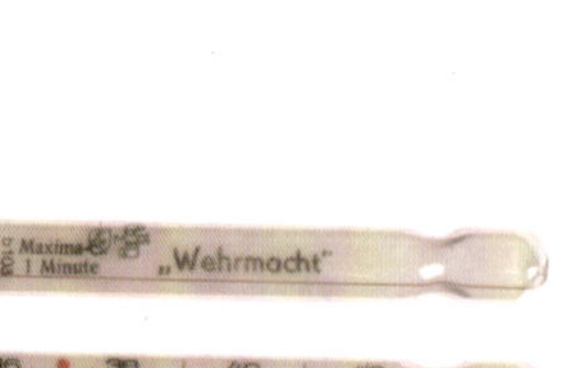

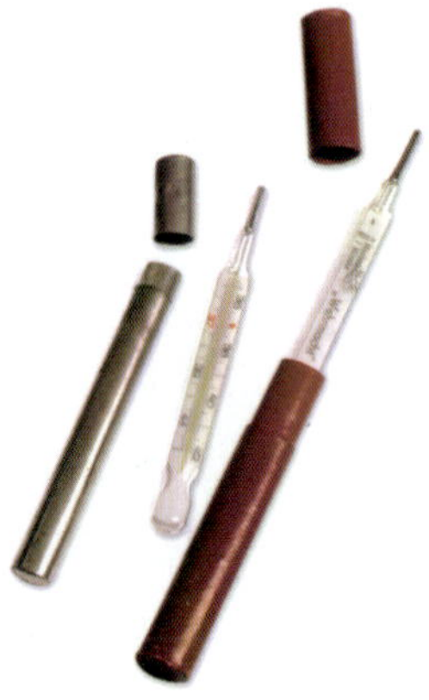

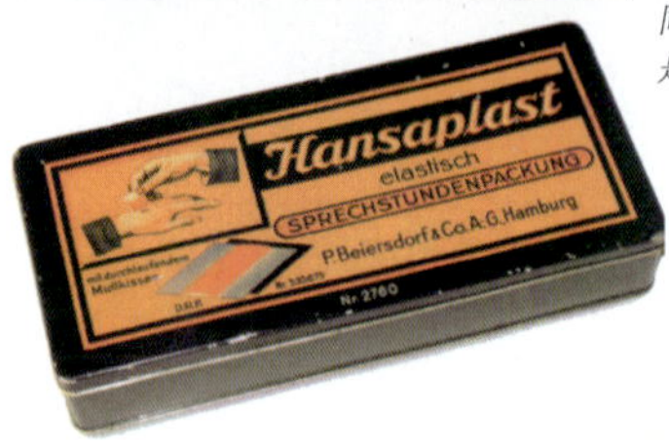

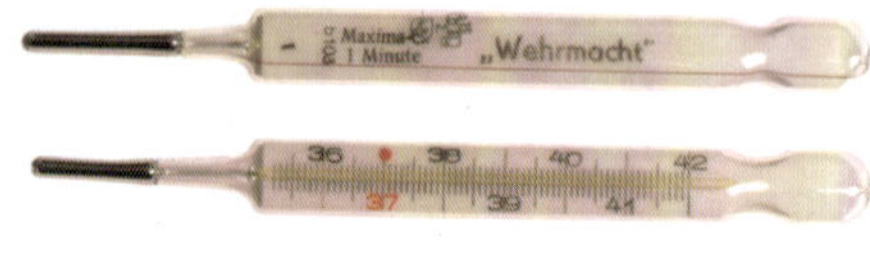

▶ 德军医务包。部队医务兵通常配有2个一模一样的步兵医务包。医务包采用棕色或黑色皮革制成的矩形硬盒，内装绷带卷、消毒药水和必要的救援器械。

◀ 一些军方配发的绷带卷，每位士兵都随身携带一大一小的2个绷带卷，放在战斗制服的内口袋携带。绷带上带有生产年份标记和高温杀菌时的温度（120度）标记。绷带通常为热密封或仅为缠绕的棉织物，在绷带外面通常包裹着棉帆布，用线捆绑成一个小包裹或在两头缝合，正面印刷着使用说明。

▶ 医务包盒内盖上有内部物品明细表。

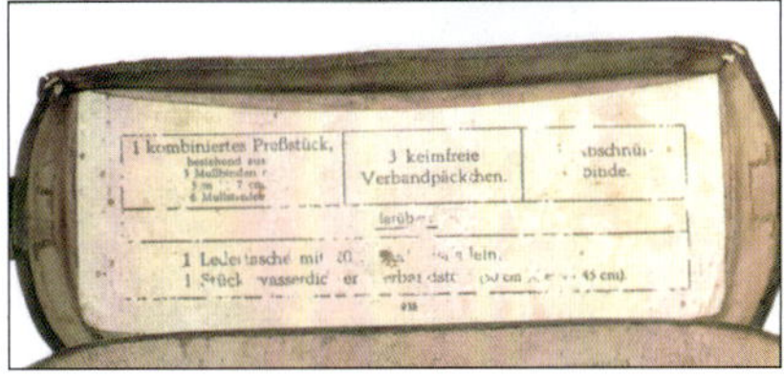

▼ 急救箱内装有药品、网垫包、医疗器械等物品，注意其中有2条止血带，以及夹取子弹与弹片用的小镊子。

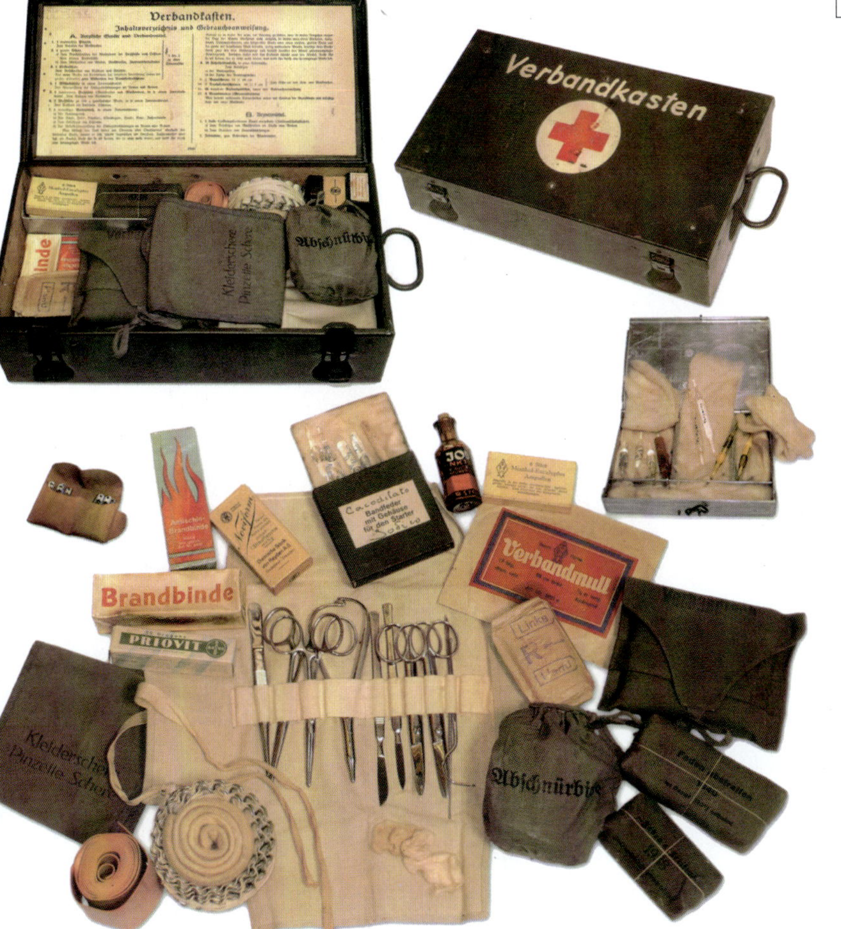

▼ 急救箱（Vervankasten）内的医务用品，包括网垫包和绷带盒。

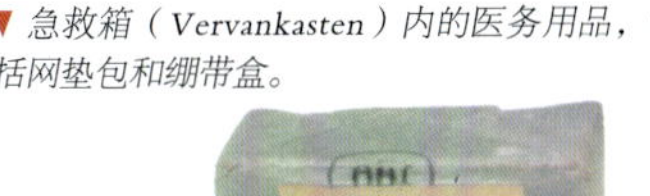

▼ 小瓶子内装有消毒剂，用于手部及躯体部位的消毒。

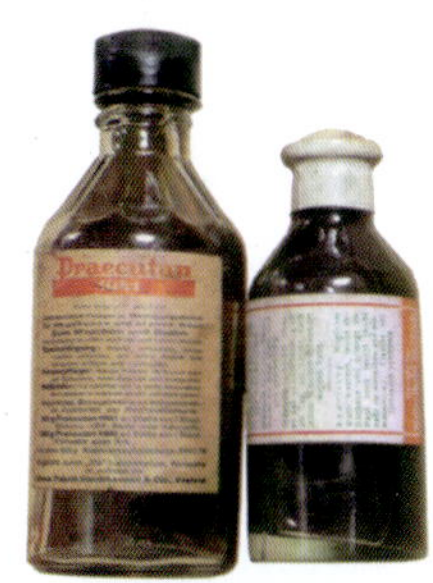

▼▶ 野战急救箱。通常在交通车辆上能发现这种急救箱，根据其使用特点，内部带有一些相应的急救物品，用于一些特定情况的包扎以及骨折的护理。

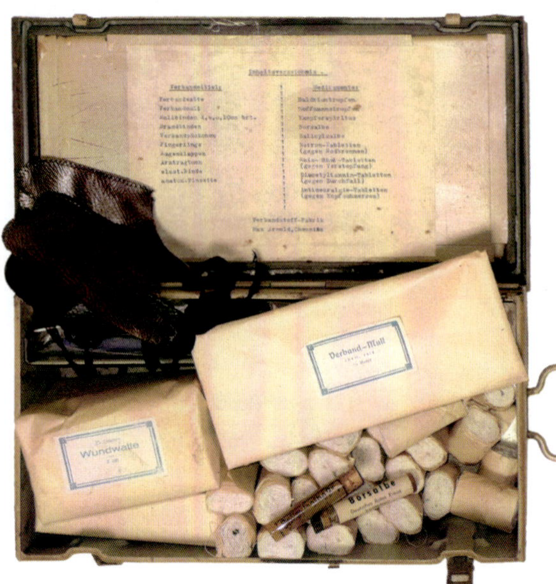

▼ 指套与眼罩。

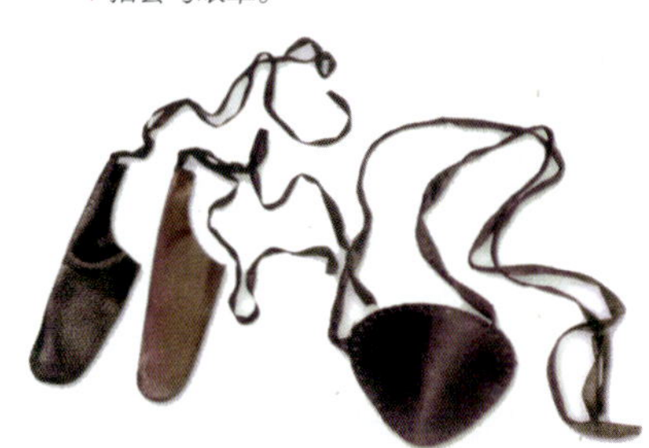

▶ “疟疾”一词源于意大利语，含义是“坏的空气”，是人类历史中一种古老的疾病。在潮湿肮脏的环境中，人们容易患上这种由疟原虫经蚊子叮咬传播的传染病，在中国又以“打摆子”这个称呼而为人所熟知。1895年，罗纳德·罗斯（Ronald Ross）发现雌性蚊子会传播疟原虫而使人感染疟疾，这一发现使他获得了1902年的第二届诺贝尔医学奖。奎宁是最古老的治疗疟疾的药物，作为唯一有效的药物，它也一直在使用。1932年拜耳公司研制成功一种称为“阿的平（Atebrin）”的抗疟药，亦称“盐酸米帕林”，并在市场上开始销售。在列宁格勒前线，诸如蚊帐、杀虫剂都是防范疟疾的有效措施。这里展示的是可以夹在军人证内的传单，主要在如苏联等高危地区进行分发，传单介绍了疟疾传染的途径，以及采取哪些措施可以有效预防疟疾。

▼ 拜耳公司生产的“阿的平”牌抗疟药。

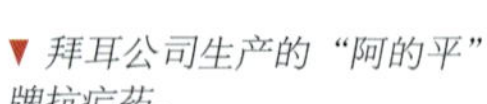

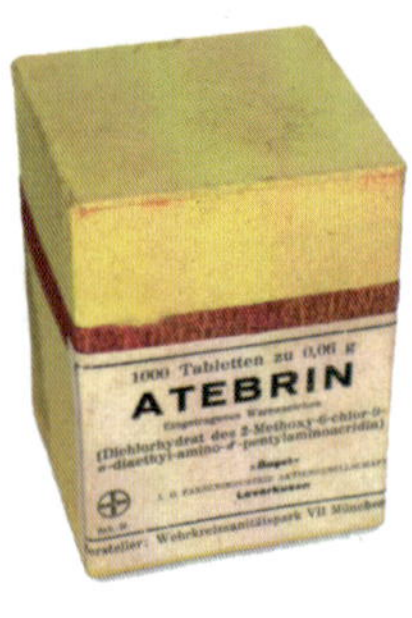

▶ 防蚊网。使用这些防蚊网在苏联的夏天是非常有必要的，它能帮助士兵抵御蚊虫的叮咬，以防止因蚊子叮咬而感染高危险的病毒。这种棉质防蚊网在二战期间自始至终都没有产生什么变化。

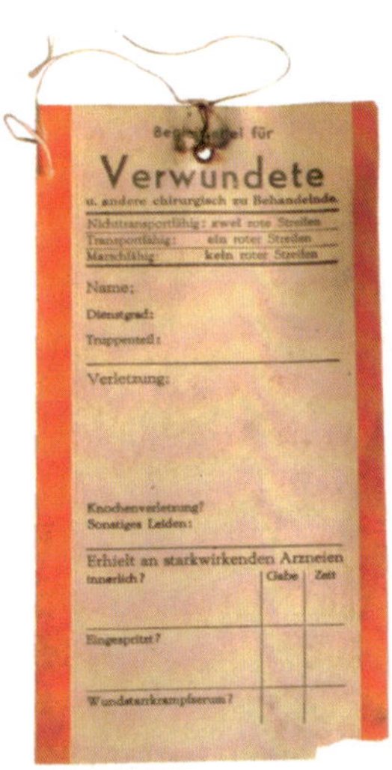

▲伤员标签。

▲士兵死亡标签。

▲毒气中毒标签。

▶ 在将伤员从前线向后方医院护送时，前线急救站会在伤员身上别上这种撤离标签。

▶ 当一名士兵受伤时，一封通知电报就会发送给士兵的家人。此外这种电报也用来向军人家属通知其因伤在医院内死亡的消息。总之这种电报传递的从来就不是什么好消息。

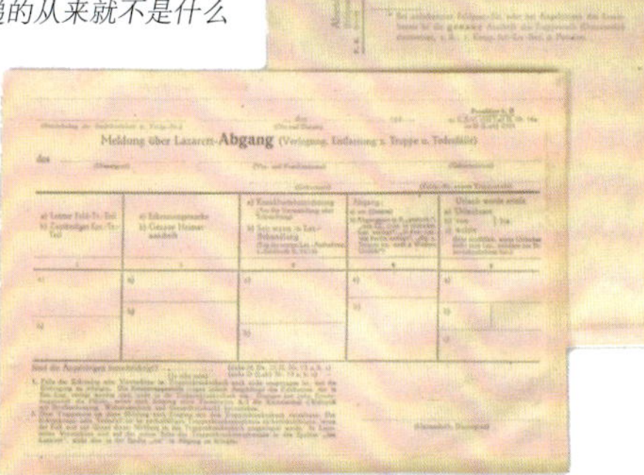

▲ 为康复中的伤病员提供的棉质病员服，上衣与长裤样式一致，能够在衣物的内里看到服装制造商的标记。受伤士兵的制服大多因为负伤或损毁或破碎到已无法再穿着，因此在士兵治愈期间，医疗部队才向伤病员发放这种病员服。当士兵伤愈重返前线后，会得到新的制服和装备。

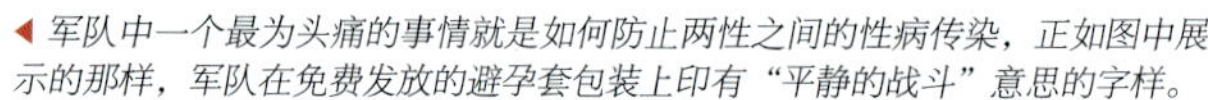

◀ 军队中一个最为头痛的事情就是如何防止两性之间的性病传染，正如图中展示的那样，军队在免费发放的避孕套包装上印有“平静的战斗”意思的字样。

▼ 武尔尔坎（Vulkan ）公司生产的避孕套，专用于德国国防军人员，装在3个包装盒里。

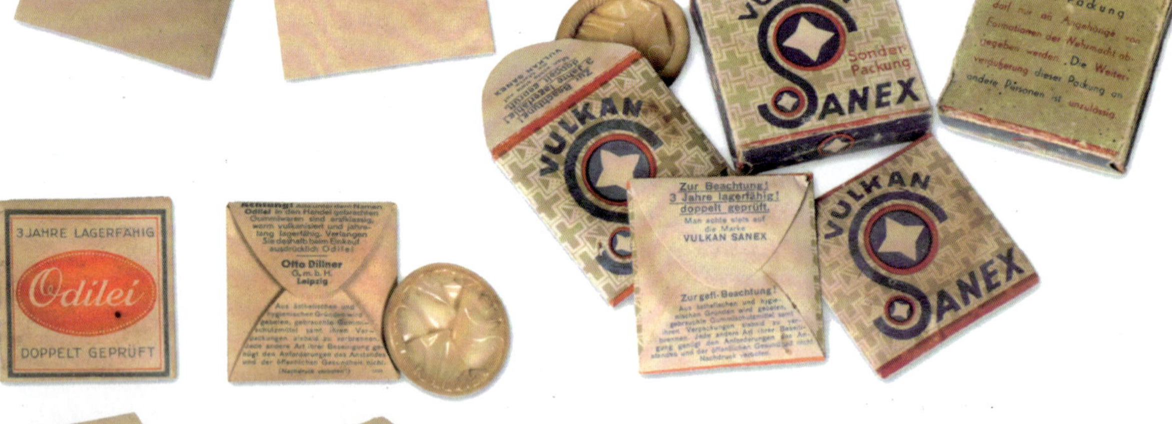

◀ 奥迪勒（Odilei）和武尔坎公司是两个官方指定的军用避孕套供应商。这里展示的是私人购买的避孕套，保质期为3~5年。

卫生保健

◀ 赛璐珞材质的梳子上带有金漆铭字，表明梳子属于军队财产。

▼▶ 由不同生产商制造的在战场上使用的双面小镜子，也存在漆成沙黄色的实例。镜子通常在住处使用以防破损，此外小镜子也可以作为反光镜发送信号使用。

▶ 装在口袋内的小镜背面也带有战时宣传语“小心敌人能够听到”。

◀ 赛璐珞与铝是军用梳子的两种最为普通的材质，这些军方发行的梳子由个人在小卖部购买。赛璐珞材质的梳子由因戈尔德-卡姆（Reingold-Kamm）公司提供，这里也同时展示了梳子的原始包装。玫瑰色梳子的价格是3芬尼，但各种各样的铝制梳子在部队中显然更受欢迎。

▲ 赛璐珞材质的牙刷盒。虽然牙刷只存在近一个世纪，但在20世纪初，牙刷仍然属于一种奢侈品。图中的牙刷柄采用雄鹿角制造。第一种大批量生产的廉价牙刷出现在20世纪30年代，与以前的牙刷一样，头部较长。后来在20世纪40年代引进了美国杜邦的专利尼龙刷毛来替代天然的猪鬃。

◀ 用于民用市场的两个尼龙与猪鬃牙刷实例。

▲ 一支卡利克拉牌（Kaliklora）牙刷，这是一种非常普通的牙刷，采用木柄和天然的猪鬃制造。这种牙刷由官方发行并可在国防军的小卖部出售，“DRP”印记表示帝国专利。

▲ 保持牙刷清洁与安全的赛璐珞制或玻璃制牙刷盒非常受欢迎。

◀ 牙皂粉盒和官方发行的天然猪鬃毛牙刷，尼龙牙刷使用得比较晚。

▶ 牙皂粉盒的背面，带有宣传其保健功能的说明。索里杜克斯（Solidox）制造了粉红色的过硼酸盐牙皂，而其他品牌如登特（Dent）或妮维雅（Nivea）出售的牙皂为粉状。

◀ 通常所有这些必需品的价格都由德国政府控制，要求低于许可的最高价格。

▲ 1943年5月，军方批准70克的牙皂粉为标准牙皂粉。

▲ 由非常著名的制造商罗索东特（ROSODONT）生产的牙皂。

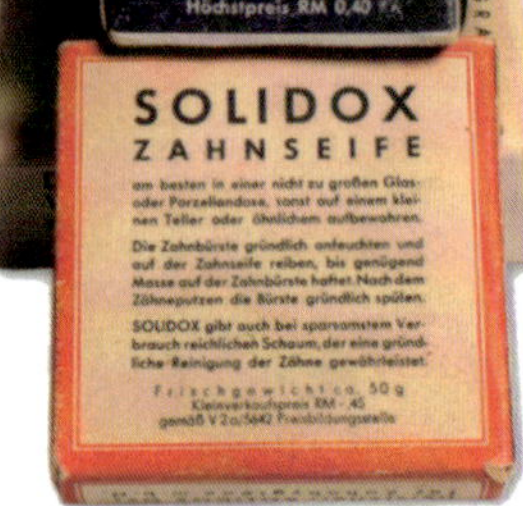

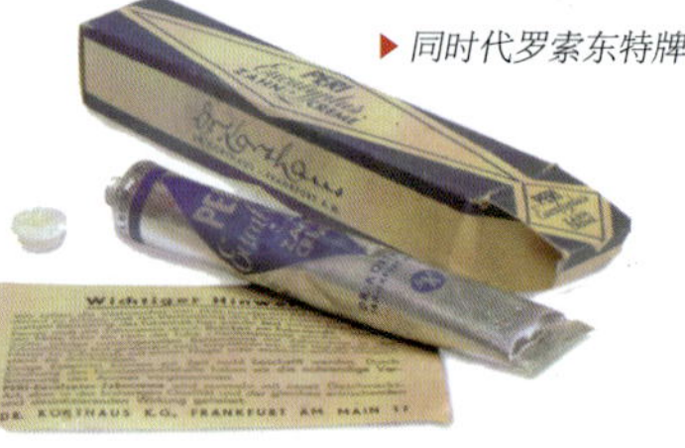

▶ 同时代罗索东特牌牙皂的广告。

▲ 相对于多拉曼德的产品，另一种名为佩里（Peri）的牙膏原料是来自天然桉树的提取物。

▶ 奥多利（Odol）也许是当时最为常见的漱口水品牌，照片中展示了其容器以及刚开始在市场上销售时的广告。奥多利是德国著名的漱口水品牌。

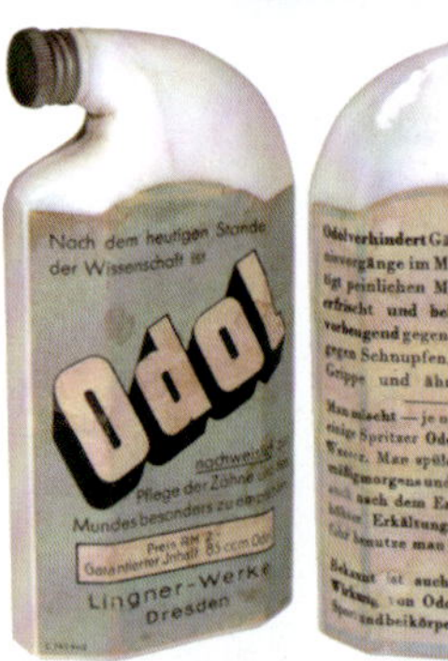

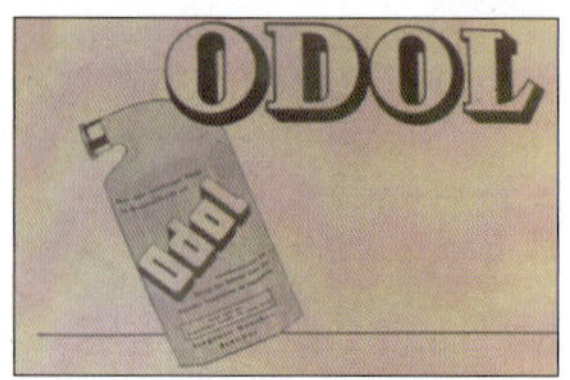

◀ 在20世纪初，更为实用也更加昂贵的软管包装牙膏开始出现。在战争期间，购买新牙膏时要回收用过的空牙膏管，以便重新使用。

通常情况下这些软管牙膏都带有说明，以宣传这些产品的创新性的特性。在今天这样做可能要吓坏消费者，因为当时的一些牙膏成分对人体是有害的。例如由总部位于柏林的德国煤气灯公司（Auergesellschaft）生产的多拉曼德（Doramad）放射性牙膏中就含有放射性成分，而该公司当时却鼓吹这些有害成分却有着奇妙的作用，那就是可以杀死牙菌斑中的细菌。

▶ 尽管许多士兵都喜欢用剃刀来刮胡子，但安全刮脸刀是一种创新性的设计。安全刮脸刀可以分解拆卸，并装有双刃刀片，非常安全，可以有效防止割伤。1895年，美国吉勒特尔（Gillette）发明了安全刮脸刀并申请了专利，于1901年创立了吉列美国安全刮脸刀公司。很快在世界各国都出现了吉列的竞争对手，包括德国的索林根。在20世纪早期，一系列的专利与品牌刮脸刀纷纷出现，包括默库尔（Merkur）、法桑（Fasan）、罗格瑞特（Rogerit）、罗特巴尔（Rotbart）、阿波罗（Apollo）、美洲狮（Puma）、奥林达（Olinda）等等。注意安全刮脸刀及其包装，还有一些刮脸用的刀片。

▼ 法桑牌（Fasans）安全刮脸刀，因为其低廉的价格而极为流行。

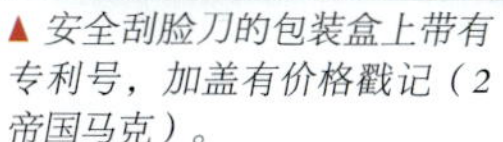

▲ 安全刮脸刀的包装盒上带有专利号，加盖有价格戳记（2帝国马克）。

▲ 呈闭合状态的安全刮脸刀包。

▼ 采用涂有油漆的帆布制造的安全刮脸刀包，内装有分解了的由胶木制造的刮脸刀和刀片。

◀ 德国索林根公司制造的瓦伦蒂诺（Valentino）刀片，这个公司生产的产品名称给人以男人阳刚之气的印象。

▲ 罗特巴尔牌（Rotbart）安全刮脸刀在当时非常受欢迎。

▼ 西格尔牌（Sieger）制造的刀片相当锋利。对于刮脸刀而言，这种刀片是不可缺少的配件。在20世纪三四十年代经济困难时期，这些刀片的制造都是排在最后面的。军人在商店和小卖部均可以购得这些刀片，但部队并不总是能够得到供应。刀片盒采用胶木制造，它非常小，很容易装在衣服口袋和食品袋中。

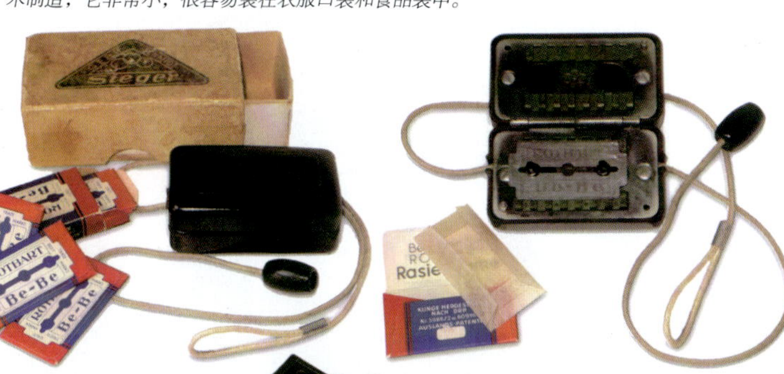

▲ 供应军方铝制剃须盒的主要公司是路德维希堡（Ludwingsburg）的费玛公司（Fema DRGM）。照片中同时展示了一些剃须时需要使用的肥皂、剃须刷、剃须刀、镜子等物品。

▲ 虽然安全刮脸刀飞速发展，但传统的剃刀在部队中仍然非常的普及。在这里展示的是由索林根公司制造的剃刀以及磨刀工具，包括一个磨石和一个磨刀皮带。

◀ 由位于不来梅，成立于1934年的制药企业倍乐保（BIOLABOR）公司制造的一小罐干剃须膏，价格接近1帝国马克。这在当时是一种非常具有创新性的产品，在战场上使用也非常方便。

▼ 剃须刷和采用胶木制造的小盒，小盒也可用来装剃须皂。

◀ 军方发行的剃须刷。

◀ 内装剃须皂的5厘米高的小罐，由巴登（Baden）的乐德美（Kaloderma）公司制造。

▶ 妮维雅牌的牙齿粉，由其位于德国的里加（Riga）的子公司制造。

▲ 于1882年创立于德国汉堡的拜尔斯道夫公司（Bei-ersdorf AG，简称BDF），拥有德国著名的妮维雅(Nivea)护肤品牌。该公司于1911年突破性地发现了新成分Eucerit，首个油包水型乳化剂，这一发现使制造该类型的稳定乳液首次成为可能。1911年，拜尔斯道夫公司的拥有者奥斯卡·特洛普罗维茨（Oskar Troplowitz）与化学家伊撒·利夫舒茨（Isaac Lifsch ü tz）、皮肤学家保罗·翁纳（Paul Unna）紧密合作，在该乳液的基础上开始研发润肤露。1911年12月，世界上第一款长效润肤露面世，该润肤露是由水、油、柠檬酸和新成分eucerit组成的混合物。公司老板将该润肤霜命名为NIVEA（即妮维雅，意为“雪白”的拉丁语“NIVUUS”）。第二次世界大战期间，由于经营者的努力，妮维雅免受纳粹意识形态的影响，同时形成了蓝与白的商标特征，并一直保持至今。今天的妮维雅仍是国际知名的护肤品牌。此外，妮维雅与中国的渊源可以追溯到1930年。当时蓝听装妮维雅润肤霜(当时译为“能维雅”)进入中国市场，遍布上海、天津、北京、汉口、广州的各大药店和百货商店，成为老少皆宜，四季适用的护肤品，享有很高的声誉，从而赢得了大批忠实消费者。1994年，妮维雅(上海)有限公司成立，妮维雅在阔别几十年后正式重回中国市场。

二战中的妮维雅润肤露可以帮助前线士兵抵御严寒和高温对皮肤的影响。润肤露盒初为铝制，明显受到装饰派艺术风格的影响。战争最后几年里由于缺乏铝材，不得不改用硬纸板制造润肤露盒。

▲ 各种战前的铝制妮维雅乳霜盒，以及战争期间由金属片生产的乳霜盒。当时，铝被视为一种重要的战略物资，在战争爆发后便开始限制使用。后来妮维雅不断采用其他金属来制造乳霜盒，这可能是为了防止增加产品成本。

▲ 供应部队的肥皂通常为长条状，然后再切割成不同的长度以装进肥皂盒。

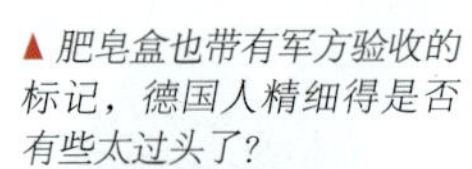

▲ 肥皂盒也带有军方验收的标记，德国人精细得是否有些太过头了？

◀ 另一款受欢迎的妮维雅护肤品。因受战时经济的影响，乳霜盒采用镀锌金属制造。

▶ 胶木材质的乳霜盒。之所以使用这些润肤乳霜，是因为在恶劣环境下，如果不及时护理暴露在外的皮肤，又得不到及时有效的治疗，这些受伤的部位最终就会演变成溃疡。

◀ 5件不同品牌的肥皂盒，大多数采用胶木、赛璐珞、铝来制造。其中任何一种材质的肥皂盒都可能是士兵选用的洗漱装备。

▼ 各种各样的卫生清洁用品，注意其简洁的设计是20个世纪二三十年代的典型风格。

◀ 带有“Rie”戳记的肥皂，Rie的意思是“帝国脂肪工业”。

▼ 一个由比利时的马尔梅迪公司（Malmedy）制造的指甲刷，这个地区也以德军屠杀美军战俘的“马尔梅迪惨案”而闻名。

▼ 在背面带有生产日期的包装盒，其产品的价格符合纳粹政府确定的价格政策。

▼ 用来洗涤衣物的不同品牌与类型的肥皂，所有这些民用型肥皂并没有供应军队。军方提倡在天黑后用肥皂液洗涤内衣物，当然也可以在任何方便的时候。

◀ 总部位于杜塞尔多夫（Dusseldorf）的汉高公司（Henkel）在市场上销售用来洗涤衣物的不同品牌的肥皂粉，包括ATA和SIL品牌。汉高于1876年在德国亚琛创立，今天的汉高在应用化学领域仍然是一家国际性的专业集团，世界500强企业之一。

注意包装背面的说明，它指出了购买新产品时必须同时上交使用过的旧包装盒以便重新再利用，可见在战前和战争中物资紧缩到了何种程度！

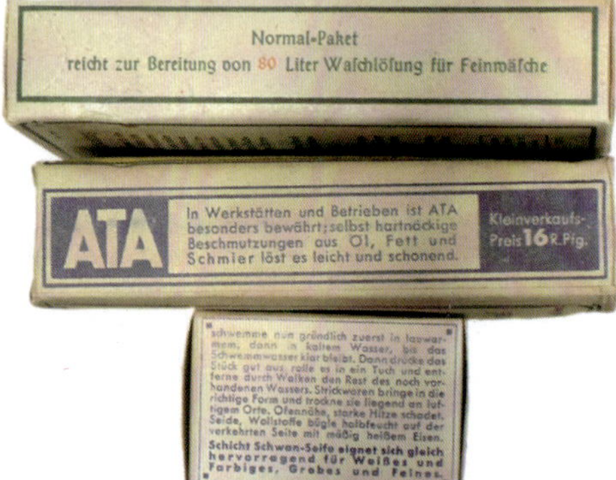

◀ 包装盒上的洗涤说明，并标示出了建议销售的帝国芬尼价。

▼ 特制的用于洗涤羊毛与丝绸等面料制服的私营品牌肥皂粉。

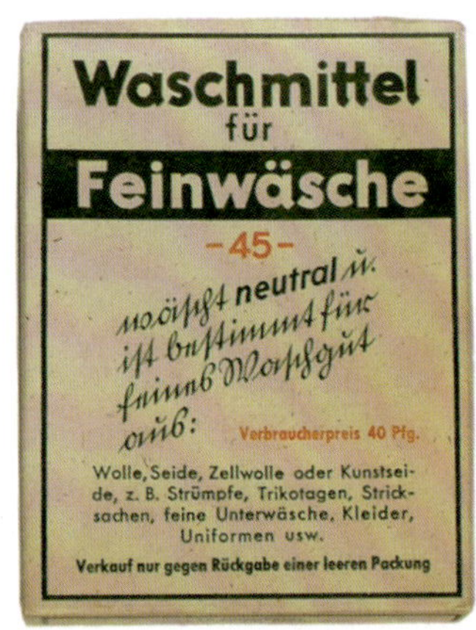

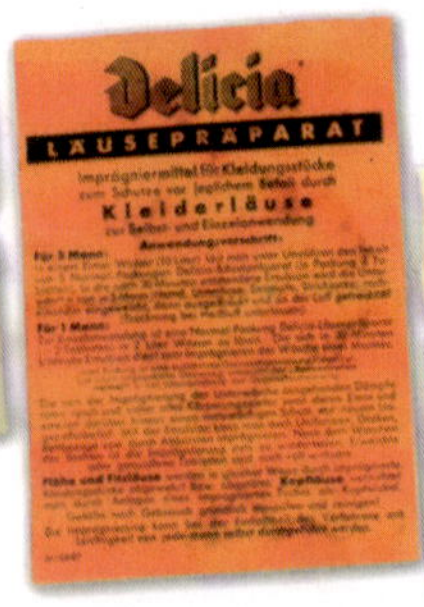

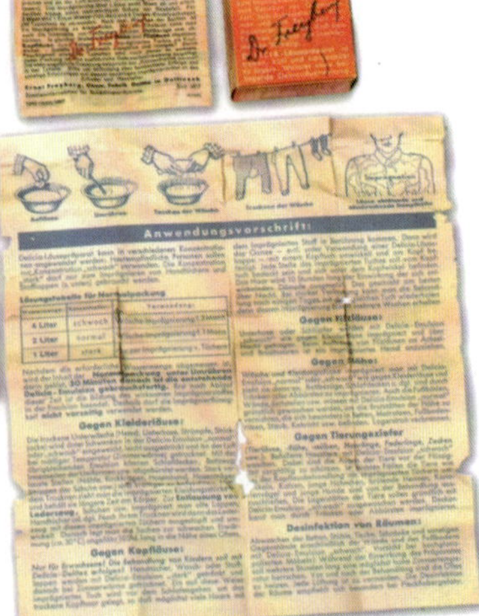

◀▲ 毫无疑问，虱子的存在给士兵的生活带来了相当大的痛苦，要想有效清除这些寄生虫，就要用混有虱子粉的水去清洗衣物。在各类虱子粉中就有一种奇特的名为“Delicia”的虱子粉，其包装盒上带有图解以说明正确的使用方法（一件衣物在使用虱子粉混合溶液中浸泡清洗，可以不用扭的太干）。照片中展示了三种虱子粉使用说明的正反面。

▼ 铝制的梳洗盒在部队中颇为流行，它可以将士兵的各种洗漱用品稳固地装在盒子里面，这种铝梳洗盒通常在食品袋或背包内携带。

▶ 用于向国外出售的梳洗盒上帝国专利（DRP）印记的细节，注意图中这个梳洗盒实物上甚至还被打进去了一枚弹片。

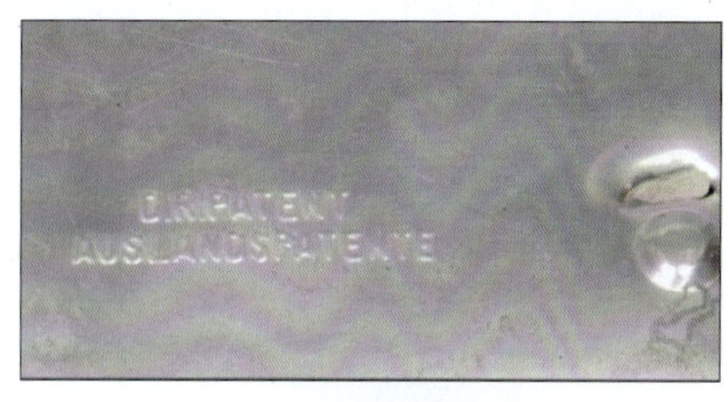

▲ 由赛璐珞制造的虱子梳，是士兵另一件不可缺少的小装备。

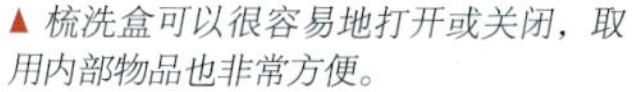

▲ 梳洗盒可以很容易地打开或关闭，取用内部物品也非常方便。

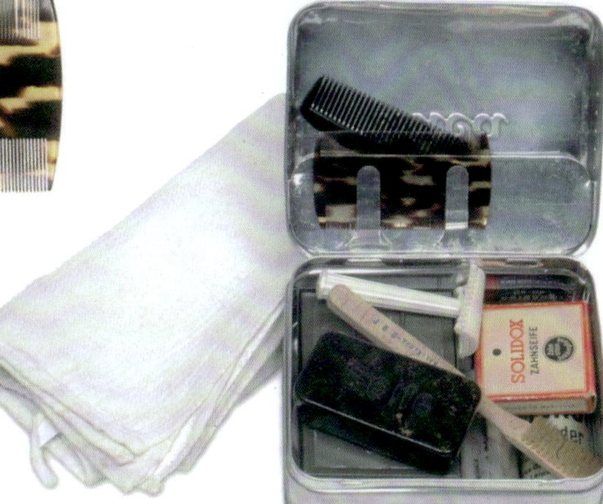

▶ 梳洗盒内部装满了在战场上使用的各种梳洗用品。

▶ 防寄生虫粉，但其包装上却带有奇怪的名字——“俄罗斯”。这种包装比起之前的包装更加节俭，但本质上的原理都是一样的，这种小包装是供应陆军使用的。图片右面的是一个在当时许多令人好奇的化学品包装之一，外面带有一些医生或教授签名，在这里是“Morell”，即莫雷尔。

由寄生虫传播的瘟疫是人类永远的难题，到战争后期用防寄生物产品浸泡过的制服才可以使用，这项技术最先由美军进行了发展。

▼ 因为棉花短缺，当时就采用了亚麻来制造毛巾。毛巾为全白色或带有十字条纹图案，两端设计有矩形布环以方便悬挂毛巾。

▼ 这里复原并再现了一套典型的步兵梳洗用品。

▼ 另一套梳洗用品。

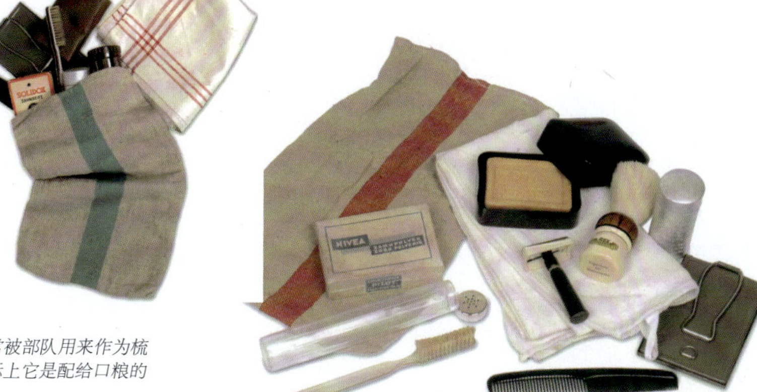

◀ 这种盒子经常被部队用来作为梳洗盒使用，实际上它是配给口粮的包装盒。

第十三章

食品

《孙子兵法》曾言，“军无辎重则亡，无粮食则亡，无委积则亡”，可见后勤之重要。缺乏食物或者是面临饥饿，对战场上任何国家的士兵来说都是噩梦般的景象。尽管德国的“闪电战”在战争初期尽享战术上与信息上的优势，但同时也必须面对一个更大的问题，那就是部队的后勤保障问题。各种各样的物资要沿着各种崎岖的道路、小径才能送到部队手中，而途中往往又会受到敌人炮火的袭扰。此外，还要忍受恶劣天气的影响，再加上路途的遥远，给后勤工作带来极大的困难。第二次世界大战是机械化兵器迅速发展的时期，弹药供应更是后勤保障中最为重要的物资保障。因为在高度的机动作战以及经常变化的前线，弹药保障是所有物资供应中是最应该被优先考虑的对象。为此，前方突击部队常常无法及时获得足够的食品供应，导致部队往往面临着惊人的食品短缺情况，直到战线趋于稳定，补给供应恢复正常为止。

食品供应不足时，德国士兵不得不依靠战斗口粮来存活，这种口粮更以“铁配给”而闻名。只要有可能，德国士兵都会与当地居民交换物品。在极端情况下，甚至是强行征收以至掠夺，这些做法都得到了长官的允许。通常来讲，德国人也力图在占领区内建立良好的商业关系，这样做会更容易在当地获得一些补给。

部队官兵最喜爱被称为“炮兵块”的野战厨房（Gulaschkanone）。因为野战厨房如同炮兵一样，总是身处后方，远离前线战斗而得到了这个富于想象力的名字。每天厨房准备的伙食用铝制保温罐送到前面，然后将食物分装到士兵个人的饭盒中，再分发到前沿的连、排、班，通常由新兵负责完成这项工作。然而由于狙击手特别喜欢将送饭的士兵当作目标，因此向前线送饭的任务也就变得特别危险。

尽管高级指挥部和供应部队竭力为部队提供必需的食品，但战斗配给中可供选择的菜样仍然非常非常的少，这迫使部队不得不依靠当地来获得部分供给。其中早餐包括一般在前一天烘烤好的面包或以前的干果酱，通常果酱由人造蜂蜜来代替，以及一些罐头食品和咖啡。再加上咖啡代用品菊苣根或者麦芽、人造黄油，以及一些动物脂肪或奶油，就算是清晨完整的早餐了。按照了德国人的生活习惯，以午餐为日常用餐的中心，德军士兵的午餐就是一天中的热餐了，需要用野战厨房的大锅来炖煮食物了。午餐通常包括土豆、脂肪和某些豆类，再加上调整菜肴色泽和口感的某些动物组织。仅仅在当地食物非常贫乏或由于作战艰难而导致供应困难时，才会消耗一些汤类罐头与各种豌豆食品。另外，日常配给口粮是小麦面包，以及黑麦、大麦或者其他谷类植物的面粉，重量介于250克至700克之间，包括涂抹食用的脂肪、咖啡、茶和一些其他热饮及餐后甜点，再加上少量奶酪、水果和一些补充维生素的糖果就是一名士兵一天的主餐了。晚餐就是一顿冷餐，通常包括肉类罐头或鱼罐头、人造黄油和一杯有时是热的饮料，这杯热饮料被认为足以在漫长的不眠之夜使一名士兵保持警惕性。

尽管这种伙食可能不太统一，但对士兵来说这种配给口粮太过单调，从家里寄来的包裹或任何额外购得的食品对士兵来说都值得高兴一阵。此外，士兵可以合理的价格从流动小卖部购买食品，小卖部也提供了包括罐头食品、调味品和一些糖果在内的丰富选择。最后只有在极端的个别情况下，德军才会向部队提供酒精饮品，许多不同种类的酒在士兵抵御严寒和摆脱残酷现实中也发挥了主要作用。

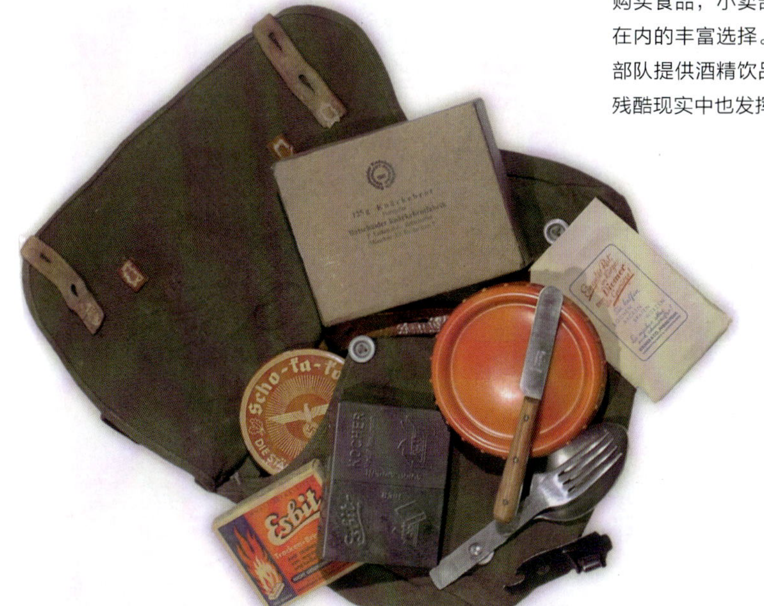

◀ *前线一名士兵食品袋内携带的食品，包括饼干、奶油、用信封包装好的调料等。*

▼▶ 德军官方发放的标准组合餐具：一头是叉子一头是汤匙，采用铝或不锈钢制造，这种组合餐具非常适用于德军的饮食。通常炖汤等菜肴原则上不需要用到餐刀，因此，餐刀也很少被使用。如果食物需要被切割，就普遍使用士兵随身携带的小折刀。除标准餐具外，也有一种非标准的组合餐具，包括叉子、汤匙和瓶起子，在军官中普遍使用这种组合餐具。

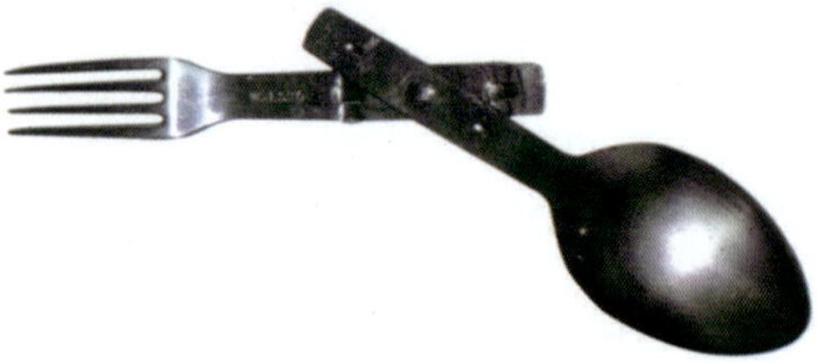

▶ 个人购买的一套餐具，包括餐刀、汤匙、叉子、锡制瓶起子，这样的餐具显得更正规些。

▼ 通常这种小折刀都是士兵家人及朋友赠予的礼物，小折刀有许多不同的生产商及样式。最为流行的小折刀是多功能的，带有一或两把小刀、锡制瓶起子和葡萄酒起子。

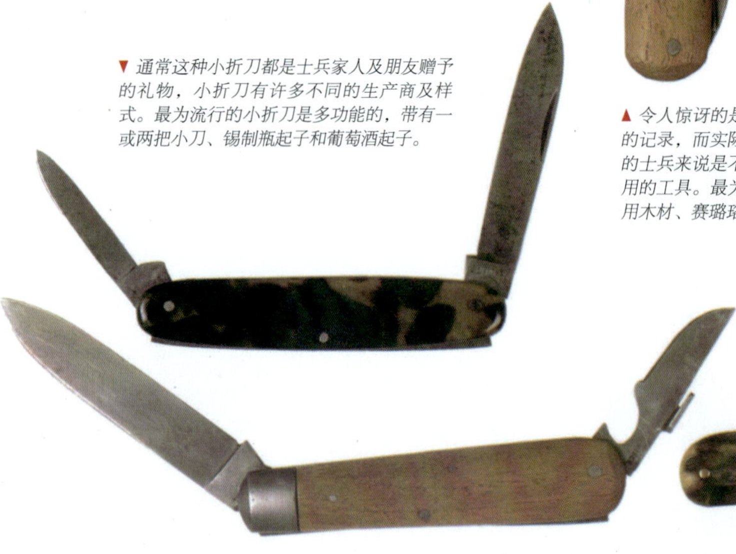

▲ 令人惊讶的是，官方并没有发行折刀的记录，而实际上这种工具对于低衔级的士兵来说是不可缺少的、必需而且实用的工具。最为常见的折刀握把通常采用木材、赛璐珞或鹿角制成。

▶ 这些随身小折刀，出自许多不同的制造商，例如有欧米茄（Omega）、卡尔德（Crade）、罗米（Romi）、瑙普特纳(Nauptner)、考夫曼（Kaufmann）、墨卡托（ Mercator）等等。左边第一把为朱兰科（Julanco）型折刀，这是一种专门特制的折刀以满足士兵的特殊需求。

▲ 小折刀能够勾起特别的回忆，因此对于年轻士兵来说是最好的礼物。这把小刀上带有题字，表明这是一件纪念1939年战争圣诞节（Kriegs-Weihnachten 1939）的礼物。在折刀柄的另一面，能够看到上面印有持有士兵的部队番号“2/IR 61”，第61步兵团第2营。这把刀由索林根最为著名的工厂戈特利布·哈梅斯法尔（Gottlieb Hammesfahr）制造，刀柄材质为鹿角。

▼ 由埃伦赖希公司（EHRREICH）和索林根的尤维卡公司（JOWIKA）制造的2把士兵用折刀的实物。

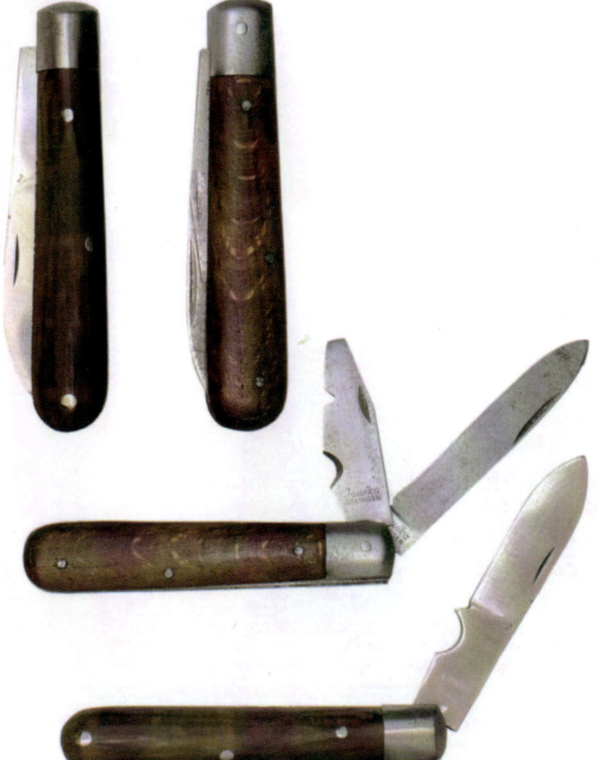

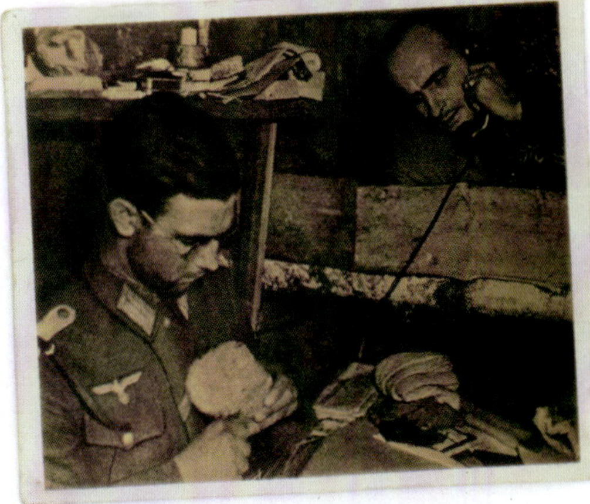

▶ 轻便加热炉（不少收藏者称之为口袋炉）——“埃斯贝特”（Esbit）是一种巧妙的小装置，它并不比香烟盒大多少。士兵可以用它来给配给口粮中的汤类在几分钟内加热，可以说是设计师的杰作。埃里希·舒姆（Erich Schumm）发明的这种便携式加热炉，用这种加热炉加热食物不会产生烟痕，在战场上也不会暴露士兵的位置，因此特别适用于战场环境。

▲ 生产埃斯贝特火炉的工厂主要有两个，其中一个位于斯图加特（Stuttgart），另一个是巴登符腾堡州维尔特（Würt）的穆尔哈特（Murrhardt）。照片展示的是在战争中生产的9型轻便加热炉，是部队使用的最为普通的型号。

火炉使用的燃料盒内装6块火炉燃料，每一大块又可以分成4小块。然而奇怪的是燃料盒上的标识并不与盒内包装的燃料块数量相一致，上面写的是20片（Tabletten）。按本人查到的资料，火炉燃料以乌洛托品为主要成分，乌洛托品也被称作六亚甲基四胺，是一种白色的晶体。这种固体燃料具有燃烧时不会产生烟雾、有很高的能量密度、燃烧时不会溶解、烧完无残留的特点。埃里希·舒姆于1936年发明了这种燃料并注册了埃斯贝特商标，Esbit是"Erich Schumm Brennstoff in Tabletten"的缩写，意思是“埃里希·舒姆燃料片”。后来，随着"Esbit"这个词汇的广泛使用，就以"Esbit"代称轻便火炉这类产品了。现在的埃斯贝特仍然在生产包括使用固体燃料炉具在内的各种户外用品等产品。

▶ 埃斯贝特包装盒的背面，以及其他品牌的用于固定酒精块的火炉台。

▶ 使用埃斯贝特轻便加热炉加热或炖煮食物的实例。

▼ 比埃斯贝特轻便加热炉更大、更有效的就是这种小型火炉了。虽然这种火炉可以由一名士兵在背包内携带，但这种炉灶设计并不只用于单兵，可以为4~6名士兵加热膳食，主要配发给精锐部队（如山地部队）使用。另外，它除了用作炉灶加热食物外，也作为加热器使用，还有更受欢迎的同期生产的阿拉拉（Arara）37型和居维尔（Juiwel）33型。这些火炉都是基于瑞典的民用型火炉——在战前瑞典制造的斯韦亚（Svea）123型汽化炉制成的，这种火炉在当时的野外露营者中相当的流行。汽化炉使用被称为“白瓦斯”或“科尔曼燃料”（Coleman fuel）的液体燃料来燃烧。

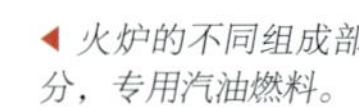

◀ 火炉的不同组成部分，专用汽油燃料。

◀ 使用阿拉拉37型火炉给“铁配给”中罐装肉加热的状态。

▶ 阿拉拉37型火炉的细节。

◀ 用于打开罐头的开罐器，在部队中是不可缺少的工具。照片中为官方发行的开罐器的两个不同视角。

▼ 奶油、人造黄油和其他采用不同动物油脂制成的食用油，用来涂抹在面包上食用，而面包则是德国士兵的一种基本口粮。照片中可以看到3个采用胶木制造的油脂盒，以及1个人造黄油纸盒和1个涂抹油脂用的小抹子。

▼ 这种曲柄型开罐器在小卖部销售，在战场也使用得非常普遍。和其他第三帝国的单兵装备一样也带有产品使用说明，如图所示，带有用不同语言印制的专利通告。

▶ 主要在驻扎地使用的食物与餐具清洗剂，但很少在野外使用这种清洗剂。注意清洗剂包装盒采用可回收再利用的冲压纸板制造。

▼ 部队通常使用的小型野外暖水瓶。

▼ 野外暖水瓶的各个零部件。

▶ 暖水瓶盖上的制造印记。

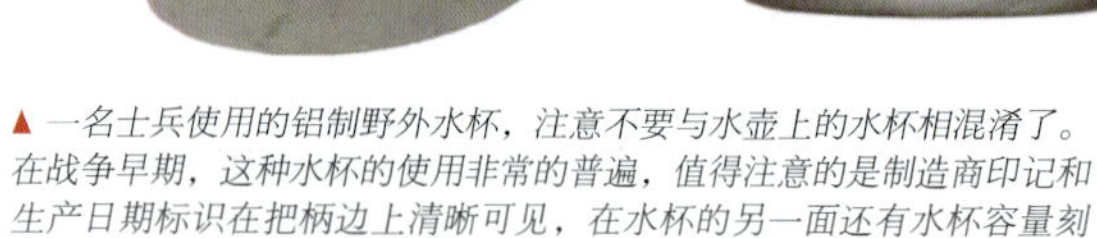

▲ 一名士兵使用的铝制野外水杯，注意不要与水壶上的水杯相混淆了。在战争早期，这种水杯的使用非常的普遍，值得注意的是制造商印记和生产日期标识在把柄边上清晰可见，在水杯的另一面还有水杯容量刻度，以及士兵的姓名字母缩写印记。

▶ 德军的“铁配给”类似于美军的K口粮，虽然口味差点。“铁配给”主要是包裹起来的食物，其中大部分为罐装保存，至于咖啡和糖，部队可以获得全量或半量补给。只有当超过24小时没有吃到热餐或处于战术不利的态势下，经由指挥官下令后，才能食用这种食物，在战场上这种食品也很常见。照片中能看到“半量铁配给”（Halb-Eiserne Portionen），包括干面包和肉类罐头，只有在补给最充足的情况下才会增加的一些含有丰富维生素的糖果和巧克力，这些食品均可以在攻击包或食品袋中携带。

▶ 肉罐头盒的上面与底面，可以用前面介绍过的开罐器打开，罐头内装有高能量的浓缩肉酱。

◀ 肉罐头盒上带有生产年份（1942）和批次（2206 6）印记。这种肉罐头是德国开始对所有工业体系与质量控制程序进行标准化的一个实例。这种肉罐头上面的标记表明该产品符合德国工业标准(Deutshces Institut fur Normung，简称DIN)，能够清楚地看到罐头盒上面的标记“ALU DIN 50”，DIN也是今天的德国国家标准。

▶ 一人份的鱼罐头，在德国陆军配给中更普遍些，与美国的K口粮类似。展示在这里的是沙丁鱼罐头，来自挪威的鱼罐头在底面带有一个“B”印记。

◀ 肉罐头的实例，这种肉罐头是“铁配给”中的重要食品。

▼ 两份干酪，其中之一为卡门培尔奶酪（Camembert），通常这些地方食品在固定地点供给。门培尔奶酪是一种霉菌成熟软质奶酪，外表是一层白色的霉皮，这种奶酪原产于法国北部诺曼底地区，以卡门培尔小镇命名，受到当今法国政府保护的著名地方特色食品。

▲ 卡策尔牌（Katzner）的罐装卤汁鲱鱼，这种罐头分发给非常众多的部队，也是一种常用食品。

▶ “Scho–ka–kola”牌巧克力，最初于1935年由希尔德布兰德公司（Hildebrand）的可可和巧克力工厂（Kakao– und Schokoladenfabrik GmbH）设计；随后在1936年的奥林匹克运动会上作为“运动巧克力”引入。在二战中，由于这种巧克力提供给了德军飞行员作为口粮，常被称为“飞行员巧克力”。图中的产品来自于图林根（Turingia）的美可馨（Mauxion）公司，时至今日，这个公司仍然在做巧克力的生意，并成为著名的德国500强企业之一的克莱维(Krueger)集团公司下属的著名品牌。巧克力主要用来补充因不充分饮食导致的热量不足，巧克力成分中含有0.2% 的咖啡因可以防止打瞌睡和疲劳。巧克力盒上带有生产日期。在战争后期，金属的巧克力包装盒被蜡纸板盒所取代。

▲ 瑞士的美极（Maggi）公司，于1886年在瑞士创立了美极烹调品牌。1912年起，该公司开始生产一种脱水立方体汤料，在沸水中浸泡20分钟后就能变成一种美味佳肴。照片中展示的是该公司的两种产品，其中上面是大米和番茄，在战前制造；下面的则仅是番茄，在战争期间制造。这种食品是在小卖部可供选择的典型士兵食品。至于美极公司，1947年与雀巢公司合并后，美极成了今天雀巢公司下属的著名品牌之一。

▼ 玻璃纸包装袋（有时也采用胶木，但当时并非商业应用），在包装袋上清楚地标有“前线战斗步兵单位补充口粮”。这些袋内包装有不同的食品，下发给战役调动中的部队。

▼ 这种大麻袋是用来运送大量食物时才使用的，如土豆、面包等。

▶ 可以在小卖部购得的各种调味品，包括汤类调料、巧克力、果仁、肉桂、糖精、人造黄油等。

◀ 提供给士兵的面包基本为烤干面包或鲜面包。其中，烤干面包与以前的克罗采（Krackers）饼干非常相似，而新鲜的面包多是罐装的，虽然不太方便食用，但比起烤干面包来味道更加诱人。这里可以看到一些不同包装的面包。

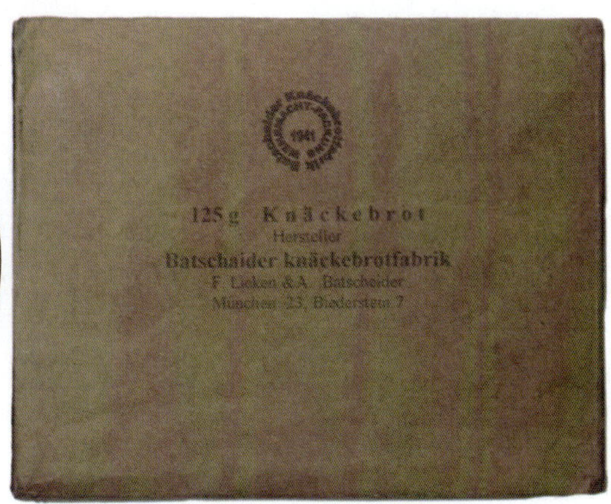

▶ 125克包装的烤干面包（实际上就是我们常说的饼干）。包装上的戳记细节表明了饼干的生产年份，由慕尼黑的巴蔡德公司（Batschaider）为德国国防军生产。

▶ 这是非常受部队欢迎的海尼斯牌(Heinis)饼干，因为这种饼干在巴伯斯贝格（Babelsberg）生产，这个地方也是德国著名的巴伯斯贝格制片厂（Studio Babelsberg AG）所在地，而士兵之所以喜欢这个地方，是因为士兵非常喜爱这个电影公司，算是爱屋及乌吧。

KAMERAD! KENNST DU KNÄCKEBROT?

Darum, Kamerad, iß Knäckebrot; verteile es gleichmäßig auf alle Tage.

▶ 部队购买这种盒子通常用它来装约700克的鲜面包，这个盒子采用胶木制造，也有一些盒子为铝制。

▼ 一些用于伙食烹饪的调味品及佐料包。

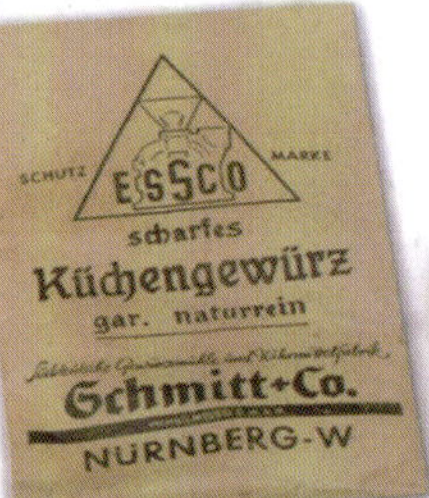

▼ 用信封包装的炖肉用调味品。可以直接将这种调味品投入锅内烹饪使用。这是部队寻求改善单调饮食的措施之一，可以明显提高食物的口味及口感。

Diemer

Braten- und Fisch-Gewürz

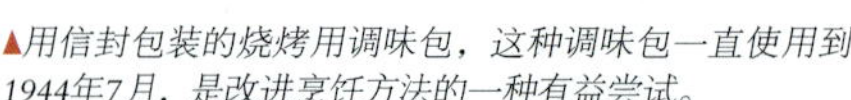
▲用信封包装的烧烤用调味包，这种调味包一直使用到1944年7月，是改进烹饪方法的一种有益尝试。

◀ 一种主要用于厨房和烹饪的饮用水瓶。

▶ 装酒石酸的小盒子。酒石酸氢钾存在于葡萄汁内，此盐难溶于水和乙醇，在葡萄汁酿酒过程中沉淀析出，称为酒石，酒石酸的名称由此而来。酒石酸也是一种抗氧化剂，在食品工业中有所应用。在野战厨房这也是不可缺少的一种化学用品，用于食物的防腐保鲜，可以看到盒子上的生产商标记——柏林的巴赫·里德尔(Bach Riedel)。

▲ 当时，还给部队提供了一些娱乐消遣用书。里面讲述一些关于伙食、炖肉或其他滑稽而有趣的故事，这里的这本书讲述的是关于炖肉故事。

▲ 咖啡是一种奢侈品，只有少数人能够享用，尤其是在平民百姓中间。毫不奇怪，任何的盈余物资都被交给军队，同时也促进了黑市的蓬勃快速发展。

▶ “咖啡”一词源自希腊语“Kaweh”，意思是“力量与热情”。咖啡拥有悠久的历史，咖啡文化成熟于欧洲，是欧洲一种颇受欢迎的饮品。由于战争的影响，这种愉快的消遣也被波及，咖啡供应变得越来越稀少而珍贵。作为咖啡的代用品，像菊苣根、麦芽，甚至是橡树果等各种坚果的需求激增。

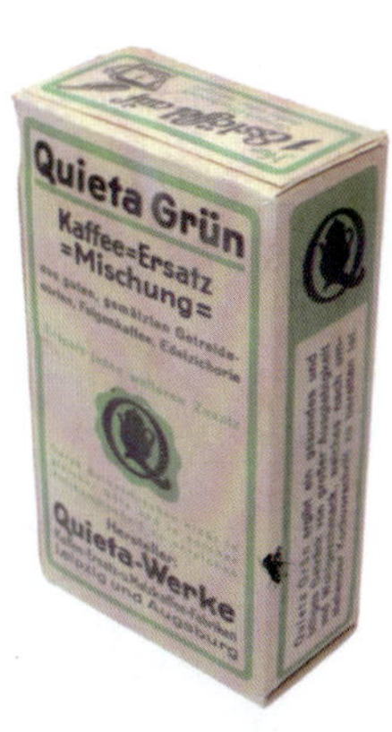

▲ 由奎耶塔(Quieta)公司生产可以饮用的咖啡与菊苣根混合饮品。

◀ 便携式咖啡研磨机，是在野外享用美味咖啡不可或缺的工具。

▼ 在野外煮一杯好咖啡需要使用的一些必要物品及必备的调味品。

▼ 当时的一份报纸上的典型的瓶装牛奶广告。

▶ 德国占领捷克斯洛伐克期间，布拉格生产的如同新信封包装的胡椒薄荷（PFEFFERMINZE）。信封背面印刷有捷克和德国文字，售价是0.25帝国马克，生产年份是1943年。

▼ 一袋茶叶，在当时可能比黄金还要昂贵。

▼ 维也纳为军方生产的10克包装的甜味剂(Sweeteners)。注意这里说的是甜味剂，其包括的范畴更为广泛，有几种不同的分类方法，按其来源可分为天然甜味剂和人工合成甜味剂，糖精只属于人工合成甜味剂的一种。

▼ 由柏林的德意志甜蜜素(Deutsche Substoff)生产的甜味剂，该公司也是甜味剂的主要生产商。包装盒上说明了内装有20片甜味剂，相当于5公斤白糖。

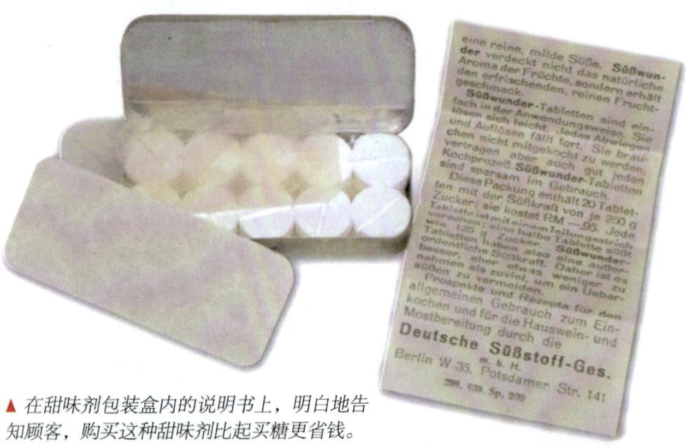

▲ 在甜味剂包装盒内的说明书上，明白地告知顾客，购买这种甜味剂比起买糖更省钱。

▲ 包装盒上的红色印记表明已经获得批准，该甜味剂可以用于家庭消费。

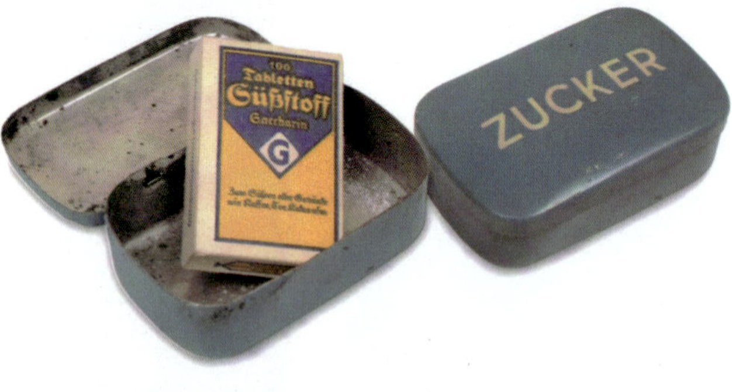

▲ 1940年，德国对糖实行配给制。为了满足民用和军用需求，德国化学工业开始发展合成甜味剂，并开始大量提供由石油化工提炼的糖精。

◀ 啤酒在德国非常受欢迎，特别是在军队中更是大受军人们的欢迎。这就是一幅在当时的报纸上由主要啤酒品牌商做的啤酒广告。

▶ 提供给军方的最为常见的两瓶啤酒，酒瓶盖不相同，后面的是带有夹子的陶瓷瓶盖。

◀ 这种牌子的啤酒由位于托伦（Thorn）的制造商生产。托伦是波兰中北部的一座城市，由于此地养育了一位闻名于世的伟大人物哥白尼，所以人们又常称托伦为“哥白尼城”。

▼ 啤酒瓶上容量、生产商及生产年份（1940）细节。

1~4. 全球最为著名的可口可乐，是一种发迹于美国并征服了世界的含有咖啡因的碳酸饮料。在1929年，可口可乐公司不顾强烈的反美情绪进入到当时动荡的魏玛共和国市场。著名的重量级拳王(于1930年获得，也是迄今为止德国唯一的一位世界重量级拳王)，后来也成为跳伞运动员的马克斯·施梅林（Max Schmeling）成为德国可口可乐的赞助人，使可口可乐成为1936年柏林奥运会的官方饮料赞助商。尽管第三帝国元首和空军部长都非常喜欢可口可乐，但当德美两国宣战后，可口可乐这种美国饮料随着反美情绪的增长也就不再那么吃香了，毕竟这可是美国生活方式的象征，与国家社会主义是格格不入的，而实际上当时的德国可口可乐可以说完全是个本地企业。另一方面，美国可口可乐公司总经理亚特兰大（Atlanta）当然也不能允许敌人去喝这种美国饮料，因此取消了这种著名饮料瓶装糖浆原料对德国的供应。此时德国可口可乐的负责人马克斯·凯特 (Max Keith) 为了保持公司的生存，同纳粹政府及其他竞争对手展开了周旋，采取了一系列的应对策略，包括表明支持纳粹、幕后交易、向官员行贿、修改包装瓶、将可口可乐进行纳粹化解读等众多的举措。德国可口可乐之所以能存在下去，可以说也是与纳粹政权相互利用的结果。前者利用后者的经济及领土扩张政策，后者需要前者这样的现代化公司。由于公然拥抱纳粹份子，德国可口可乐得以幸存，当然客观地说，这些都是德国可口可乐为了生存的权宜之计，只在极少数情况下该公司才直接支持纳粹。纳粹政府对德国可口可乐也非常信任，包括让其协助接管其占领的意大利、法国、卢森堡、比利时和挪威的可口可乐公司等。德国可口可乐公司在美国切断可口可乐原料供应的情况下，为了保持饮料的继续供应，研究出了一种新的饮料配方，也就是芬达（Fanta）饮料，并且第一次采用了糖精来作为饮料的甜味剂。这种饮料在推出后获得了巨大的成功，在各地前线就卖了超过300万箱，通过了战争的考验。在战争结束后，芬达也就是原来的德国可口可乐亦被美国总公司所接纳，并在20世纪50年代也正式推出了芬达饮料。关于二战前后可口可乐与德国的故事，完全可以称得上是一部商业传奇！

照片中就是德国最为流行的可口可乐和芬达饮料。“Fanta”的名字，主要来自于“FANTASY”（幻想）一词，取其开怀、有趣的含意。当时，一名装瓶员工在征求品牌名字的比赛中，以"Fanta"夺奖，这张照片展示了芬达饮料的发展过程。图1是20世纪30年代美国可口可乐的包装瓶，图2和图3的这两个瓶子是第三帝国的可口可乐包装瓶，其中图2是早期1937年的，图3是晚期1940年的。此外，这些瓶子上都带有可口可乐玻璃瓶包装专利，这也是可口可乐的独特形象。图4是芬达饮料包装瓶。

▶ 20世纪40年代的芬达饮料广告。

◀ 在包装瓶的底部带有生产商的名字、生产年份以及容量公升标记。从左到右依次为芬达(MG1940 0.25)、可口可乐（F，1940，0.20）、可口可乐（RUHRGLAS 1937 0.20）。在战争期间，这些玻璃瓶生产商也制造著名的玻璃地雷（Glasmine）。

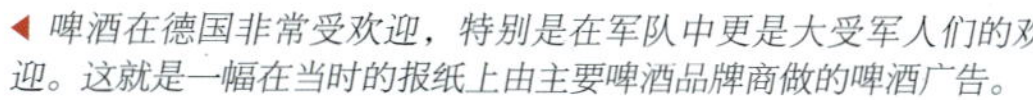
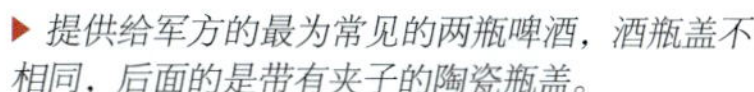
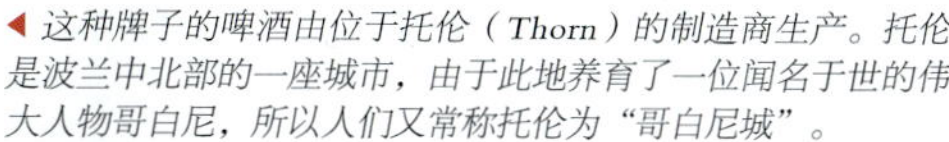

第十四章

宣传

纳粹德国是从宣传鼓动起家的，在纳粹领袖中间就有不少人是办报的或新闻工作者出身。他们深知宣传工作对纳粹运动的重大意义，因而决心以“不屈不挠的决心来控制”新闻工具。纳粹党之所以能在德国取得成功，除了制造煽动性的社会宣传以取得相当广泛的中下层群众支持外，还将“广大群众引入德意志民族主义的怀抱”。对德国人民进行纳粹思想的灌输，其中最简单、最直接的方式，就是通过无线电广播来传播纳粹思想。纳粹德国把广播作为政治工具提升到了前所未有的高度，宣传部长约瑟夫·戈培尔为此也规划了一个长期目标，即每个德国家庭都拥有一部广播收音机，这样纳粹党所要传达的信息就可以确保被德国人民收听到。1933年1月30日，阿道夫·希特勒出任德国总理后，德国的第一个广播电台开始建立。同年，纳粹又相继建立了50多个广播电台，表明了这种大众传媒巨大的发展潜力。随着这种新型宣传方式的不断发展，1933年德国开始出现广播节目，播出时间为每天晚上7点到8点。在未来的10年时间内，这种“Stunde Der Nation”（国家时间）广播节目将充斥德国人民的耳膜。

同样在1933年，纳粹还推出了富于传奇色彩的大众汽车，并在柏林举行了第10次无线电广播展，“Volksempfanger 301”（按字面翻译为“人民接收机”，我们通常称接收机为收音机）即301型收音机也一同推出，后面的“301”是为了纪念希特勒在1月30日这一天上台掌权。仅在无线电广播展的第一天，就出售了近100000套这种收音机，每台售价是76帝国马克。接下来出现的后期型收音机是更为紧凑的“德意志小型接收机”（Deutsche Kleinempfanger），售价不到原来的一半，为35帝国马克。到了1939年，戈培尔制定的目标基本完成，总共卖出了将近1200万台收音机。

在纳粹创造的这个“收音机奇迹”当中，很大一部分收音机都是采用胶木材料制造的，沃尔特·玛丽亚·克斯廷(Walter Maria Kersting)于1928设计了第一套采用胶木材料外壳的收音机，并且在政府的资助下设计了不同版本的人民收音机。

当时的德国通过许可证制度来对拥有收音机的民众进行严格控制，通常这些收音机只能通过天线接收由政府控制的广播节目信号。此时的广播宣传已经得到了纳粹的特别关注，戈培尔认为广播是战争时期最重要的宣传工具，演说比写作更能吸引民心。在战争爆发后，无线电广播在宣传上依然发挥了至关重要的作用，特别是在城市中心。纳粹宣传机器继续对德国人民进行蛊惑与洗脑，甚至远远超越了帝国的边界，不论德军士兵身处何方，都能受到纳粹这些宣传的笼罩与覆盖。出于宣传目的，各种图册、小册子以及精心制作的印刷宣传品，包括日历或幽默杂志等纷纷出现，这些为数众多的宣传品也非常受部队欢迎。

▶ 在照片中，可以看到一台根据纳粹党的命令，德国大众可以购得的收音机，边上的小册子是1940年希特勒在柏林体育馆演讲的有关内容，以及1942年4月12日发行的《帝国报》（Das Reich）。

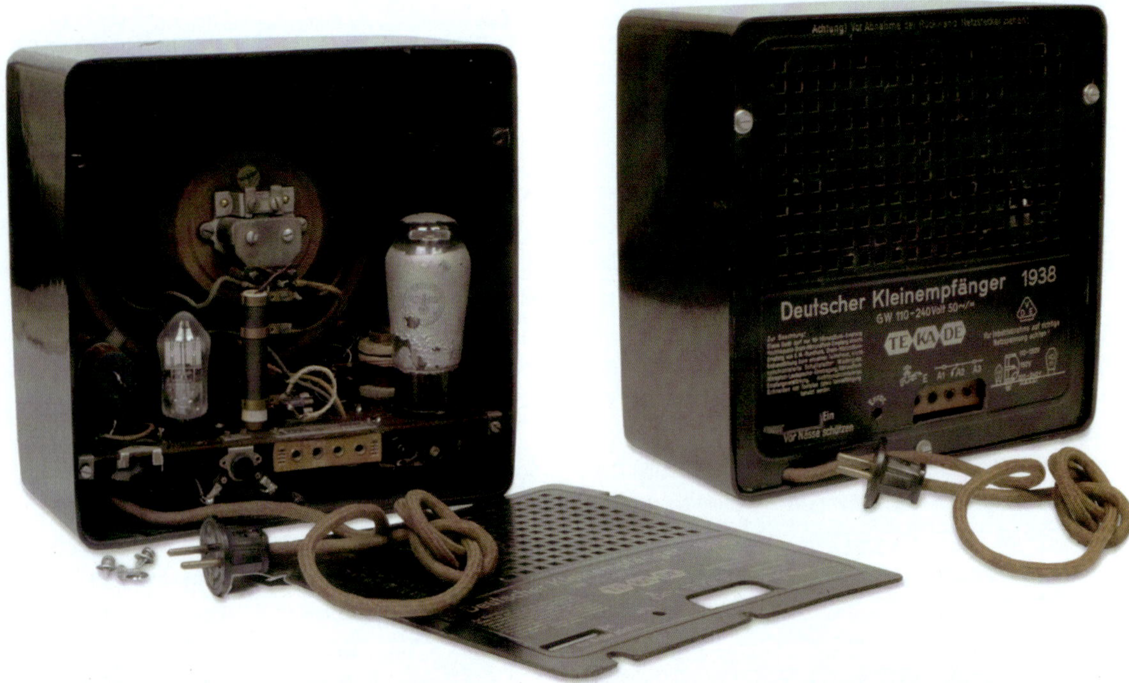

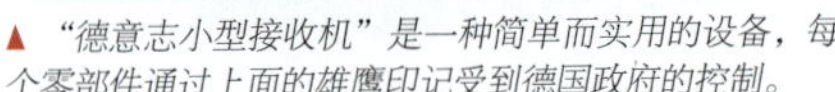

▲ “德意志小型接收机”是一种简单而实用的设备，每个零部件通过上面的雄鹰印记受到德国政府的控制。

▶ 一个家庭要想拥有收音机必须得到政府许可证的批准。

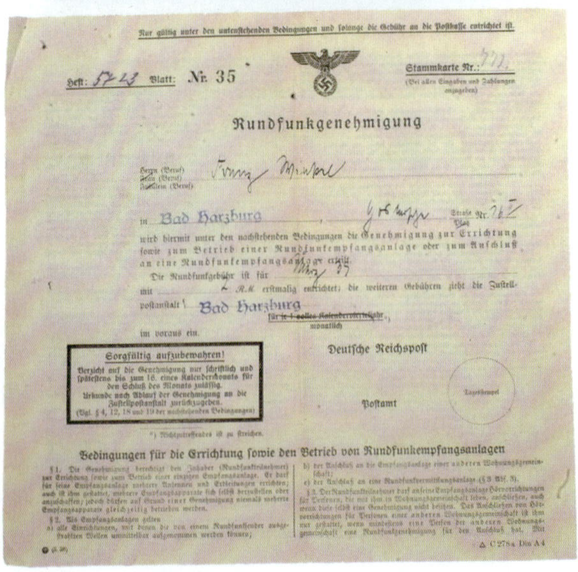

Nur gültig unter den untenstehenden Bedingungen und solange die Gebühr an die Postkasse entrichtet ist.

Heft: 5743 Blatt: Nr. 35

Stammkarte Nr.:
(Bei allen Eingaben und Zahlungen angeben)

Rundfunkgenehmigung

Herrn (Beruf)
Frau (Beruf)
Fräulein (Beruf)

in Bad Harzburg, Straße/Platz Nr.

wird hiermit unter den nachstehenden Bedingungen die Genehmigung zur Errichtung sowie zum Betrieb einer Rundfunkempfangsanlage oder zum Anschluß an eine Rundfunkempfangsanlage erteilt.

Die Rundfunkgebühr ist für
mit 2 R.M. erstmalig entrichtet; die weiteren Gebühren zieht die Zustellpostanstalt Bad Harzburg ~~für je 1 volles Kalendervierteljahr~~ monatlich *) im voraus ein.

Deutsche Reichspost

Postamt

Tagesstempel

Sorgfältig aufzubewahren!
Verzicht auf die Genehmigung nur schriftlich und spätestens bis zum 16. eines Kalendermonats für den Schluß des Monats zulässig.
Urkunde nach Ablauf der Genehmigung an die Zustellpostanstalt zurückzugeben.
(Vgl. § 4, 12, 18 und 19 der nachstehenden Bedingungen)

*) Nichtzutreffendes ist zu streichen.

Bedingungen für die Errichtung sowie den Betrieb von Rundfunkempfangsanlagen

§ 1. Die Genehmigung berechtigt den Inhaber (Rundfunkteilnehmer) zur Errichtung sowie zum Betrieb einer einzigen Empfangsanlage. ...

§ 2. Als Empfangsanlagen gelten
a) alle Einrichtungen, mit denen die von einem Rundfunksender ausgestrahlten Wellen unmittelbar aufgenommen werden können;
b) der Anschluß an die Empfangsanlage einer anderen Wohnungsgemeinschaft;
c) der Anschluß an eine Rundfunkvermittlungsanlage (§ 3 Abs. 3).

§ 3. Der Rundfunkteilnehmer darf an seine Empfangsanlage Hörvorrichtungen für Personen, die mit ihm in Wohnungsgemeinschaft leben, anschließen, ...

△ C 278a Din A 4

▼在小册子的第一页，能够看到丘吉尔的常用语“最好的宣传是结果”。

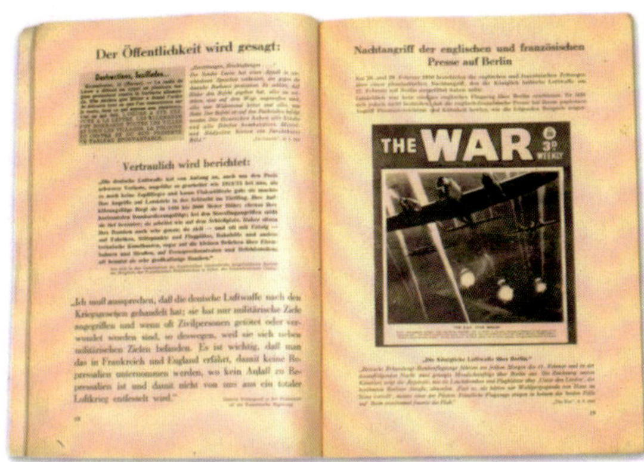
Der Öffentlichkeit wird gesagt:

Vertraulich wird berichtet:

Nachtangriff der englischen und französischen Presse auf Berlin

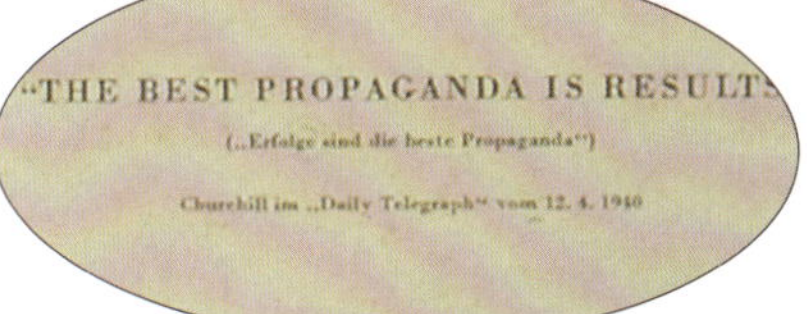
"THE BEST PROPAGANDA IS RESULTS"

(„Erfolge sind die beste Propaganda")

Churchill im „Daily Telegraph" vom 12. 4. 1940

▶《同盟国的真相与胜利》（Truths and Victories of the Allies），是一本进行讽刺宣传的小册子，为德国在欧洲的侵略政策进行辩护。这本小册子的内部文章都是国外报纸和杂志内容的转载，小册子对这些转载的内容进行了否定，并进行了偏执的解释，以便使它们看起来都像是对纳粹政治文化的挑衅，这其中也包括了政治漫画。

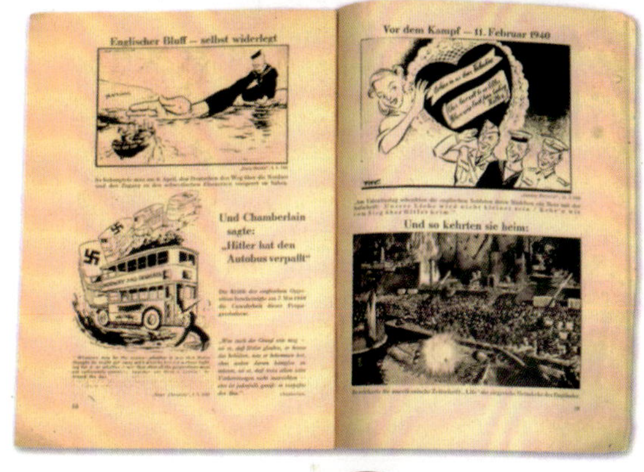
Englischer Bluff – selbst widerlegt

Vor dem Kampf – 11. Februar 1940

Und Chamberlain sagte: „Hitler hat den Autobus verpaßt"

Und so kehrten sie heim:

▼展示在这里的是许多发给士兵的手册，上面带有纳粹政治家与军事将领的肖像，同时也颠覆了德国的历史。在此基础上，纳粹不断地为第三帝国的领土扩张与吞并政策寻找理由，为自己的侵略政策辩护。用这些手册进行军事教育也是严格的基本原则，士兵则可以借助这些手册在业余时间去熟悉不同的特殊岗位和部队衔级、获得某种军事技能的方法等等，在这些手册中，总留有一个专用的官方空间，来说明“为什么以及如何”进行战争。

◀ 在纳粹统治的德国，仍然存在神职人员，随军牧师仍然为不同信仰的士兵提供宗教服务。因为德国军方也知道，需要宗教来增强军队的凝聚力，对军队进行精神和情感控制。在照片中能看到两本圣歌，新教在左边，天主教在右边。

Mit Genehmigung des Katholischen Feldbischofs der Wehrmacht vom 24. August 1939.

◀ 天主教圣歌上的文字说明，表明其已经得到了国防军天主教主教的许可。

▶ 当时一些公开出版的报纸与杂志。这些报刊被送达前线以歌颂德军取得的战功，也供士兵娱乐消遣。这其中的《信号》(Signal)是二战时期纳粹德国著名的军事宣传刊物，于1939年开始由德国国防军最高统帅部新闻办公室发行，并覆盖了整个欧洲。《信号》有24种语言版本，定价为50芬尼（同时封面上印有其他相应国家的货币定价），大小为8开。

《雄鹰》（Der Adler）是帝国空军的官方宣传杂志，在二战爆发前，为了宣传新成立的空军，德国航空部开始发行这套杂志，起初杂志是德英双语言版本，一期一般是32页。二战爆发后，杂志被分成德语版和英语版继续发行。在占领法国后，又发行了法语版，随后又发行了西班牙语版。英语版发行时间较长，一直持续发行到1944年8月左右，而德语版发行数量每年逐渐减少，但还是坚持发行到了1945年2月左右。《Die Woche》是德国的新闻周刊《每周新闻》，《Das Reich》是纳粹德国的对外宣传报刊《帝国报》。

▼ 这期《帝国报》对德国U艇部队在美国海岸取得的战绩进行了报道。

U-BOOTE GEGEN USA

VON KRIEGSBERICHTER LOTHAR-GÜNTHER BUCHHEIM

▲ 两本年份分别为1940年和1943年的日历，大多数的部队将这些日历装在口袋内或者与其他物品放在一起携带，此外日历的背面是一些著名的政治家、音乐家、诗人、思想家、哲学家等著名人物的格言。

▼ 德国士兵收到的另一种宣传品——同盟国劝降传单。传单旨在劝说德国军人放下武器，以避免德国被彻底摧毁，并确保士兵及其亲人的未来。这里也包括一个安全通行证，这些劝降传单通过空投或火炮发射宣传炮弹的方式投撒。
在照片中能够看到两种劝降小册子，第一本小册子上带有“das ist das Ende！”字样，意思是“这是结束”，指出德国人没有获胜的可能；另一本是前面讲述过的安全通行证。

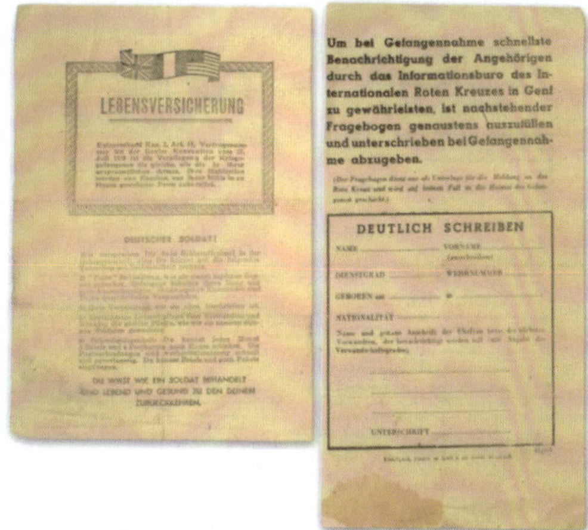

▼ 这种宣传单是折叠的，以防止空中投撒时传单成叠地下降，可以使传单的分散范围更加广阔。

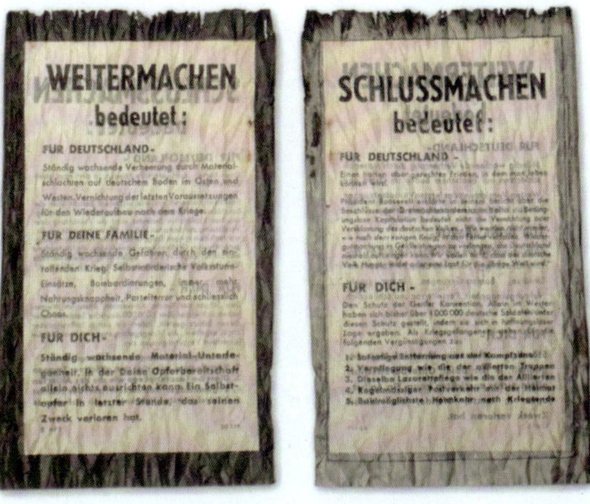

▼ 由同盟国远征军印制的安全通行证，并通过盟军最高总司令艾森豪威尔签字担保，以书面的形式确保每位投降德军士兵的安全。

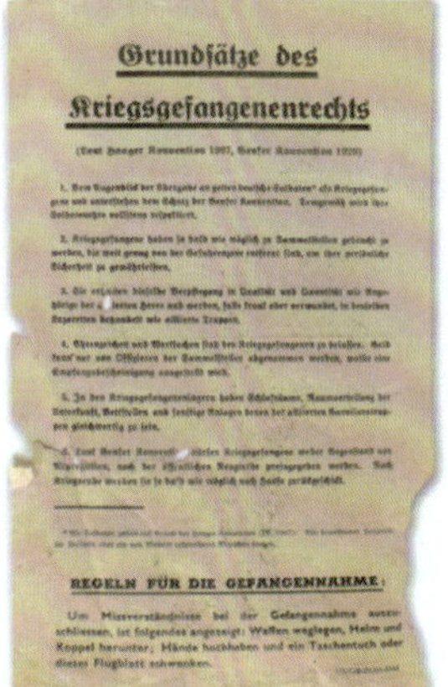

第十五章

音乐

从古至今，音乐都是军队中重要的娱乐项目之一，德国军队自然也不例外。普鲁士军队是一支拥有悠久军事历史传统的军队，且在早期就拥有水平很高的军乐队，到了第三帝国纳粹统治时期，军事音乐得到了更大的发展。在二战德国的军事音乐作品中，不少德国军歌激昂而雄壮，相当震撼人心，这其中有许多非常著名的歌曲，像《装甲兵之歌》《装甲掷弹兵之歌》《非洲军团战歌》等等。在普通德国士兵间流行的歌曲当中，还有非常受欢迎的《莉莉·玛莲》（Lili Marleen），无数的德国青年，就是在“莉莉玛莲”的歌声中，英勇地奔赴血腥残酷的疆场。《莉莉·玛莲》本是一首反战的、被纳粹所禁止的歌曲，后来却成为德国40年代非常流行的一支哀怨感人的士兵恋歌。关于这首歌的故事，德国后现代电影大师法斯宾德还拍成了同名电影。另外还有一首就是《埃丽卡》（Erika），这是女性题材的德国军歌中最为著名的一首。这首歌原本是一首带有女性色彩的军歌，没想到却深受当时德国国防军人们的喜爱，是当时传唱最多的军歌之一。这首歌之所以当时深受欢迎，一个重要的原因也许就是它的词曲没有政治色彩。

在德军中，不仅有相当普及的军乐队、著名的军歌，在士兵中间乐器也非常的流行，这其中最容易掌握的两种乐器就是口琴与手风琴。口琴的起源众说纷纭，普遍的说法是中国的笙于18世纪传入欧洲，为口琴设计者提供了自由簧吹奏乐器的理论基础，因而笙也被公认是口琴的鼻祖。1821年，德国柏林的音乐家弗里德里希·路德维希·布施曼（Friedrich Ludwig Buschmann）制作了现今口琴的原型，布希曼因此也被称为“口琴之父”。1857年，另一位德国钟表匠，一名很棒的口琴手，也是成功的商人马蒂亚斯·霍纳（Matthias Hohner）决定批量生产口琴。后来，为了便于推广，霍纳通过不断钻研，对布希曼制作的原型口琴进行了改造，极大地改进了口琴的结构，使演奏性得到很大的改善。他甚至还将自己的名字“Hohner”印在了这种乐器上，霍纳生产的产品逐渐受到人们的欢迎。从此以后，位于霍纳出生地的德国南部特罗辛根（Trossingen）的工厂也就变成了世界知名的口琴制造中心。1890年前后，霍纳已将自己的公司拓展成为世界最大的口琴工厂。霍纳口琴始终保持着极高的品质，被世界众多的口琴家及爱好者公认为是世界第一口琴品牌，每一只霍纳口琴都可称得上是德国工业技术的优秀结晶。霍纳口琴吹奏时带有自然、和谐的微微颤音，音色甜美、忧郁。

德军士兵常弹奏的另一种乐器就是手风琴。手风琴是一种既能够独奏，又能伴奏的簧片乐器，是在全世界范围内使用最为广泛的乐器之一。在当代，手风琴不仅在专业乐坛上，而且在大众音乐文化生活中也占据着极为重要的地位。早在1931年，德国就在特罗辛根市建立了一所手风琴专业学校。德军的手风琴有不同的外观，士兵们在聚会或休息时都会弹奏这种乐器，军队为每个连队提供两台手风琴。

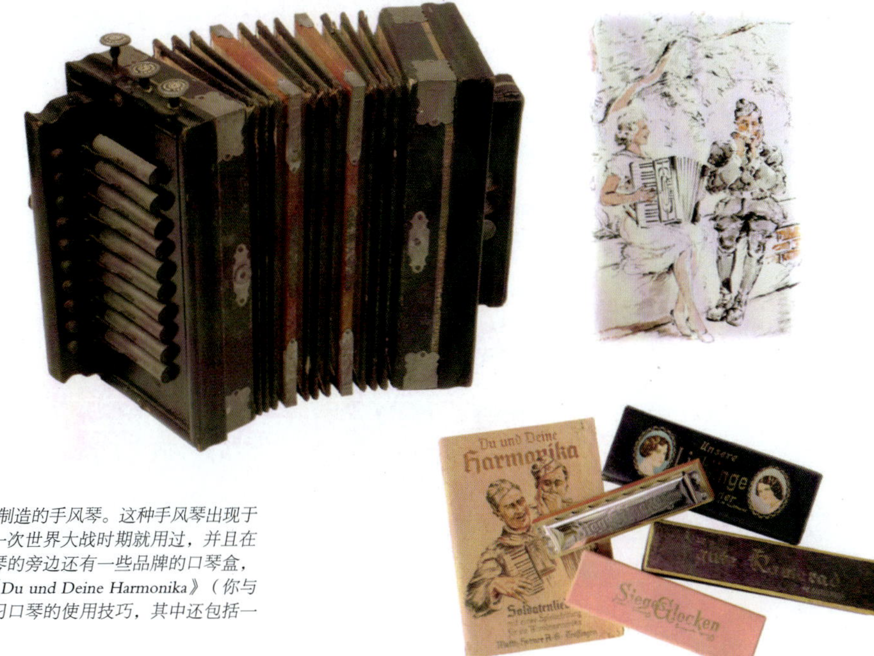

▲▶德国路德维希（Ludwig）制造的手风琴。这种手风琴出现于20世纪初，许多手风琴在第一次世界大战时期就用过，并且在二战中也继续使用。在手风琴的旁边还有一些品牌的口琴盒，以及介绍口琴吹奏的小册子《Du und Deine Harmonika》（你与你的口琴），以帮助士兵学习口琴的使用技巧，其中还包括一些口琴乐谱以及流行的歌曲。

手风琴

▼▶ 由德国著名的阿诺德(Arnold)家族工厂生产的手风琴。从一开始，这种乐器就几乎完全由德国人使用，甚至其制造技术也是保密的。这款手风琴的特别之处是除合金材质之外还采用了编织的芦苇。恩斯特·路易斯·阿诺德（Ernst Louis Arnold，1828−1910)制造了著名的班多尼昂(Bandonion)手风琴也即班德琴(一种两边有按钮的正方形手风琴)，它是起源于阿根廷的著名探戈舞提供伴奏的重要乐器。阿诺德去世后，他的儿子接过了公司管理权。后来，年轻的阿尔弗雷德(Alfred Arnold，1878−1933) 创建了阿尔弗雷德·阿诺德·班多尼昂公司(Alfred Arnold Bandonion)。阿尔弗雷德死后，他的儿子接受了德国国防军的委任并直到战争最后几天。纳粹德国被摧毁，也意味着班多尼昂这个世纪老品牌的结束。这个公司后来被东德政府征用控制，并于1949年更名为“人民工厂”（Peoples Factory），生产汽车零部件。

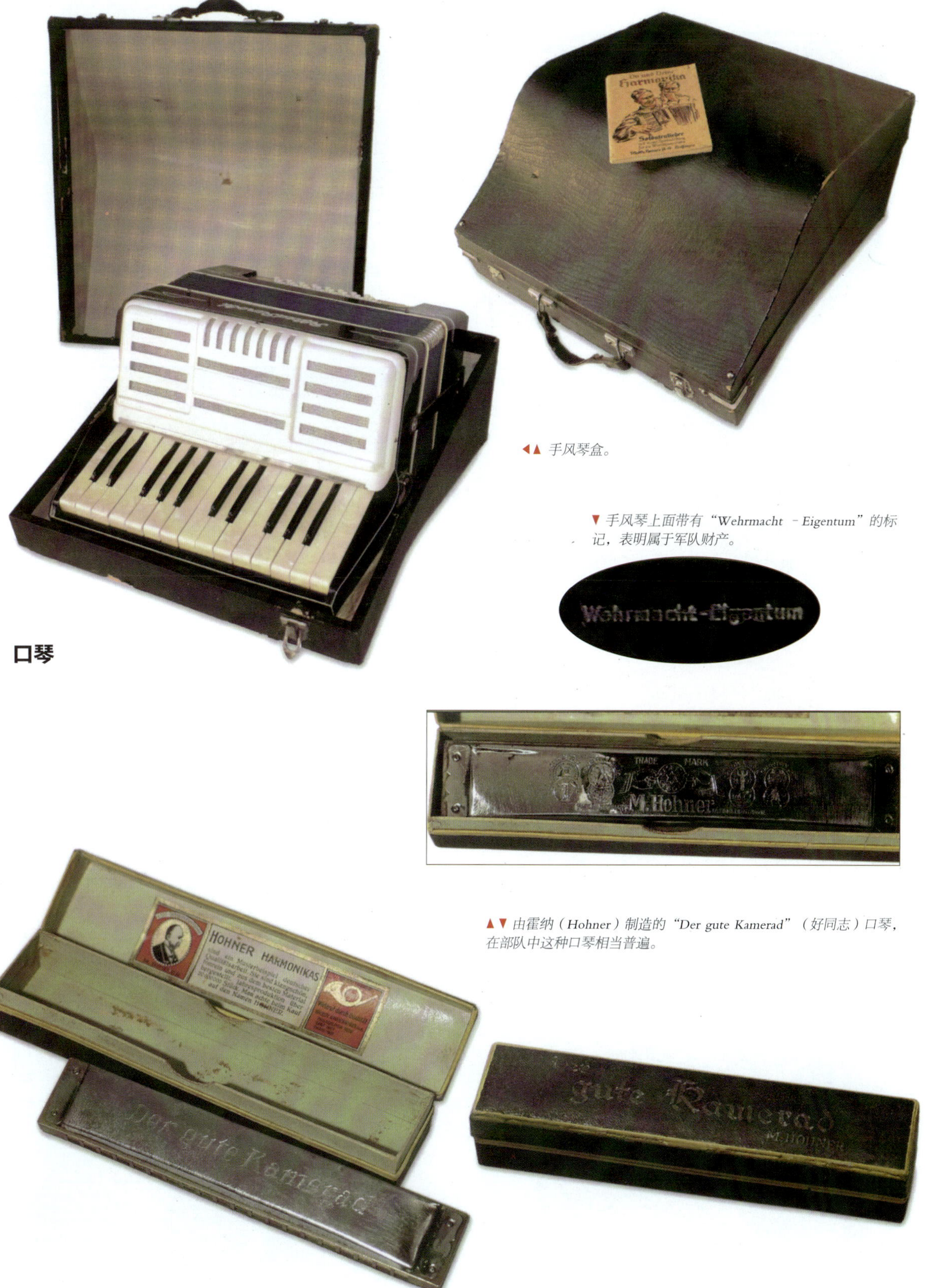

◀▲ 手风琴盒。

▼ 手风琴上面带有“Wehrmacht - Eigentum”的标记，表明属于军队财产。

口琴

▲▼ 由霍纳（Hohner）制造的“Der gute Kamerad”（好同志）口琴，在部队中这种口琴相当普遍。

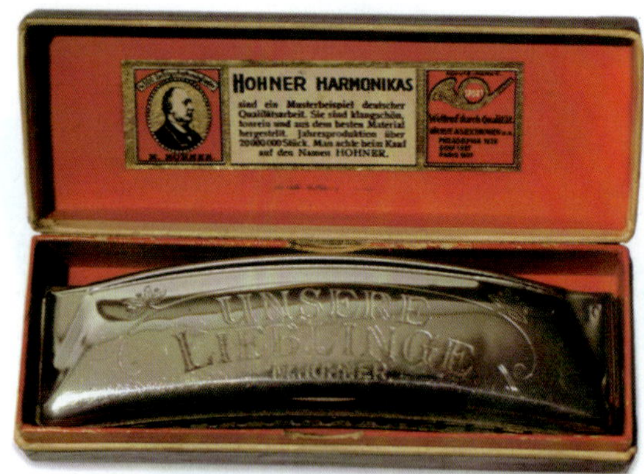

◀▲ 另一种霍纳口琴，比上面的口琴品质更好，价格也更昂贵，“Unsere Lieblinge”(我们的最爱) 口琴盒上带有两个女性头像，映射士兵的母亲、妻子和女友，因此这种口琴也多是赠送给士兵的礼物。

▲ 霍纳也生产了一些廉价型的口琴，包装盒封面是军事主题的图案，这种口琴在军队商店内出售。

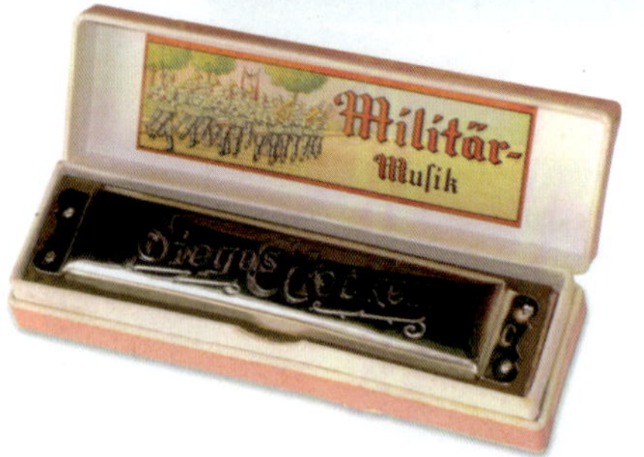

◀ 一种质量更次的口琴实例，其价格更低，这样士兵可以用更便宜的价格购得这种口琴。

◀ 供学习口琴使用的不同的小册子。

▼ 一本小册子的最后一页，上面带有不同型号的口琴的广告。

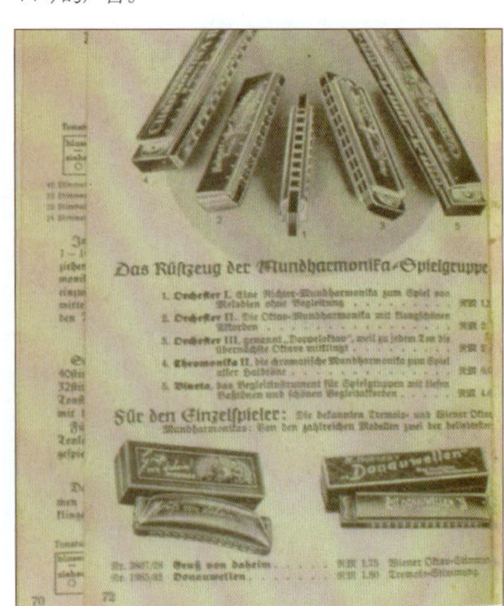

乐谱

mein Heimatland

Mein Regiment,

▶ 歌曲和乐谱就像是士兵们的伙伴，可以让他们在军事生活中感受到在家庭里一样的亲情。

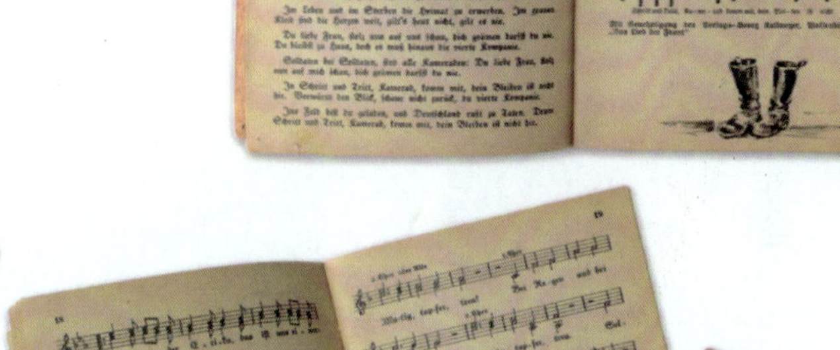

▶ 一本名为《Du und Deine》(你和你的)的口琴乐谱的内页。

▲ 三本收集士兵歌曲的小册子。

▶ 收集有乐谱与歌词的小册子，奇怪的是价格单位不一致，封底价格为30芬尼，而封面显示的是0.30帝国马克（RM 0.30）。

第十六章

烟草

烟草原产于美洲，印第安人发现其中含有可以兴奋神经的物质，并在部落会议和祭祀活动中吸食其燃烧的烟。16世纪时期，西班牙殖民者将其带到欧洲，最早的西班牙水手回国喷云吐雾时，曾经使家乡的人大惊失色，认为他们和魔鬼打交道。尽管最初吸烟是被禁止的，各国对烟草也进行了严格控制，但很快吸烟便成为一个持久的习惯，几乎整个欧洲都开始吸含有尼古丁的烟草，并以疯狂的速度蔓延到世界各地。到了1930年，吸烟成了当时最时髦的行为，众多的烟草制造商也生产出许多不同品种、不同口味的香烟，这在以前可是从未有过的。此外，烟草的传播也得益于印刷技术的提高，四色印刷和现代派艺术，使得香烟的包装设计取得了迅猛的提高，令香烟包装变得更加的诱人。

受第二次世界大战的影响，香烟几乎遍布欧洲社会，其中也包括德国，吸烟也成为当时一种根深蒂固的习惯。在当时的德国，很大部分的香烟都依赖进口。随着战争的进行，源于美国烟草供应的德国烟草也变得短缺，迫使德国转向东方和亚洲采购烟草。此时，土耳其成为德国烟草的一个重要的供应国，直到战争结束后美国烟草才重现德国，美国在今天也依然是强大的世界烟草霸头。

在战争中，前线战壕内的士兵通常都以烟草为伴，来舒缓其焦虑紧张的心情。军队也每天都为士兵配给烟草，如果一名士兵烟瘾太大的话，就只能从家人和朋友邮寄的包裹中去寻找烟草了。除了众多的香烟品牌和烟草，以及满足不同需要的一些不同口味，德国烟草工业还制造了大量时尚的吸烟用品与用具，以满足在当时战争特别时期士兵的吸烟习惯。

▼ *在一张1940年8月的《突破》（Der Durchbruch）报纸上面摆着一些不同商标的香烟和烟斗等吸烟用品。在吸烟的同时读读报纸，对士兵来说是一种暂时忘却残酷战争现实的愉快方式。*

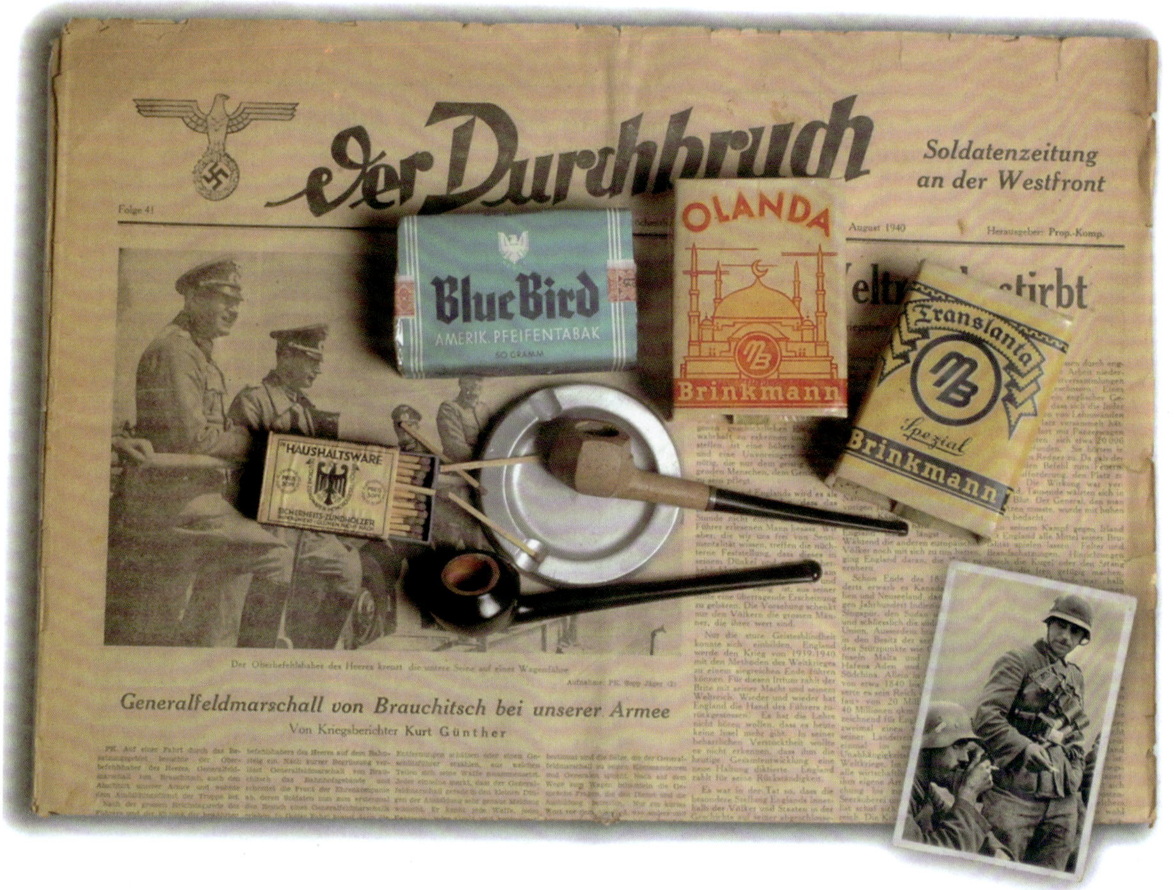

▶ 在战争中出现了大量各种品牌的香烟，在这里能看到一些盒装香烟和两个香烟的报纸广告，这些都是一些最受欢迎的公司生产的香烟，当时的香烟给士兵提供了传统的放松方式。

◀ 大部分香烟的包装设计充满异国情调。

▼ 一些在部队中流行的品牌的香烟盒的正反面，一名士兵每天随口粮供应7支香烟。

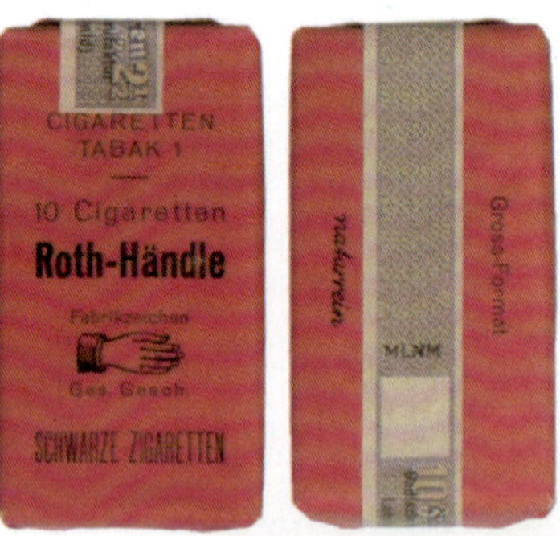

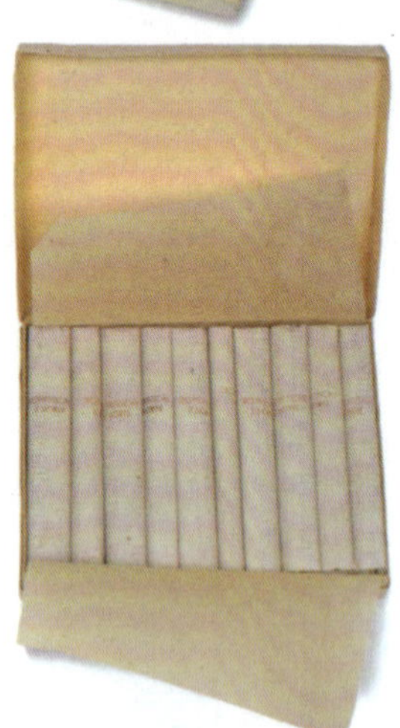

▲ 战时20支香烟的包装盒。在当时的包装里找不到现在香烟包装中的那种铝箔，而且在战争期间也很难找到过滤嘴香烟。

▶ 一则品牌为“克吕维尔·塔巴克”（CRÜWELL TABAK）的烟斗广告，封面的美国印第安人吸的烟斗为战前设计制作的。

▲ 在潮湿或炎热的气候中，这种非常普通的金属烟盒更容易保持香烟不发生变质。

▼ 这里展示的是用于热带地区的“热带包装”（Tropen Packung)金属烟盒。

▶ 所有的烟商都声称混合烟草才是最好的，特别是用来自东方烟草原料制造的香烟。由于受战争进程的影响，香烟的品质也跟着下降了，逐渐失去了各种赞誉。二战中，美军在抽缴获的德国香烟时总是说“德国的假冒香烟是用马屎做的”。但其实不是因为“假冒”，而是因为土耳其烟叶的气味实在是太强了，这里展示的是被称为“R6”的香烟。

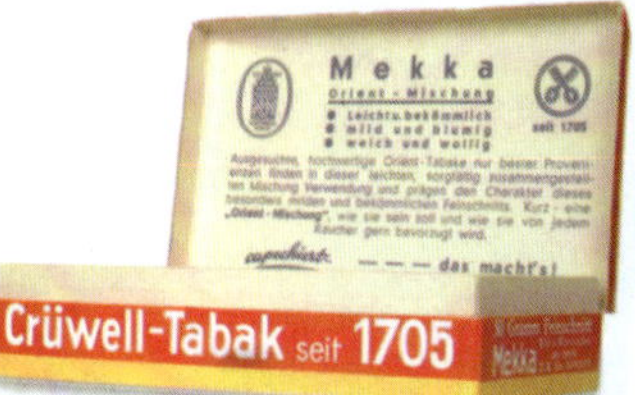

◀ 由创建于1705年的克吕维尔·塔巴克公司生产的，可以装烟草和烟斗的迈卡（Mekka）烟盒。

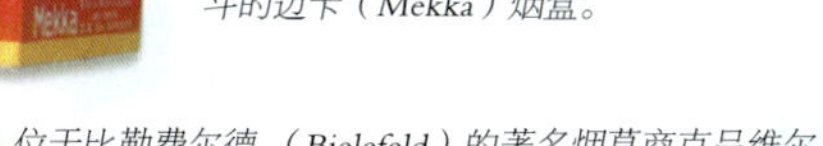

▶ 位于比勒费尔德（Bielefeld）的著名烟草商克吕维尔·塔巴克公司的广告，另外这个城市还有一个以生产带扣及金属冲压件而闻名的工厂。

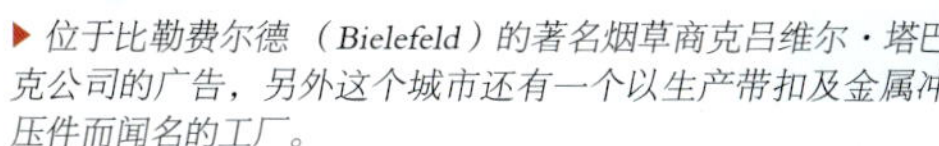

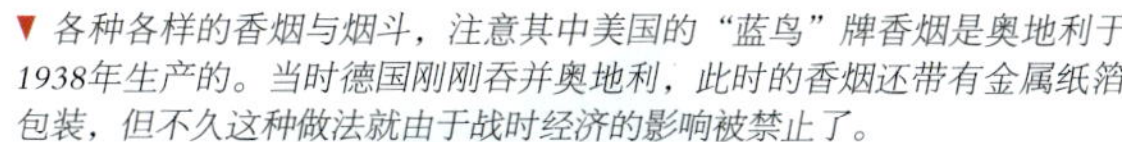

▼ 各种各样的香烟与烟斗，注意其中美国的“蓝鸟”牌香烟是奥地利于1938年生产的。当时德国刚刚吞并奥地利，此时的香烟还带有金属纸箔包装，但不久这种做法就由于战时经济的影响被禁止了。

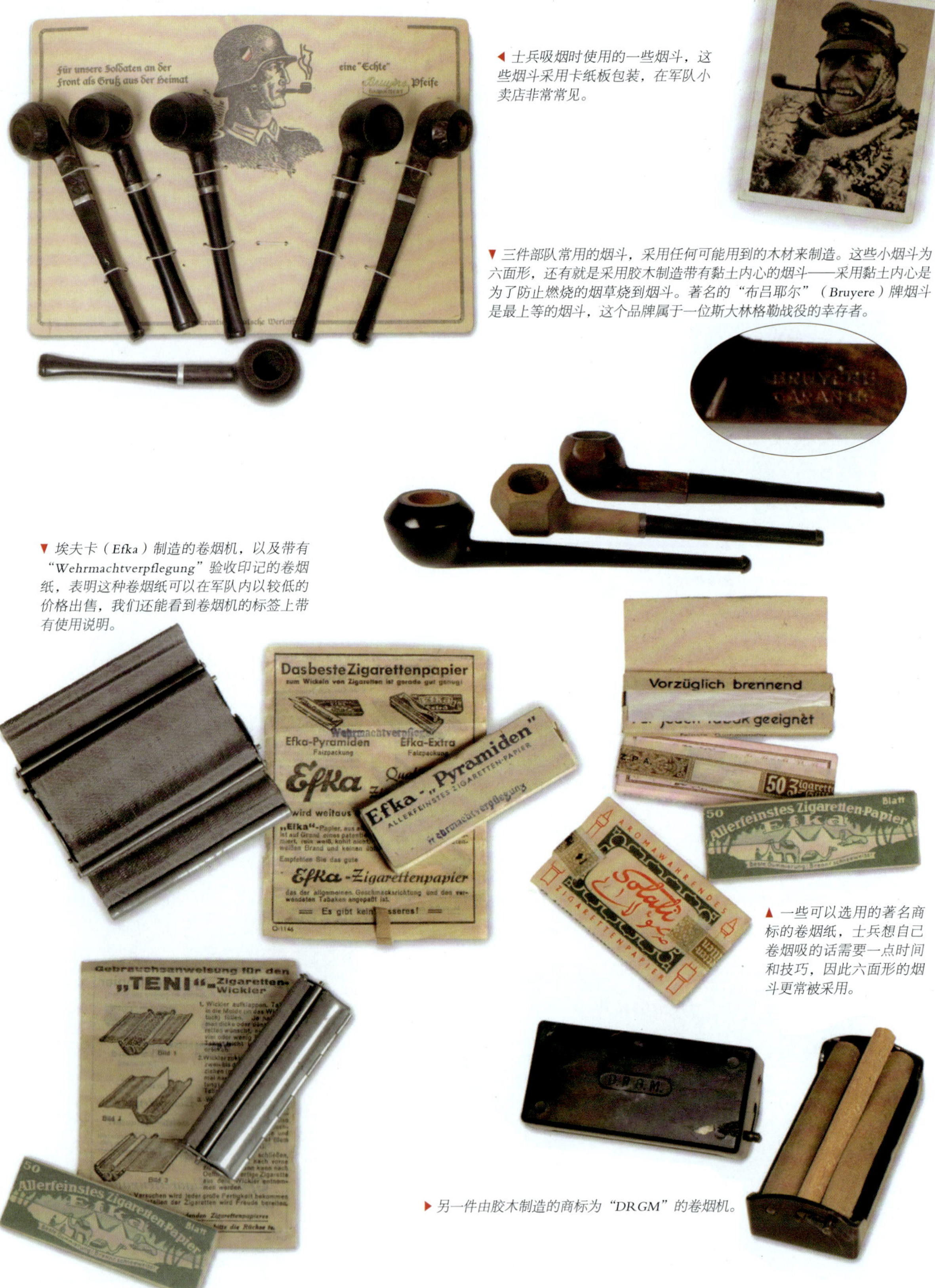

◀ 士兵吸烟时使用的一些烟斗，这些烟斗采用卡纸板包装，在军队小卖店非常常见。

▼ 三件部队常用的烟斗，采用任何可能用到的木材来制造。这些小烟斗为六面形，还有就是采用胶木制造带有黏土内心的烟斗——采用黏土内心是为了防止燃烧的烟草烧到烟斗。著名的“布吕耶尔”（Bruyere）牌烟斗是最上等的烟斗，这个品牌属于一位斯大林格勒战役的幸存者。

▼ 埃夫卡（Efka）制造的卷烟机，以及带有“Wehrmachtverpflegung”验收印记的卷烟纸，表明这种卷烟纸可以在军队内以较低的价格出售，我们还能看到卷烟机的标签上带有使用说明。

▲ 一些可以选用的著名商标的卷烟纸，士兵想自己卷烟吸的话需要一点时间和技巧，因此六面形的烟斗更常被采用。

▶ 另一件由胶木制造的商标为“DRGM”的卷烟机。

▲ 这种小雪茄烟只在一些特殊场合才会发放给部队，或者包装在食品包装袋内。

▼▶ 在当时，带有过滤嘴的香烟并不是太普遍，这样就需要使用带有过滤功能的烟嘴。在烟嘴盒内，装有内部带有棉填充物的玻璃过滤管，这种过滤管可以装在胶木制造的烟嘴上，从而过滤烟草的烟雾，这也许是当时更为时髦的吸烟方式。

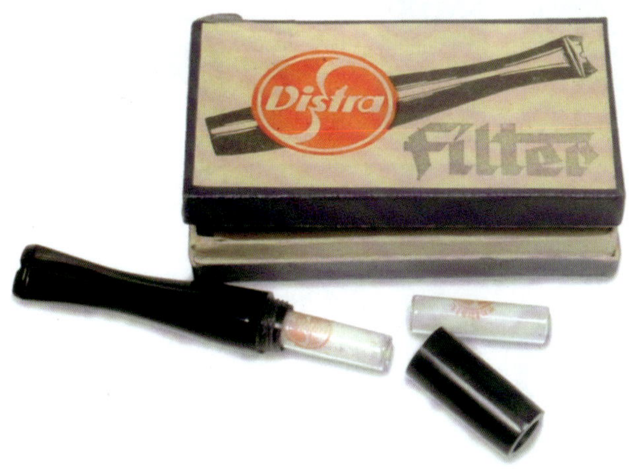

▼▶ 在当时，金属制造的香烟盒是保护香烟最为常见的容器，可以发现有许多不同样式的香烟盒，上面刻有军事图案、日期、名字等等。

▶ 一件分解的战壕打火机，包括盖子、火石轮、打火石、燃料箱。

▼ 当时各种各样采用铝材和胶木制造的打火机，因为形状像子弹，又被称为“子弹打火机”。

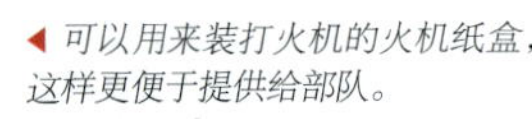

◀ 可以用来装打火机的火机纸盒，这样更便于提供给部队。

▲ 采用胶木和黄铜制造的汽油打火机。

▲ 另一种采用铬合金制造的打火机。

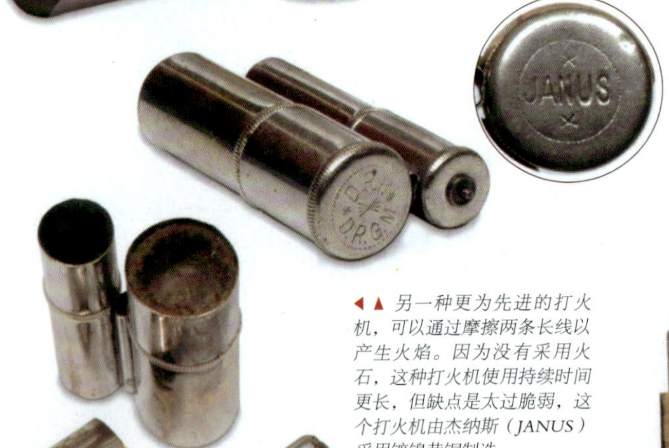

◀ ▲ 另一种更为先进的打火机，可以通过摩擦两条长线以产生火焰。因为没有采用火石，这种打火机使用持续时间更长，但缺点是太过脆弱，这个打火机由杰纳斯（JANUS）采用镀镍黄铜制造。

▼ 在战争中，火柴如同打火机一样不可缺少。这里展示的就是由当时著名的生产商采用木材制造的典型火柴。在风雨天气里，这种胶木的火柴盒特别有用。

▶ 用于德意志帝国领域内的税票细节，这种烟草税票也出现在所有的烟草制品上，烟草在当时可是一种奢侈品。

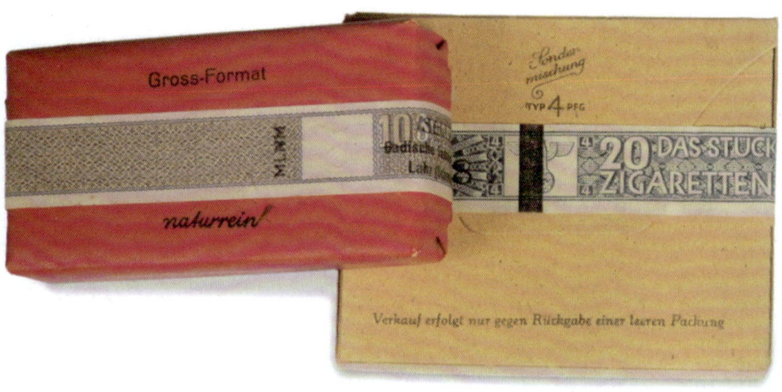

▲ 按照香烟的数量或一包香烟的价格来征得的税收也是一种固定的财政收入来源。

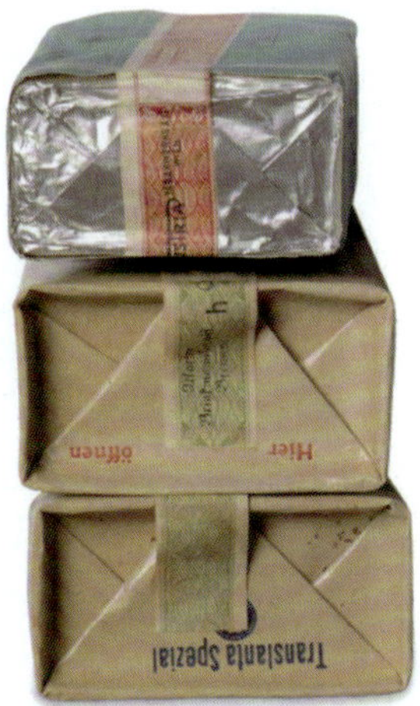

◀▶ 粘有帝国税票的成包香烟。

第十七章

休闲时光

在第二次世界大战期间，德国政府采用了许多方法来维护军队的士气，除了信件、明信片、书籍、杂志，各种爱国主义以及军国主义宣传也覆盖了德国的各个领域，以及人民日常生活的方方面面，其目的就是让所有人认同纳粹思想及其统治。德国各个机构也力图维持德国人民情绪的稳定，在一定程度上使他们受到战争影响的生活能脱离残酷的现实。

在采取维持军人士气的众多的措施当中，就包括为军人发放色情明信片，这在一定程度上缓解了士兵的苦闷。但这样做仍然是远远不够的。在短暂的战役休整期间，德军也设立一些电影院，给士兵提供一些娱乐。此外，德军还从占领区的当地妇女中招募一些所谓的“志愿者”来充当军妓，以换得她们自己的生存权利。在经过彻底的身体检查之后，这些妇女被提供给一个连队的士兵，但从来不超过一个半小时。对许多年轻的士兵来说，这是他的第一次性体验，这也算是战争中一种洗礼，从而许多士兵就这样告别了自己的青春期。

与此同时，德军也向长时间驻守的部队提供一些娱乐活动，包括下棋与打牌。还有就是音乐，特别的是让士兵学习使用一些乐器，例如欧洲国家流行的口琴和手风琴。这些看似简单的娱乐活动可以为部队提供士气，以打造理想的步兵连队，使他们可以经受长时间的行军和战斗的考验。

随着战争向不利于德国的方面发展，德国士兵获准休假的机会就变得越来越少，只有在前线受伤之后，才容易获得治伤疗养的许可。但当不少士兵回家的时候，面对的却是被摧毁的家园、被夷为平地的工厂。面对盟军有系统的空袭，士兵家庭遭受的恐慌也慢慢影响到部队的士气。与此同时，纳粹的各种宣传则试图隐瞒越来越不利的战局，以及战争对德国的影响，尽管其面对的困难越来越大。此时，戈培尔找到了广播电台这个最好的宣传工具，他以自己饱满的语言来激励人民，使德国人民仍然盲目追随纳粹，直到德国走向毁灭。最后鼓吹者戈培尔也追随希特勒自杀身亡。

▼这种类型的纪念品或礼品，多出现在一些隆重的场合，例如部队军官晋升或退役等，通常是这些军官的同事与伙伴赠送的礼物。

▶ 打扑克在二战许多国家的军队中都是一种最为常见的消遣方式，而游戏的赌注则多为士兵的工资。这种小纸牌提供了一种简单而且几乎可以用于任何场合的娱乐方式，还提供了类似桥牌的游戏方式，但规则比桥牌要简单。

▼ 法国纸牌不同于其他西方国家，数字13在法国纸牌中代表着好运气，因此纸牌制造商要求游戏者在任何时候都要携带着这张牌。

▶ 位于德国图林根州（Thuringia）阿尔滕堡（Altenburg）的扑克厂是一个重要扑克牌生产商。

▶ 在一只高雅的旅行钱包内的一副扑克，属于一个机械化连队。在第三帝国，扑克也被列为奢侈品，因此也是要征税的。税收当然也就包括在扑克成本内，注意这里的扑克上盖有一个德意志帝国的印章戳记。

◀ 当时打扑克也被称为“家族”游戏。这种扑克的功能是双重的，一方面可以供士兵像一个家庭一样在一起娱乐，另一方面也可以让士兵在游戏中去识别武器，帮助他们熟知这些武器。

◀▲ 士兵玩的棋类游戏包括国际象棋和跳棋。这些棋在军营或前线的小卖部出售，由于这些棋小而且重量轻，因此非常容易放在背包中携带。

组图：一般来说，新兵在自由时间主要的消遣方式还是阅读图书，在图书内容上，基本上除了幽默内容，通常还是与战争有关的主题。

▶ 这种关于一些有趣故事的小型书籍，士兵可以在小卖部购得或从亲属那里获得。这种书籍可以采用标准邮件邮寄到前线。

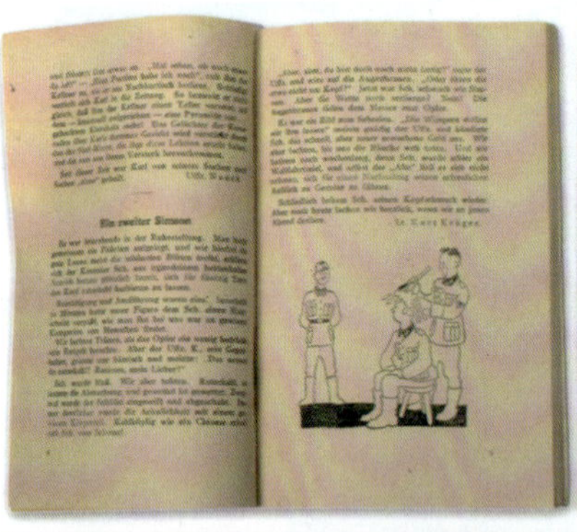

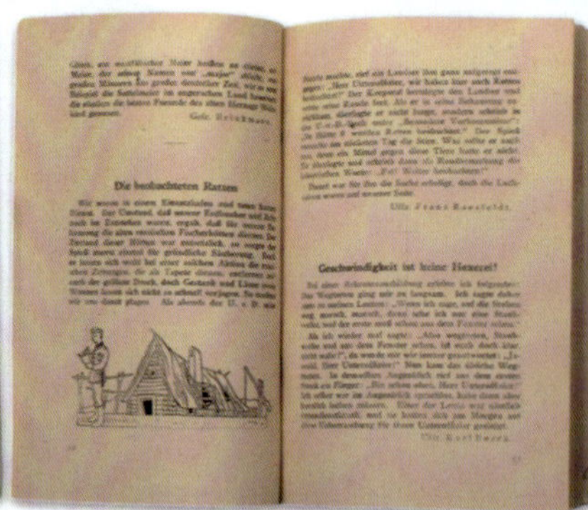

▲▶ 各种各样的笑话书，包括这种《幽默周刊》（HUMOR DER WOCHE）杂志。

▼ 一些可供收藏的供德国年轻人阅读的战争小说。这些作品的目的就是培养他们的爱国主义和战斗精神，部队的士兵也阅读这些文学作品，但这些作品的水平显然不太有利于士兵知识水平的提高。

▲ 在一本图书的封底罗列着这个系列图书的书目。

▶ 在二战中，随着德国的领土扩张政策，也刺激了各种字典类图书激增，另一方面也显出德国人曾是多么的雄心勃勃，这里展示的1000个单词的23种欧洲语言字典。

▼ 这是一本1943年的字典的编辑细节。

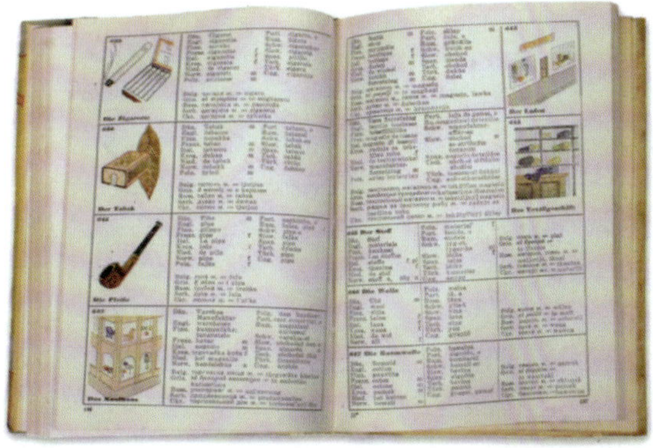

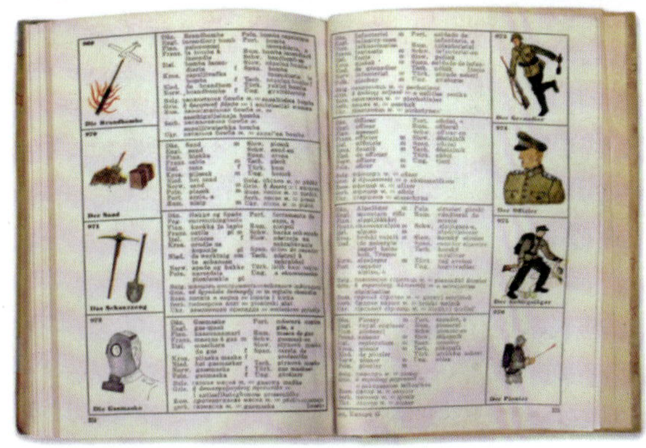

Übersetzungen: Akademisches Übersetzungsbüro des Studentenwe
— Aküdo — München.
Zeichnungen: Bruno Ruttenstock, München.
Klischees: Straßburger Klischeeanstalt Fritz Riegger, Straßburg
Graph. Kunstanstalt Heinloth & Co. München.
Satzherstellung und Druck der Buch- und Kunstdruckerei J. M. Rei
Bamberg.
Einband: J. M. Reindl, Bamberg.
Nachdruck oder Nachbildung der textlichen und illustrativen Veröf
lichungen verstößt gegen das Reichsgesetz des unlauteren Wettbew
bzw. gilt als Verletzung des Urheberrechtes. Anordnung von
und Bild ist durch D. R. G. M. 1 531 347 geschützt. Copy. 1943
Sebastian Lux, München.

◀ 德军中也包括了许多外国志愿者，这里展示的一些图书就采用了通俗易懂的语言以便于外国志愿者去学习。这些图书在外国志愿者部队当中进行销售或分发，我们在其中的两张内页上能看到柏林的街景图画。

▶ 法语、俄罗斯语、西班牙语词典。这些词典也是在驻防在那些被占领国家部队不可缺少的工具书，也可以供国防军、武装党卫军中任何衔级的外国志愿者使用。

▼▶ 在年轻的新兵当中，制作模型也是相当普遍的消遣方式。出于这种目的，他们还制作了一些模型参考图纸等资料。当时，模型制作也成了提高国家战争潜力的一种手段，在整个德国都可以获得这种模型制作用书。在这张照片中，能看到德国海军批准的鱼雷艇和一些潜艇模型制作资料。

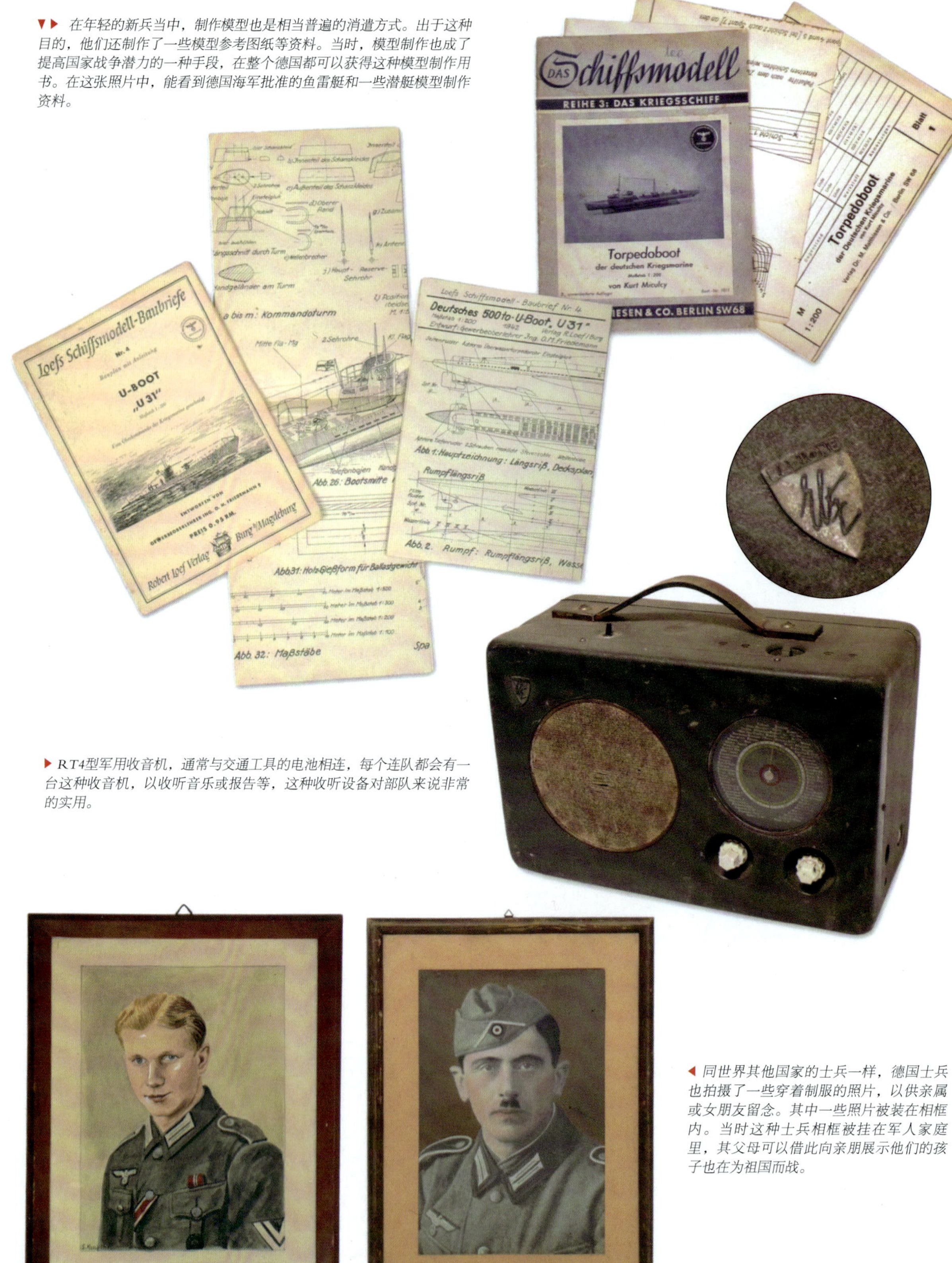

▶ RT4型军用收音机，通常与交通工具的电池相连，每个连队都会有一台这种收音机，以收听音乐或报告等，这种收听设备对部队来说非常的实用。

◀ 同世界其他国家的士兵一样，德国士兵也拍摄了一些穿着制服的照片，以供亲属或女朋友留念。其中一些照片被装在相框内。当时这种士兵相框被挂在军人家庭里，其父母可以借此向亲朋展示他们的孩子也在为祖国而战。

▶ 达姆施塔特（Darmstadt）一个照相馆的广告。

▼ 与女朋友或妻子团聚的时候是拍照的最佳时间，这些照片也常被保存在士兵的钱包内携带，亲人的温暖能够帮助士兵去克服许多困难时刻。

▶ 维也纳咖啡广告。

▼ 这些裸体照片展示了什么样体型的雅利安妇女才符合国家社会主义文化。

▼ 色情明信片可以频繁地在兵营衣物柜和士兵的口袋内找到，这些明信片时刻提醒这些士兵是为什么而战。

▲ 在整个帝国，以及德国占领的国家，每个城市的电影院放映的电影都受到了检查和严格筛选。在这里能看到电影《西线的胜利》（Sieg im Westen）的宣传海报，以及《雄鹰》杂志上关于电影《斯图卡》(Stukas)的影评。

◀▼ 一张1939年著名的柏林冬日花园（Winter Garten）音乐剧院的入场券，背面是剧院餐厅的宣传广告。

▶ 每位休假的士兵凭着这种配给票据在商店、咖啡馆和餐馆获得他的食物配给。这里显示的票据盖有官方批准的印章，其有效期为7天。另外，配给涵盖了士兵和公民生活的各个方面的，甚至包括了购买家庭用品，例如衣柜和床。由此可见战争对人民生活的影响之深。

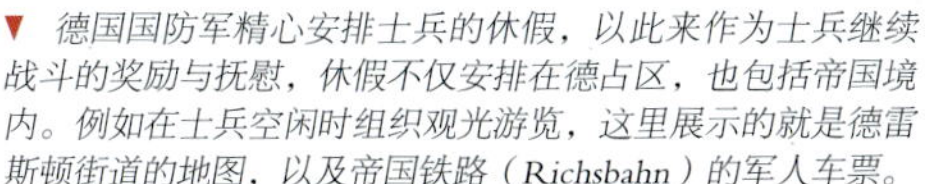

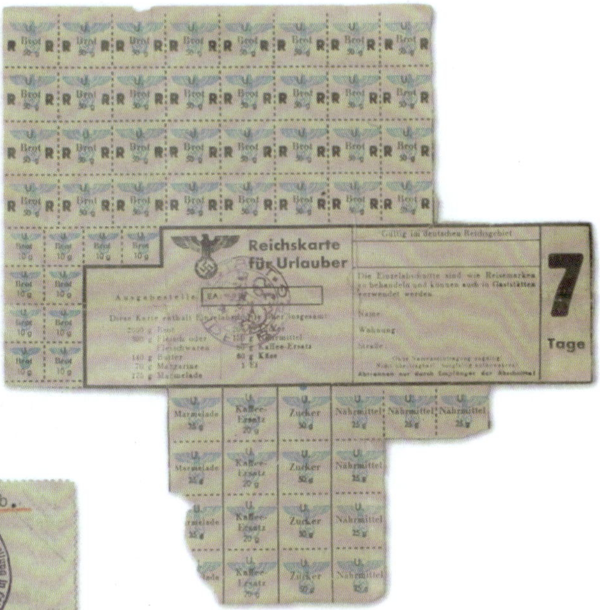

▼ 德国国防军精心安排士兵的休假，以此来作为士兵继续战斗的奖励与抚慰，休假不仅安排在德占区，也包括帝国境内。例如在士兵空闲时组织观光游览，这里展示的就是德雷斯顿街道的地图，以及帝国铁路（Richsbahn）的军人车票。

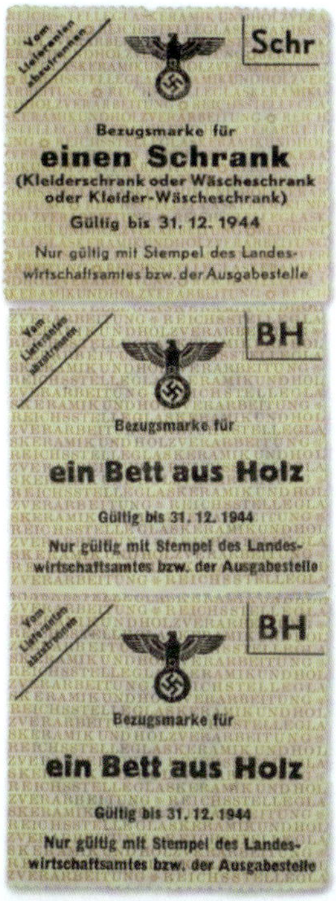

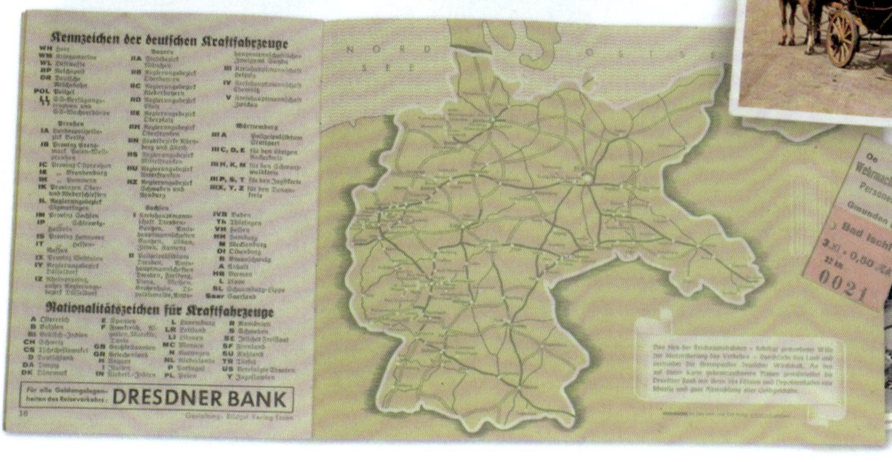

东线文库

二战苏德战争研究前沿

云集二战研究杰出学者

保罗·卡雷尔、约翰·埃里克森、戴维·M. 格兰茨、尼克拉斯·泽特林、普里特·巴塔、斯蒂芬·巴勒特、斯蒂芬·汉密尔顿、厄尔·齐姆克、艾伯特·西顿、道格拉斯·纳什、小乔治·尼普、戴维·斯塔勒、克里斯托弗·劳伦斯、约翰·基根……

（扫码获取更多新书书目）

指文图书®
ZVEN BOOKS

斯大林格勒三部曲

[美] 戴维·格兰茨

完整、详细地介绍了斯大林格勒战役
参考了过去从未见过或被忽视的资料
将取代过去关于此战的大多历史记述

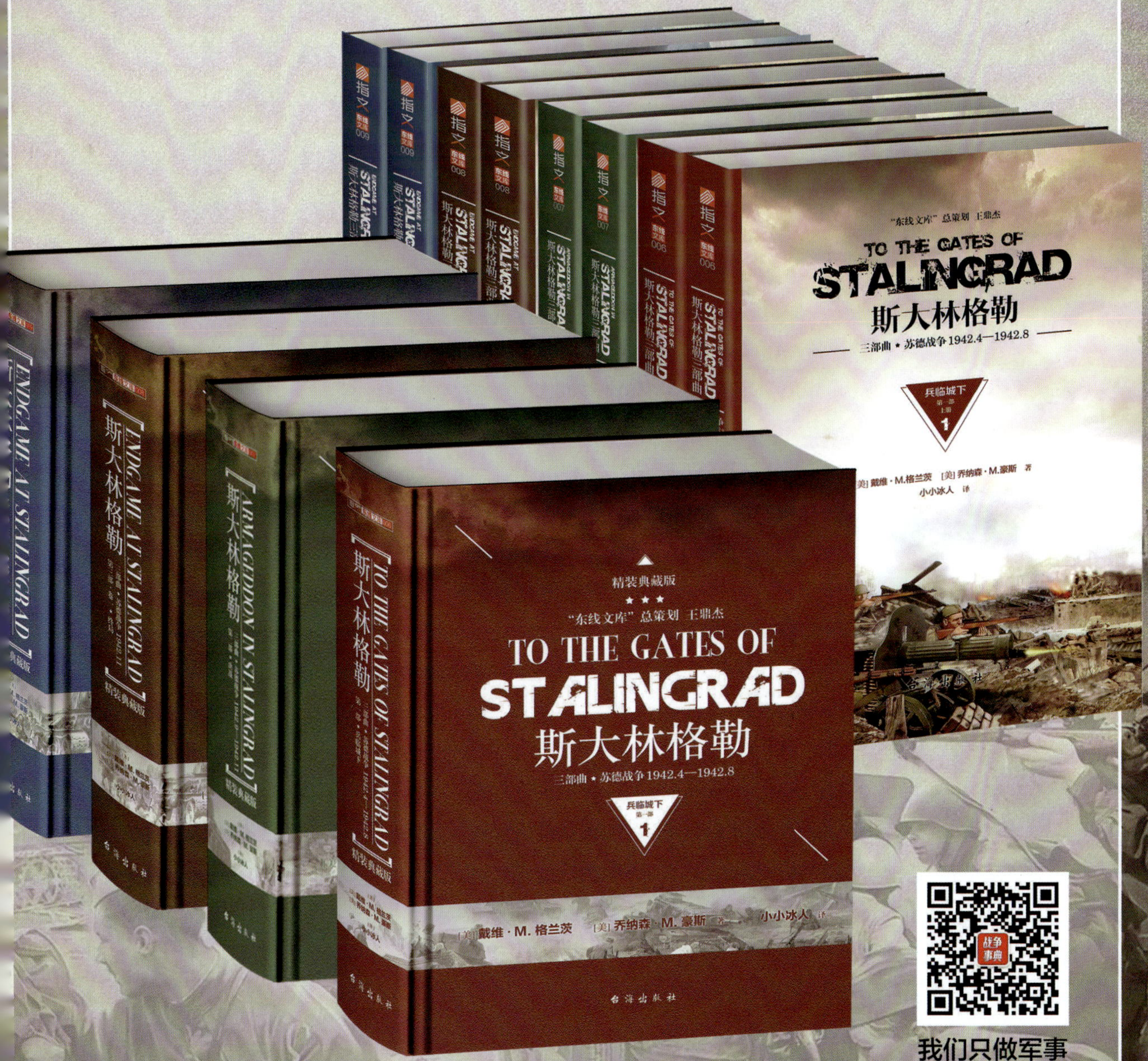

我们只做军事

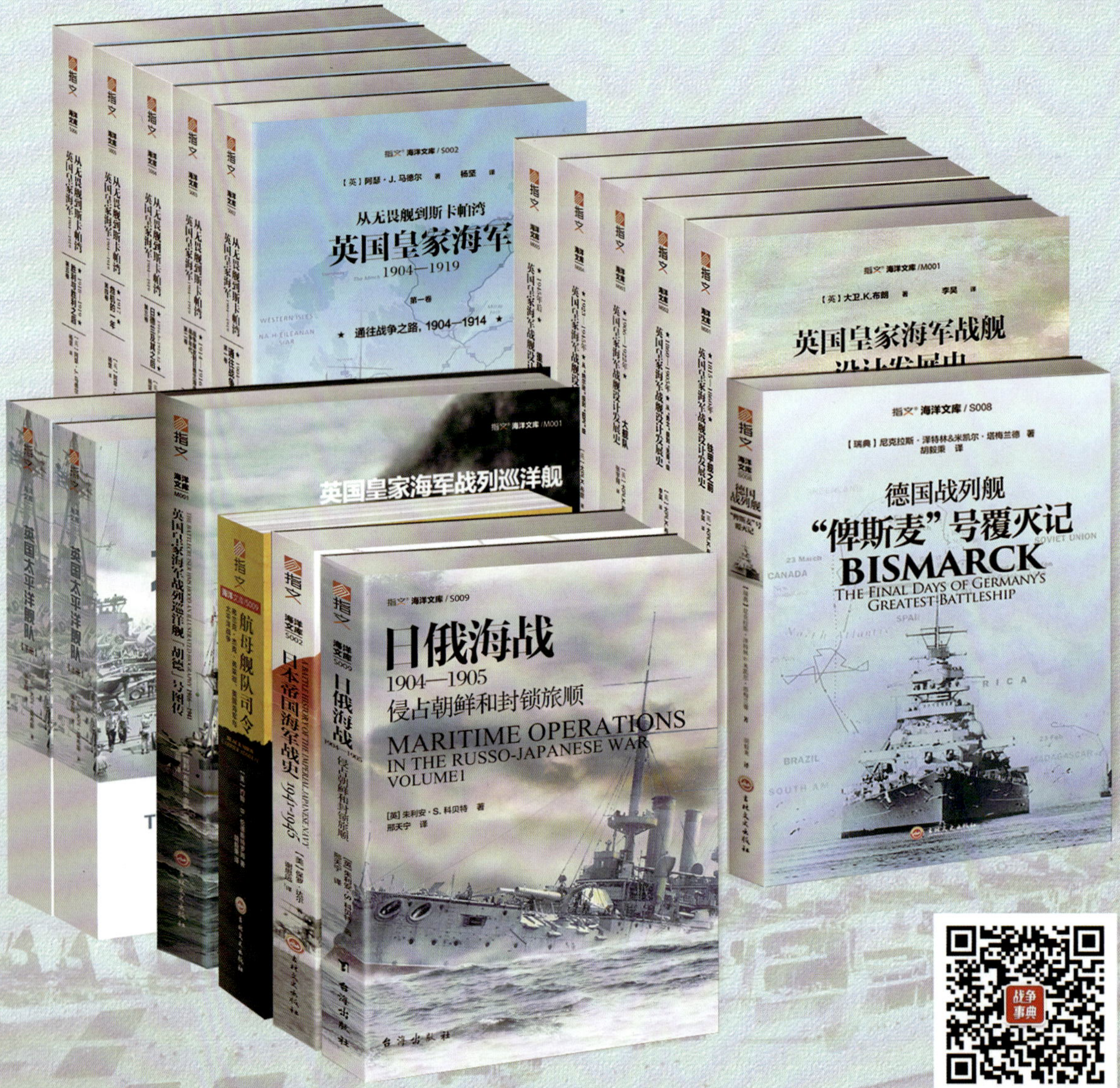
从无畏舰到斯卡帕湾
英国皇家海军
1904—1919
通往战争之路，1904—1914
英国皇家海军战舰设计发展史
英国皇家海军战列巡洋舰
德国战列舰
“俾斯麦”号覆灭记
BISMARCK
THE FINAL DAYS OF GERMANY'S GREATEST BATTLESHIP
日俄海战
1904—1905
侵占朝鲜和封锁旅顺
MARITIME OPERATIONS IN THE RUSSO-JAPANESE WAR VOLUME I
航母舰队司令
日本帝国海军战史
英国太平洋舰队